普通高等教育"十三五"规划教材

河南省"十二五"普通高等教育规划教材

互换性与测量技术基础

主　编　赵俊伟　陈国强
副主编　陈水生　袁兴起　吕宝占
参　编　牛振华　张高峰　黄俊杰

机械工业出版社

本书注重理论与实践的结合，主要讲述与互换性和测量技术相关的基本概念、基础理论和应用技术。全书共八章，主要内容包括：绪论，测量技术基础，孔、轴结合的公差与配合，几何公差，表面粗糙度，典型零部件的互换性，尺寸链和实验指导。为了配合课堂教学与读者学习，每章都配备了习题或思考题；为了便于查阅，附录给出了互换性基础标准主要目录及常用词汇中英文对照。

本书可作为高等学校机械工程、仪器科学与技术等学科相关专业的教材，也可作为从事机械设计与制造、精密仪器设计的工程技术人员参考用书。

图书在版编目（CIP）数据

互换性与测量技术基础/赵俊伟，陈国强主编. —北京：机械工业出版社，2017.4

普通高等教育"十三五"规划教材　河南省"十二五"普通高等教育规划教材

ISBN 978-7-111-56737-0

Ⅰ.①互…　Ⅱ.①赵…②陈…　Ⅲ.①零部件-互换性-高等学校-教材②零部件-测量技术-高等学校-教材　Ⅳ.①TG801

中国版本图书馆 CIP 数据核字（2017）第 095443 号

机械工业出版社（北京市百万庄大街 22 号　邮政编码 100037）
策划编辑：舒　恬　责任编辑：舒　恬　王小东　责任校对：张晓蓉
封面设计：张　静　责任印制：李　昂
河北鹏盛贤印刷有限公司印刷
2017 年 7 月第 1 版第 1 次印刷
184mm×260mm・16.75 印张・416 千字
标准书号：ISBN 978-7-111-56737-0
定价：37.00 元

凡购本书，如有缺页、倒页、脱页，由本社发行部调换

电话服务　　　　　　　　　　网络服务
服务咨询热线：010-88379833　机 工 官 网：www.cmpbook.com
读者购书热线：010-88379649　机 工 官 博：weibo.com/cmp1952
　　　　　　　　　　　　　　教育服务网：www.cmpedu.com
封面无防伪标均为盗版　金 书 网：www.golden-book.com

前　言

"互换性与测量技术基础"是高等院校机械工程、仪器科学与技术及相关学科的一门综合性很强的技术基础课程，是机械设计（运动设计、结构设计、精度设计）中不可缺少的重要组成部分，是联系工程制图、机械设计、制造工艺学、制造装备设计等课程及其课程设计、实习、毕业设计等培养环节的纽带，是从基础课学习过渡到专业课学习的桥梁。在学生知识结构的形成与能力的培养方面起着极其重要的作用。

有关互换性与测量技术方面的教材很多，其中有一些堪称经典与优秀教材。本书为第一批河南省"十二五"普通高等教育规划教材，是编者根据多年来关于本课程教学及应用的经验与体会，参考了很多已出版的同类教材编写而成的。由于"互换性与测量技术基础"课程具有很强的理论性与实践性，所以本书在编写过程中突出了基本知识和基本理论的系统性、实用性和科学性，在阐明基本概念和原理的同时，突出实用性；注重加强基础，尽量做到少而精，力求按照最新的标准编写；除实验指导外，每章后都有习题，便于教师课堂讲授与学生课下自学。为了加强对学生综合设计能力的培养，本书加强了基本理论与生产设计、制造、检验等实践活动的有机结合。

本书共分八章，具体内容安排如下：

第一章　绪论。内容包括互换性概述，标准化及优先数系，本课程的性质、任务与要求。

第二章　测量技术基础。内容包括测量的概念、长度基准与量值传递、测量方法与计量器具的分类、测量误差与数据处理。

第三章　孔、轴结合的公差与配合。内容包括公差与配合的基本概念、公差与配合的国家标准、零件尺寸精度和配合的设计、滚动轴承的互换性、光滑圆柱工件的检测。

第四章　几何公差。内容包括概述、几何公差的评定与检测、公差原则概述、几何公差的选择。

第五章　表面粗糙度。内容包括概述、表面粗糙度的评定、表面粗糙度的表示、表面粗糙度轮廓的检测。

第六章　典型零部件的互换性。内容包括键与花键的公差与配合、螺纹联接的公差与配合、圆柱齿轮传动的公差与配合、圆锥的公差与配合。

第七章　尺寸链。内容包括基本概念、尺寸链的建立与计算类型、直线尺寸链的计算。

第八章　实验指导。内容包括光滑工件尺寸测量、圆跳动误差测量、用光切显微镜测量表面粗糙度、圆柱螺纹测量、圆柱齿轮测量。

本书由河南理工大学赵俊伟、陈国强任主编，陈水生、袁兴起、吕宝占任副主编，赵俊伟负责统稿及整体规划，陈国强编写第一章与第二章，吕宝占编写第三章，袁兴起编写第四章，陈水生编写第五章与第六章的第三节，牛振华编写第六章的第一、二、四节，张高峰编写第七章、第八章及附录，黄俊杰负责制作本书课件。本书在编写的过程中得到了河南省教育厅、河南理工大学的领导和教务处以及机械与动力工程学院的大力支持，在此表示感谢。河南省教育厅聘请有关专家审阅了本书，并提出了许多宝贵的意见，再次深表感谢。另外，本书的出版得到了机械工业出版社的大力支持和鼓励，在此一并致谢。

由于编者水平有限，书中错误与不足之处在所难免，敬请读者批评、指正。

编　者

目　　录

第一章 绪 论

第一节 互换性概述

一、互换性的基本概念

在工业及日常生活中，互换的现象随处可见。人们使用的汽车、自行车等交通工具，如果某个零件或部件损坏后，在维修点换上相同规格的零件或部件，即可正常使用；水性笔芯墨水用完了，很容易装上相同规格的新笔芯继续使用；家里的灯泡坏了，可换上灯头规格相同的新灯泡继续使用；机器上的螺钉、螺母、轴承等失效后，购买相同规格的新的换上即可正常工作。之所以这样方便，是因为同一个规格的合格产品在尺寸、功能、外观等方面可以相互替换。在现代制造业中，分工越来越细，生产越来越专业化。同一个产品的不同零件分别由多个工厂加工完毕，甚至同一规格的零件可能由多个不同的工厂加工，然后再在另一个工厂装配，这些工厂可能分布在世界各地。同一规格的零件在装配时不需要任何选择或修配，任选其一即可装上并达到规定的性能指标，这就要求零件必须具有完全的互换性。这种互换性可以提高生产效率，保证产品质量，以及后期的产品维护，降低整个生命周期的成本。

（一）互换性的含义

在机械工业中，互换性是指相同规格的零（部）件，在装配或更换时，不经挑选、调整或附加加工，就能进行装配，并且满足预定的使用性能。

零（部）件的互换性应包括其几何参数、力学性能和理化性能等方面的互换性。本课程仅研究几何参数的互换性。

（二）互换性的种类

按互换的程度可分为完全互换性与不完全互换性。

1. 完全互换性

若零（部）件在装配或更换时，不经挑选、调整或修配，装配后能满足预定的使用性能，这样的零（部）件具有完全互换性。

2. 不完全互换性

若零（部）件在装配或更换时，允许有附加选择或附加调整，但不允许修配，装配后能满足预定的使用性能，这样的零（部）件具有不完全互换性。例如，当装配精度要求很高时，采用完全互换性，将使零件的制造公差很小，加工难度加大，成本高，甚至无法加工。因此，生产中可适当地放大零件的制造公差，以便加工。在装配前，根据相配零件实际尺寸的大小分成若干对应组，使对应组内尺寸差别较小，对应组零件进行装配，大孔配大轴，小孔配小轴。这样，既解决了加工困难，又保证了装配精度，这种仅限于组内零件的互换称为不完全互换性。

1

二、互换性的作用

在设计方面，零部件具有互换性，就可以最大限度地采用标准件、通用件和标准部件，大大简化了绘图和计算工作，缩短了设计周期，有利于计算机辅助设计和产品品种的多样化。

在制造方面，互换性有利于组织专业化生产，有利于采用先进的工艺和高效率的专用设备，有利于用计算机辅助制造，有利于实现加工过程和装配过程的机械化、自动化，从而可以提高劳动生产率和产品质量、降低生产成本。

在使用和维修方面，具有互换性的零部件在磨损及损坏后可及时更换，因而减少了机器的维修时间和费用，保证机器连续运转，从而提高机器的使用价值。

总之，互换性在提高产品质量和可靠性、提高经济效益等方面具有重要的意义。它已成为现代化机械制造业中一个普遍遵守的原则，对我国的现代化建设起着重要作用。但是，应当注意，互换性原则不是在任何情况下都适用，当只有采取单个配制才符合经济原则时，零件就不能互换。

第二节 标准化及优先数系

一、标准化

（一）标准及标准化的概念

要实现互换性，则要求设计、制造、检验等工作按照统一的标准进行。在我国国家标准《标准化工作指南 第1部分：标准化和相关活动的通用术语》（GB/T 20000.1—2014）中，把"标准"定义为：在一定的范围内获得最佳秩序，对活动或其结果规定共同的和重复使用的规则、导则或特性的文件。"标准"即是一种"规定"，它的制定是以科学、技术和实践经验的综合成果为基础，经有关方面协商一致，由主管机构批准，以特定形式发布，作为共同遵守的准则和依据。"标准化"的定义为：在一定的范围内获得最佳秩序，对实际的或潜在的问题制定共同的和重复使用的规则的活动。制定"标准"是"标准化"中的一项工作。

（二）标准的分类与级别

1. 标准的分类

按照标准化对象的特征，标准可分为基础标准、产品标准、方法标准、卫生标准、安全与环境保护标准等。以标准化共性要求和前提条件为对象的标准称为基础标准，如计量单位、术语、符号、优先数系、机械制图、极限与配合、零件结构要素等。这类标准具有最一般的共性，因而是通用性最强的标准。本课程主要涉及的就是此类标准，如极限与配合标准、几何公差标准、表面粗糙度标准等。

2. 标准的级别

目前我国国家标准分为4级，即国家标准、专业标准（或部委标准）、地方标准和企业标准。

由国家标准化主管部门审批颁布，对全国经济技术发展有重大意义，必须在全国范围内统一执行的标准称为国家标推，用GB代号表示。例如，代号GB 1800—1979，其中，GB代表国家标准，1800 代表标准编号，1979 代表标准颁布的年代。

由专业（或部委）标准化部门批准发布，在专业范围内统一执行的标准称为专业标准（部委标准）。

由地方标准化主管部门审批颁布的标准称为地方标准。通常是在没有国家标准或国家标准不能满足需要的情况下，依据某地区的特殊情况发布的仅在该地区范围内统一执行的标准。

由企业内部所制定颁发的标准称为企业标准，用代号 QB 表示。企业标准一般高于专业标准和国家标准。

从世界范围看，还有国际标准和区域标准。国际标准是指由国际标准化组织和国际电工委员会等国际组织颁布的标准，区域标准是指世界某一区域标准化团体颁布的标准或采用的技术规范。

一般来说，国家标准、专业标准和企业标准为强制执行的标准，且专业标准（部委标准）和企业标准不得与国家标准相抵触，企业标准不得与专业标准（部委标准）相抵触；而国际标准为推荐和指导性标准，不能强迫执行。但由于国际标准的先进性和通用性，以及国际技术交流的需要，世界各国纷纷修订自己的国家标准，以便向国际标准靠拢。

（三）标准化与互换性生产的关系

标准化是实现互换性的前提。现代化生产的特点是规模大、分工细、协作多，为适应生产中各个单位、部门之间的协调和衔接，必然通过标准使分散的、局部的生产部门和生产环节保持必要的统一。因此，标准化是保证互换性生产的手段，而互换性又为标准化活动及其进一步发展提供了条件。可以说，如果不要求互换性，就不需要进行标准化。

（四）标准化的作用

从作用上讲，标准化的影响是多方面的。世界各国的经济发展过程表明，标准化是组织现代化大生产的重要手段，是实现专业化协作生产的必要前提，是科学管理的重要组成部分。标准化同时是联系科研、设计、生产和使用等方面的纽带，是使整个社会经济合理化的技术基础。标准化也是发展贸易，提高产品在国际市场上竞争能力的技术保证。现代化的程度越高，对标准化的要求也越高。搞好标准化，对加速发展国民经济，提高产品和工程建设质量，提高劳动生产率，搞好环境保护和安全卫生，以及改善人民生活等都有重要的作用。

二、优先数和优先数系

（一）优先数

在产品设计或生产中，为了满足不同的要求，同一产品的某一参数从大到小取不同的值时（形成不同规格的产品系列），首先是按一个或几个数系对参数的分级标准化，以最少项数满足全部要求。数系应具有以下基本特点：①简单、易记；②能向大、小数值两端无限延伸；③包含任意一项值的全部十进倍数和十进分数；④提供合理的分级方法。人们由此总结了一种科学的统一的数值标准，即优先数和优先数系。优先数系是国际上统一的数值分级制度，是一种无量纲的分级数系，适用于各种量值的分级。优先数系中的任意一个数值均称为优先数。19 世纪末，法国人雷诺（Renard）首先提出了优先数和优先数系，后人为了纪念雷诺将优先数系称为 Rr 数系。产品（或零件）的主要参数（或主要尺寸）按优先数形成系列，可使产品（或零件）形成系列化，便于分析参数间的关系，可减轻设计计算的工作量。

如机床主轴转速的分级间距、钻头直径尺寸、表面粗糙度参数、公差标准中尺寸分段（250mm 以后）等均采用某一优先数系。

国家标准《优先数和优先数系》（GB/T 321—2005）规定了优先数系，等同采用 ISO 3：1973《优先数和优先数系》。该标准适用于各种量值的分级，特别是在确定产品的参数或参数系列时，应按该标准规定的基本系列值选用。

优先数系是公比分别为 $\sqrt[5]{10}$、$\sqrt[10]{10}$、$\sqrt[20]{10}$、$\sqrt[40]{10}$ 和 $\sqrt[80]{10}$，且项值中含有 10 的整数幂的几何级数的常用圆整值。基本系列（表 1.1）和补充系列 R80（表 1.2）中列出的 1~10 这个范围与其一致，这个优先数系可向两个方向无限延伸，表中值乘以 10 的正整数幂或负整数幂后即可得其他十进制项值。

优先数的所有系列均以字母 R 为符号开始。符合 R5、R10、R20、R40 和 R80 系列的圆整值（见表 1.1 第 1~4 列和表 1.2）为优先数。理论值是 $(\sqrt[5]{10})^N$、$(\sqrt[10]{10})^N$ 等理论等比数列的连续项值，其中 N 为任意整数。理论值一般是无理数，不便于实际应用。计算值是对理论值取五位有效数字的近似值，计算值对理论值的相对误差<1/20000，在做参数系列的精确计算时可用来代替理论值。序号是表明优先数排列次序的一个等差数列，它从优先数 1.00 的序号 0 开始计算。

表 1.1　基本系列

基本系列（常用值）				序号	理论值		基本系列和计算值间的相对误差（%）
R5	R10	R20	R40		对数尾数	计算值	
（1）	（2）	（3）	（4）	（5）	（6）	（7）	（8）
1.00	1.00	1.00	1.00	0	000	1.0000	0
			1.06	1	025	1.0593	+0.07
		1.12	1.12	2	050	1.1220	−0.18
			1.18	3	075	1.1885	−0.71
	1.25	1.25	1.25	4	100	1.2589	−0.71
			1.32	5	125	1.3335	−1.01
		1.40	1.40	6	150	1.4125	−0.88
			1.50	7	175	1.4962	+0.25
1.60	1.60	1.60	1.60	8	200	1.5849	+0.95
			1.70	9	225	1.6788	+1.26
		1.80	1.80	10	250	1.7783	+1.22
			1.90	11	275	1.8836	+0.87
	2.00	2.00	2.00	12	300	1.9953	+0.24
			2.12	13	325	2.1135	+0.31
		2.24	2.24	14	350	2.2387	+0.06
			2.36	15	375	2.3714	−0.48
2.50	2.50	2.50	2.50	16	400	2.5119	−0.47
			2.65	17	425	2.6607	−0.40
		2.80	2.80	18	450	2.8184	−0.65
			3.00	19	475	2.9854	+0.49

基本系列（常用值）				序号	理论值		基本系列和计算值间的相对误差（%）
R5	R10	R20	R40		对数尾数	计算值	
(1)	(2)	(3)	(4)	(5)	(6)	(7)	(8)
	3.15	3.15	3.15	20	500	3.1623	−0.39
			3.35	21	525	3.3497	+0.01
		3.55	3.55	22	550	3.5481	+0.05
			3.75	23	575	3.7584	−0.22
4.00	4.00	4.00	4.00	24	600	3.9811	+0.47
			4.25	25	625	4.2170	+0.78
		4.50	4.50	26	650	4.4668	+0.74
			4.75	27	675	4.7315	+0.39
	5.00	5.00	5.00	28	700	5.0119	−0.24
			5.30	29	725	5.3088	−0.17
		5.60	5.60	30	750	5.6234	−0.42
			6.00	31	775	5.9566	+0.73
6.30	6.30	6.30	6.30	32	800	6.3096	−0.15
			6.70	33	825	6.6834	+0.25
		7.10	7.10	34	850	7.0795	+0.29
			7.50	35	875	7.4989	+0.01
	8.00	8.00	8.00	36	900	7.9433	+0.71
			8.50	37	925	8.4140	+1.02
		9.00	9.00	38	950	8.9125	+0.98
			9.50	39	975	9.4406	+0.63
10.00	10.00	10.00	10.00	40	000	10.0000	0.00

表1.2 补充系列 R80

1.00		1.60	2.50	4.00	6.30
1.03		1.65	2.58	4.12	6.50
1.06		1.70	2.65	4.25	6.70
1.09		1.75	2.72	4.37	6.90
1.12		1.80	2.80	4.50	7.10
1.15		1.85	2.90	4.62	7.30
1.18		1.90	3.00	4.75	7.50
1.22		1.95	3.07	4.87	7.75
1.25		2.00	3.15	5.00	8.00
1.28		2.06	3.25	5.15	8.25
1.32		2.12	3.35	5.30	8.50
1.36		2.18	3.45	5.45	8.75
1.40		2.24	3.55	5.60	9.00
1.45		2.30	3.65	5.80	9.25
1.50		2.35	3.75	6.00	9.50
1.55		2.43	3.85	6.15	9.75

R5、R10、R20 和 R40 四个系列是优先数系中的常用系列，称为基本系列，见表 1.1。基本系列中的优先数常用值，对计算值的相对误差在 $-1.01\% \sim +1.26\%$ 范围内。各系列的公比为

R5 系列　　　$q_5 = \sqrt[5]{10} \approx 1.5849 \approx 1.60$

R10 系列　　$q_{10} = \sqrt[10]{10} \approx 1.2598 \approx 1.25$

R20 系列　　$q_{20} = \sqrt[20]{10} \approx 1.1220 \approx 1.12$

R40 系列　　$q_{40} = \sqrt[40]{10} \approx 1.0593 \approx 1.06$

R80 系列称为补充系列见表 1.2，它的公比 $q_{80} = \sqrt[80]{10} \approx 1.0292 \approx 1.03$，仅在参数分级很细或基本系列中的优先数不能适应实际情况时，才可考虑采用。

派生系列是从基本系列或补充系列 Rr 中，每 p 项取值导出的系列，以 Rr/p 表示，比值 r/p 是 $1 \sim 10$、$10 \sim 100$ 等各个十进制数内项值的分级数。派生系列的公比为

$$q_{r/p} = q_r^p = \left(\sqrt[r]{10} \right)^p = 10^{p/r}$$

比值 r/p 相等的派生系列具有相同的公比，但其项值是多义的。例如，派生系列 R10/3 的公比 $q_{10/3} = 10^{3/10} = 1.2589^3 \approx 2$，可导出三种不同项值的系列：1.00，2.00，4.00，8.00；1.25，2.50，5.00，10.0；1.60，3.15，6.30，12.5。

一般情况，设 r 是基本系列的指数，$r = 5$，10，20 或 40；p 是派生系列的间距，即组成派生系列时，在基本系列中所要求的间隔项数。派生系列公比是 $10^{p/r}$。此外，如果 N 是正整数，则派生系列的标志项是 $10^{N/40}$，则派生系列记为

$$\text{R}r/p(\cdots 10^{N/40} \cdots)$$

最后，如 X 是任意整数（正、零或负整数），则派生系列的任意项为

$$10^{N/40} \times 10^{(p/r)X} = 10^{\left(\frac{N}{40} + \frac{pX}{r} \right)}$$

（二）优先数和优先数系应用方法

1. 用数值表示特征

编制各种特征数值方案时，若无专门标准，则应选取接近这些特征值的优先数。除有特定理由外，应不偏离优先数，应尽力使现有标准适应优先数。

2. 数值分级

选取数值分级时，在满足需要的情况下应选用公比较大的系列，依次是：R5、R10 等。必须仔细确定分级方案，尤其考虑诸如产品标准化效果，产品成本及对与其密切相关的其他产品的依赖程度等因素。

为得到最佳分级方案，特别要考虑下列两对矛盾的趋势：间隔过疏的分级会浪费标准并增加制造成本；而间隔过密的分级又会导致工具和加工费用以及库存品价值的增大。

在所考虑的整个系列范围内，当需要不同时，可分段选用最适宜的基本系列，用顺序的数值构成一公比不同的连续系列（且可在需要处插入新的项值）。

3. 派生系列

派生系列是在基本系列中按每隔二项、三项、四项等取值而得到的系列。只有当基本系

列无一能满足分级要求时，才可采用派生系列。

4. 移位系列

移位系列是指与某一基本系列有相同分级，但起始项不属于该基本系列的一种系列。它只用于因变量参数的系列。例如，R80/8（25.8…165）系列与 R10 系列有同样的分级，但从 R80 系列的一个项开始，相当于由 25 开始的 R10 系列的移位。

5. 单个数值

在选择单个数值时，如不考虑任何分级，则可选取基本系列 R5、R10、R20、R40 或补充系列 R80 中的项值，但应优先采用公比最大的系列中的项值，即 R5 优先 R10、R10 优先 R20 等。对于能以数值表示的特征值，若不可能全部采用优先数时，首先应对最主要的特征值应用优先数，然后再确定次要的或辅助的特征值。

（三）优先数的计算

1. 序号

对于优先数的计算应注意到，序号的算术级数项值［表 1.1 中第（5）列］正好是相应 R40 系列的优先数［同表 1.1 中第（4）列］以 $\sqrt[40]{10}$ 为底的几何级数项值的对数。序号的系列可向两端延伸。如 N_n 是优先数 n 的序号，则

$$N_{1.00} = 0$$

$$N_{1.06} = 1 \qquad N_{0.95} = -1$$

$$N_{10} = 40 \qquad N_{0.10} = -40$$

$$N_{100} = 80 \qquad N_{0.01} = -80$$

2. 积和商

两优先数 n 和 n' 的积或商形成的优先数 n''，可由序号 N_n 和 $N_{n'}$ 相加或相减来计算，对应新序号的优先数 n'' 即为所求值。例如：

① $3.15 \times 1.6 = 5$ $N_{3.15} + N_{1.6} = 20 + 8 = 28 = N_5$

② $6.3 \times 0.2 = 1.25$ $N_{6.3} + N_{0.2} = 32 + (-28) = 4 = N_{1.25}$

③ $1 : 0.06 = 17$ $N_1 - N_{0.06} = 0 - (-49) = 49 = N_{17}$

3. 幂和根

计算优先数的正或负整幂时，可将指数与优先数序号之积作为新序号，与之相对应的优先数为所求值。用同样的方法可计算对应优先数的根或优先数的正或负分数幂的优先，但序号与分式指数的乘积须为整数。例如：

① $3.15^2 = 10$ $2N_{3.15} = 2 \times 20 = 40 = N_{10}$

② $\sqrt[5]{3.15} = 3.15^{1/5} = 1.25$ $\dfrac{1}{5}N_{3.15} = \dfrac{1}{5} \times 20 = 4 = N_{1.25}$

③ $\sqrt{0.16} = 0.16^{1/2} = 0.4$ $\dfrac{1}{2}N_{0.16} = \dfrac{1}{2} \times (-32) = -16 = N_{0.4}$

④ 另一方面，$\sqrt[4]{3} = 3^{1/4}$ 不是优先数，因指数 1/4 与 3 的序号之积不是整数

⑤ $0.25^{-1/3} = 1.6$ $\qquad -\dfrac{1}{3}N_{0.25} = -\dfrac{1}{3} \times (-24) = 8 = N_{1.6}$

用序号计算的方法可能导致微小的误差，该误差是由优先数的理论值与对应的基本系列化整值之间的偏差引起的。

（四）化整及应用

1. 化整值的应用场合

在某些应用场合，由于十分必要的理由而无法使用优先数：

1）当只需要整数的参数时，就不可能保留全部有效数字。例如，齿轮的齿数用 32 代替 31.5。

2）对需要用偶数、整倍数以及要求数值具有可分性或具有加法性质的项值，有时用化整值比较适宜。例如，包装中的组合尺寸和由模数的整倍数所构成的元件尺寸等。

3）在没有公差要求的场合，优先数的有效位数所表示的精度，既无实际意义，也不便于测量，可用化整值系列。例如，照相机的曝光时间以 1/30s 取代 1/31.5s，采用了 R″10/3 系列 （1, 1/2, 1/4, 1/8, 1/15, 1/30, 1/60, 1/125, …）（单位为 s）。

受到现有配套产品限制的尺寸参数系列，如因涉及到很广泛的协作范围和已有的大量物质基础，不宜轻易改变时（例如，考虑到经济性，继续使用现有的工、量具），可采用化整值系列。例如，标准直径和标准长度系列。

由于十分重要的原因（上述三条），可以认为采用化整值是合适的。如果是考虑经济性和心理因素（愿意使用较简单形式表示的值，尤其是在书写或读用优先数表示的示值有困难时），就不允许采用化整值。因为这是主观上的原因，可能千变万化，引起企业标准和国家标准的不统一，给国际间的技术交流和贸易往来造成极大影响。

由于国际标准及技术文件是以优先数为基础的，现行的国家标准也采用优先数，与国际标准取得一致，但化整值和非优先数的值则难于取得一致。

如果把一些不能改变的现行系列值（如物理常数）引入标准中，即令这些数值近似于优先数或其化整值，都不应认为是优先数的一种应用方式。这些系列不可能具备优先数的全部性质，并且使用时也会有困难。这一点同样适用于目前还难于改变的现行系列值，如齿轮模数。

2. 选用规则和化整值系列表

化整值系列见表 1.3。选取一些数值以满足某种用途的特定要求时，选择合适的公比的顺序为：5—10—20—40，选择具有合适的项值精度和公比均匀性的系列。即

1）优先采用 R 优先数系自身（表 1.3 注 c）。

2）若有充分的理由而完全不能采用优先数时，则用第一化整值系列 R′。

3）最后才用第二化整值系列 R″（表 1.3 注 a）。

在选取单个数值（例如样机规格的编制）时，应考虑该值以后可能是某种公比的系列中的一项，因此，可按上述规定选取一个优先数。当优先数中没有合适值时，可选取化整值。

表 1.3 化整值系列

列	1		2			3			4		5	6	7	8	9	10
项数或指数	5		10			20			40		序号	计算值③	系列中每个项值和计算值之间的相对误差(%)			
近似的公比	1.6		1.25			1.12			1.06							
系列	R5	R″5	R10	R′10	R″10	R20	R′20	R″20	R40	R′40			R 5~40	R′ 10~40	R″ 20	R″ 5和10
	1		1			1.0			1.0		0	1.0000	0			
									1.06	1.05	1	1.0593	+0.07	−0.88		
						1.12	1.1		1.12	1.10②	2	1.1220	−0.18	−1.96	−1.96	
								1.20	1.18	1.20	3	1.1885	−0.71	+0.97		
			1.25		(1.2)	1.25		(1.2)	1.25		4	1.2589	−0.71		−4.68	−4.68
						1.32	1.30		1.32	1.30	5	1.3335	−1.01	− 2.51		
						1.4			1.4		6	1.4125	−0.88			
						1.5			1.5		7	1.4962	+0.25			
	1.6	(1.5)①	1.6		(1.5)①	1.6			1.6		8	1.5849	+0.95			− 5.36
						1.7			1.7		9	1.6788	+ 1.26			
						1.8			1.8		10	1.7783	+1.22			
						1.9			1.9		11	1.8836	+0.87			
			2			2.0			2.0		12	1.9953	+0.24			
									2.12	2.1	13	2.1135	+0.31	−0.64		
						2.24	2.2		2.24	2.2	14	2.2387	+0.06	−1.73	−1.73	
								2.4	2.36	2.4	15	2.3714	−0.48	+1.21		
	2.5		2.5			2.5			2.5		16	2.5119	−0.47			
								2.6	2.65	2.6	17	2.6607	−0.40	−2.28		
						2.8			2.8		18	2.8184	−0.65			
						3.0			3.0		19	2.9854	+0.49			
			3.15	3.2	(3)	3.15	3.2	(3.0)	3.15	3.2	20	3.1623	−0.39	+1.19	5.13	− 5.13
						3.35	3.4		3.35	3.4	21	3.3497	+0.01	+1.50		
			3.55	3.6	(3.5)	3.55	3.6		3.55	3.6	22	3.5481	+0.05	+1.46	−1.38	
									3.75	3.8	23	3.7584	−0.22	+1.11		
	4		4			4.0			4.0		24	3.9811	+0.47			
									4.25	4.2	25	4.2170	+0.78	−0.40		
						4.5			4.5		26	4.4668	+0.74			
									4.75	4.8	27	4.7315	+0.39	+1.45		
			5			5.0			5.0		28	5.0119	−0.24			
									5.3		29	5.3088	−0.17			
						5.6		(5.5)	5.6		30	5.6234	−0.42		−2.19	
									6.0		31	5.9566	+0.73			
	6.3	(6)	6.3		(6)	6.3		(6.0)	6.3		32	6.3096	−0.15		−4.90	−4.90
									6.7		33	6.6834	+0.25			
						7.1		(7.0)	7.1		34	7.0795	+0.29		−1.11	
									7.5		35	7.4989	+0.01			
			8			8.0			8.0		36	7.9433	+0.71			
									8.5		37	8.4140	+1.02			
						9.0			9.0		38	8.9125	+0.98			
									9.5		39	9.4405	+0.63			
	10		10			10.0			10.0		40	10.0000	0			
公比的最大不均匀性(%)	+1.42	−5.37	+1.66	+1.66	−5.61	−1.83	−1.97	−4.48	+1.15	+2.94						

优先数 | 化整值: 第一化整值 | 第二化整值 ¦

①R″系列中的化整值(方框中的值),特别是1.5这个数值,应尽可能不用。

②在特殊情况下,当系列分档间距不允许"倒缩"(项值增大,项差反而缩小)时,R′40系列中允许以1.15作为
1.18的化整值,以1.20,作为1.25的化整值,以构成列:1,1.05,1.10,1.15,1.20,1.30。

③在某些特殊情况下(例如透平叶片的制造),需要很高精度时,可采用计算值(表内第6列)。

第三节　本课程的性质、任务与要求

一、本课程的性质与任务

本课程是高等院校机械工程、仪器科学与技术及相关学科一门综合性很强的技术基础课程，它是机械设计（运动设计、结构设计、精度设计）中不可缺少的重要组成部分，是联系工程制图、机械设计、机械制造工艺学、制造装备设计等课程及其课程设计等培养环节的纽带，是从基础课学习过渡到专业课学习的桥梁。

本课程的主要研究对象是如何进行几何参数的精度设计，即如何利用有关的国家标准，合理解决产品使用要求与制造工艺之间的矛盾，以及如何运用质量控制方法和测量技术手段，保证有关的国家标准的贯彻执行，以确保产品质量。精度设计是从事产品设计、制造、测量等工程技术人员所必须具备的能力。

学生在学习本课程时，应具有一定的理论知识和生产实践知识，即能读图、制图，了解机械加工的一般知识和常用机构的原理。学生通过本课程的学习，应达到如下基本要求：

1）建立标准化、互换性及测量技术的基本概念。

2）熟悉公差与配合的相关标准，清楚各基本术语的定义，能够合理选择或设计配合，正确绘制孔、轴公差带图及配合公差带图。

3）熟悉几何公差各项目内容及其定义，具备初步的设计能力，熟悉公差原则及其应用。

4）在产品装配图及零件工作图中正确标注相关的配合和表面粗糙度。

5）熟悉常见的测量仪器，掌握常见的几何量测量方法。

6）了解量规的特点与应用，能够设计光滑极限量规。

7）了解零件典型表面的公差配合与检测。

二、特点与学习方法

本课程的特点是：概念性强、术语及定义多、代号符号多、具体标准与规定多、叙述性内容多、经验总结和应用实例多，涉及面广，而逻辑性与推理性较少，对具体工程还存在标准原则与合理应用的矛盾。由于篇幅所限，本教材只给出了极少量的相关标准数据；而且标准也在不断完善更新，很多参考书籍却仍旧是老标准。因此学生会感到数据多、内容多、难记忆、容易听懂、不会应用，这就要求学生事先应对本课程的内容、特点和要求有清晰的了解和认识，在心理上做好充分准备。要求教师在讲授此课程时，应以基础标准、测量技术为核心，以精度设计应用能力培养为目标，进行各章讲授；要理论教学与实验教学并重，培养学生的主动学习与实际动手能力，使学生掌握常用的几何量精度的检测方法及检测设备的使用方法。该课程各部分都紧紧围绕着以保证互换性为主的互换性问题来讲解有关概念，分析设计的方法与原则，论述检测的相关规定。因此，学习过程中应注意归纳总结，找出它们之间的关系。学生要认真完成作业，认真做实验和完成实验报告，并与已学习过的工程制图等课程的内容、实习等环节结合起来。

习　　题

1-1　列举生活中几个互换性的应用实例。

10

1-2 什么是互换性？按互换的程度分为哪几类？

1-3 互换性的作用是什么？

1-4 什么是标准化？标准化的作用是什么？

1-5 目前我国国家标准分为哪几级？

1-6 标准化与互换性生产的关系是什么？

1-7 为何采用优先数系？

1-8 优先数系的基本特点是什么？

1-9 R5、R10、R20、R40 和 R80 系列项值之间的关系是什么？

1-10 什么场合应用优先数化整值？

1-11 什么是优先数系的基本系列、补充系列、派生系列？它们之间的关系是什么？

第二章　测量技术基础

第一节　测量的概念

一、测量

在机械制造业中，测量技术主要是指针对零件的几何量进行测量和检验，以确定几何精度是否满足设计所规定的要求的技术。

（1）测量　将被测量与体现测量单位（也称计量单位，简称单位）的标准量进行比较的过程。被测量的量值为 L，所采用的测量单位为 E，则它们的比值 q 为

$$q = \frac{L}{E} \tag{2.1}$$

被测量的量值 L 即为测量所得的数值 q 与测量单位 E 的乘积，即

$$L = qE \tag{2.2}$$

式（2.2）表明，任何几何量的量值都由两部分组成：表征几何量的数值和该几何量的测量单位。

（2）检验　检验是判断被测几何量是否在规定的极限范围内，从而判断其是否合格的实验过程。检验通常是用量规、样板等专用定量无刻度量具来判断被检对象的合格性，所以，它不能测出被测量的具体数值。检验在大批量生产中得到广泛应用。

（3）计量　计量是指单位统一、使量值准确可靠的活动。

测量和检验统称为检测。测量及其应用的科学统称为计量学。

在机械制造业中所说的技术测量，主要指几何参数的测量，包括长度、角度、表面粗糙度、几何误差等的测量。

二、测量的要素

由测量的定义可知，任何一个测量过程都必须有明确的被测对象和确定的计量单位，还要有与被测对象相适应的测量方法，而且测量结果还要达到所要求的测量精度。因此，一个完整的测量过程包括被测对象、计量单位、测量方法和测量精度 4 个要素。

（1）被测对象　研究的被测对象是几何量，即长度、角度、形状、位置、表面粗糙度以及螺纹、齿轮等零件的几何参数。

（2）计量单位　我国制定法定计量单位，就是为了保证测量过程中标准量的统一。国务院曾颁发了《关于在我国统一实行法定计量单位的命令》。国际单位制是我国法定计量单位的基础，一切同于国际单位制的单位都是我国法定计量单位。在几何量测量中，规定长度的基本单位是米（m），同时使用的还有米的十进倍数和分数的单位，如毫米（mm）、微米（μm）等；平面角的角度单位为弧度（rad）及度（°）、分（′）、秒（″）。在机械零件制造中，常用的长度计量单位是毫米（mm）；在几何量精密测量中，常用的长度计量单位是微

米（μm）；在超精密测量中，常用的长度计量单位是纳米（nm）。常用的角度计量单位是弧度、微弧度（μrad）和度、分、秒。$1\mu rad=10^{-6}rad$，$1°=0.0174533rad$。

（3）测量方法　测量时所采用的测量原理、测量器具和测量条件的总和。

（4）测量精度　测量结果与被测量真值的一致程度。测量时不仅要合理地选择测量器具和测量方法，还应正确估计测量误差的性质和大小，以保证测量结果具有较高的置信度。

第二节　长度基准与量值传递

一、长度基准

我国法定计量单位与国际单位制是一致的，基本长度单位是米（m）。机械制造中常用的单位是毫米（mm），测量技术中常用的单位是微米（μm）。$1m=1000mm$；$1mm=1000\mu m$。

1983 年第十七届国际计量大会通过米的定义为："一米是光在真空中在 1/299792458s 时间间隔内的行程长度"。为了保证长度测量的精度，还需要建立准确的量值传递系统。随着激光稳频技术的发展，用激光波长作为长度基准具有很好的稳定性和复现性。1985 年我国用自己研制的碘吸收稳定的 $0.633\mu m$ 氦氖激光辐射作为波长标准来复现"米"的定义。使用波长作为长度基准，虽然可以达到足够的精确度，但显然这个长度基准不便在生产中直接用于对零件进行测量。因此，为保证零件在国内、国际上具有互换性，即保证量值的统一，就需要有一个统一的量值传递系统，将基准的量值一级一级地传递到生产中使用的各种计量器具上，再用其测量工件尺寸，从而保证量值的准确一致。

二、尺寸传递

我国长度量值传递系统分为两个并行的传递系统向下传递，如图 2.1 所示，即端面量具（亦称量块、块规）系统和刻线量具（线纹尺）系统。其中尤以量块传递系统应用最广。

角度也是机械制造中一个重要的几何量。角度基准与长度基准有着本质的区别。角度的自然基准是客观存在的，不需要建立，因为一个整圆所对应的圆心角是定值（$2\pi rad$ 或 360°）。因此，将整圆任意等分得到的角度的实际大小，可以通过各角度相互比较，利用圆周角的封闭性求出，实现对角度基准的复现。但在计量部门，为了检定和测量需要，仍采用如图 2.2 所示的多面棱体（棱形块）作为角度量值的基准。机械制造中的角度传递系统如图 2.3 所示。

三、量块的基本知识

量块是保证长度量值统一的、常用的一种平面平行端面量具。可用来检定和校准量仪或量具，相对测量时用来调整量仪或量具的零位，也可直接用作精密测量或精密机床的调整。

量块通常用铬锰钢等特殊合金钢或线膨胀系数小、性质稳定、耐磨以及不易变形的其他材料制成。绝大多数量块制成直角平行六面体，少数为圆柱体。量块有两个相互平行的测量面，测量面的表面粗糙度和平面度要求都很高。两测量面之间的距离为量块的工作尺寸。由于量块测量面的平面度和平行度误差对工作尺寸有影响，故量块的工作尺寸规定按中心长度来定义。中心长度为量块上一个测量面的中心到与另一个测量面相研合的平晶平面的垂直距离，如图 2.4 所示。

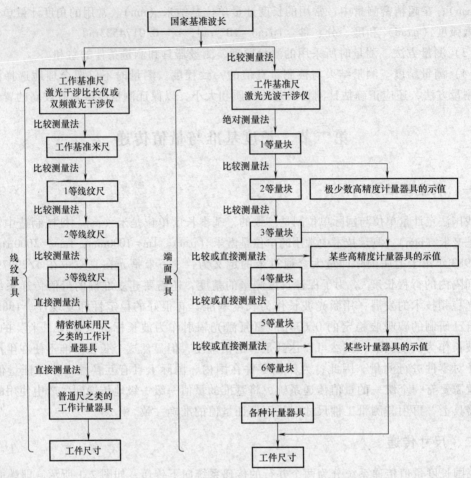

图 2.1 长度量值传递系统

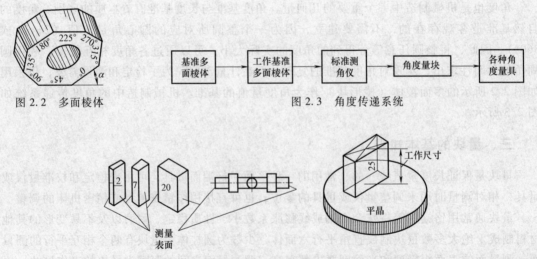

图 2.2 多面棱体　　　　　图 2.3 角度传递系统

图 2.4 量块外形

　　按 GB/T 6093—2001《几何量技术规范（GPS）长度标准　量块》的规定，量块按制造精度分为 5 级，即 0、1、2、3 级，另有一校准级 K 级。"级"主要根据量块长度极限偏差、测量面的平面度、表面粗糙度及量块的研合性等指标来划分。

　　制造高精度的量块的工艺要求高、成本也高，而且即使制造成高精度量块，在使用一段时间后，也会因磨损而引起尺寸减小，使其原有的精度级别降低。因此，需要定期检定出全套量块的实际尺寸，再按检定的实际尺寸来使用量块，这样可以提高量块的准确度。按照JJG 146—2011《量块检定规程》的规定，量块按其检定精度分为 5 等，即 1、2、3、4、5等，其中 1 等精度最高，5 等精度最低，"等"主要依据量块中心长度测量的极限偏差和测量面的平面度允许偏差来划分。

　　量块按级使用时，以标称长度为工作长度，包含制造误差。而按等使用量块时，不包含制造误差，但有测量误差。就同一量块而言，检定时的测量误差要比制造误差小得多。所以，量块按"等"使用时其精度比按"级"使用要高，且能在保持量块原有使用精度的基础上延长其使用寿命。

　　依据国家标准规定，我国成套生产的量块共有 17 种套别，每套的块数分别为 91 块、83块、46 块、38 块、12 块、10 块和 8 块等。83 块一套的量块尺寸见表 2.1。

表 2.1　83 块一套的量块尺寸

尺寸系列/mm	间隔/mm	块数	尺寸系列/mm	间隔/mm	块数
0.5	—	1	1.5~1.9	0.1	5
1	—	1	2.0~9.5	0.5	16
1.005	—	1	10~100	10	10
1.01~1.49	0.01	49			

　　量块具有可粘合的特点，是因为量块工作表面极为光洁、平面度误差很小，当测量面上留有极薄的一层油膜（约 $0.02\mu m$）时，在切向推合力的作用下，因分子之间的吸力而粘合在一起。在一定范围内，可根据需要将不同工作尺寸的量块组合在一起使用，如图 2.5所示。

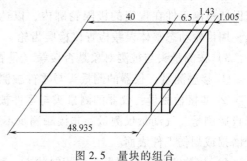

图 2.5　量块的组合

　　组合量块成所需尺寸时，为减少量块的组合误差，应尽量减少量块的组合块数，一般不超过 4 块。为此，组合量块应从所需组合尺寸的最后一位数开始选择适当尺寸的量块，每选一块至少应减去所需尺寸的一位尾数，其余以此类推。

　　【例 2.1】　采用 83 块一套的量块，组成 48.935mm 的尺寸，方法如下：

$$
\begin{array}{rl}
48.935 & ——需组合的尺寸 \\
-\quad 1.005 & ——第一块量块的尺寸 \\
\hline
47.93 & \\
-\quad 1.43 & ——第二块量块的尺寸 \\
\hline
46.5 & \\
-\quad 6.5 & ——第三块量块的尺寸 \\
\hline
40 & ——第四块量块的尺寸
\end{array}
$$

第三节 测量方法与计量器具的分类

一、测量方法的分类

测量方法是实验方法之一，它应包括在科学方法论指导下的实验设计、实验操作（获取被测量值）、实验结果数据处理三个不可或缺的阶段。但在这里仅就获取被测量值的测量方法进行分类。

1）按测量操作中实际获得的测量值是否是实验设计中的被测量，测量方法可分为直接测量和间接测量。

①直接测量：被测的量值能直接从测量器具上获得的测量方法。直接测量又可分为绝对测量和相对测量。能从仪器读数装置上读出被测参数的整个量值，这种测量方法称为绝对测量，例如，游标卡尺、千分尺测量零件的直径。若从读数装置上只能读出被测参数相对于某一标准量的偏差，这种测量方法称为相对（比较）测量。由于标准量是已知的，因此被测参数的某个量值等于仪器所指示的偏差与标准量的代数和，例如，用量块调整比较仪后测量零件的直径。

②间接测量：通过测量与被测量参数有已知函数关系的其他量而得到该被测参数量值的测量。间接测量会带来函数误差，测量环节越多，带来的函数误差越大。

2）按同时被测参数的数目可分为单项测量和综合测量。

①单项测量：单个的彼此没有联系地测量工件的单项参数。例如，分别测量螺纹的螺距或半角等。

②综合测量：同时测量工件上的几个有关参数，综合地判断工件是否合格。其目的在于保证被测工件在规定的极限轮廓内，以达到互换性的要求。例如，用花键塞规检验花键孔，用齿轮动态整体误差检查仪检验齿轮。

3）按测量头与被测对象是否接触（是否存在测量力），可分为接触测量和非接触测量。

①接触测量：仪器的测量头与零件被测表面直接接触，并有机械作用的测量力存在。

②非接触测量：仪器的测量头与零件被测表面不接触，没有机械作用的测量力。例如，光投影测量、气动量仪测量。非接触测量不存在测量力对测量结果的影响，也避免了测量头的磨损或划伤工件表面。

4）按被测对象与测量头的相对状态，可分为静态测量和动态测量。

①静态测量：测量时，被测表面与测量头相对静止。例如，用千分尺测量零件的直径。

②动态测量：测量时，被测表面与测量头之间有相对运动。它能反映被测参数的变化过程。例如，用激光丝杠动态检查仪测量丝杠。

5）按测量在机械加工中所希望达到的目的，可分为离线测量（被动测量）和在线测量（主动测量）。

①离线测量：零件加工完后，脱离加工生产线（或已从机床上取下）的测量，这种测量的目的是发现并剔除废品。

②在线测量：零件仍处于加工生产线上，还没有脱离加工设备的测量，这种测量可以是静态的也可以是动态的。其目的是控制加工过程是否继续进行或如何进行，以防止废品的产生。

6）按测量过程中测量条件是否改变（通常指人为改变），可分为等精度测量和不等精度测量。

① 等精度测量：指对某量需重复多次测量时，在测量过程中没有改变测量条件（如人员、设备、环境条件、测量次数等），这种重复多次的测量称为等精度测量。

② 不等精度测量：指对某量进行多次重复测量时，改变了测量条件，这种重复多次的测量称为不等精度测量。不等精度测量结果在计算平均值时需考虑权重比。

二、计量器具的分类

1. 量具类

量具是指通用的有刻度的或无刻度的一系列单值和多值的量块和量具等，如长度量块、90°角尺、角度量块、线纹尺、游标卡尺和千分尺等。

2. 量规类

量规是指没有刻度且专用的计量器具，可用以检验零件要素实际尺寸和形位误差的综合结果。使用量规检验不能得到工件的具体实际尺寸和形位误差值，而只能确定被检验工件是否合格。如使用光滑极限量规检验孔、轴，只能判定孔、轴的合格与否，不能得到孔、轴的实际尺寸。

3. 计量仪器

计量仪器（简称量仪）是指能将被测几何量的量值转换成可直接观测的示值或等效信息的一类计量器具。计量仪器按原始信号转换的原理可分为以下几种。

（1）机械量仪　机械量仪是指用机械方法实现原始信号转换的量仪，一般都具有机械测微机构。这种量仪结构简单、性能稳定、使用方便。如指示表、杠杆比较仪等。

（2）光学量仪　光学量仪是指用光学方法实现原始信号转换的量仪，一般都具有光学放大（测微）机构。这种量仪精度高、性能稳定，如光学比较仪、工具显微镜、干涉仪等。

（3）电动量仪　电动量仪是指能将原始信号转换为电量信号的量仪，一般都具有放大、滤波等电路。这种量仪精度高、测量信号经转换后，易于与计算机接口，实现测量和数据处理的自动化，如电感比较仪、电动轮廓仪和圆度仪等。

（4）气动量仪　气动量仪是以压缩空气为介质，通过气动系统流量或压力的变化来实现原始信号转换的量仪。这种量仪结构简单、测量精度和效率都高、操作方便，但示值范围小，如水柱式气动量仪、浮标式气动量仪等。

4. 计量装置

计量装置是指为确定被测几何量值所必需的计量器具和辅助设备的总体。它能够测量同一工件上较多的几何量和形状比较复杂的工件，有助于实现检测自动化或半自动化，如齿轮综合精度检查仪、发动机缸体孔的几何精度综合测量仪等。

三、计量器具的基本技术性能指标

计量器具的基本技术性能指标是合理选择和使用计量器具的重要依据。下面以机械式测微比较仪（图 2.6）为例介绍一些常用的计量技术性能指标。

（1）刻度间距　刻度间距是指计量器具的标尺或分度盘上相邻两刻线中心之间的距离或圆弧长度。考虑人眼观察的方便，一般应取刻度间距为 1~2.5mm。

（2）分度值　分度值是指计量器具的标尺或分度盘上每一刻度间距所代表的量值。一般长度计量器具的分度值有 0.1mm、0.05mm、0.02mm、0.01mm、0.005mm、0.002mm、0.001mm 等多种。一般来说，分度值越小，则计量器具的精度就越高。如图 2.6 所示机械式测微比较仪的分度值为 0.002mm。

（3）分辨力　分辨力是指计量器具所能显示的最末一位数所代表的量值。由于在一些量仪（如数字式量仪）中，其读数采用非标尺或非分度盘显示，因此就不能使用分度值这一概念，而将其称作分辨力。例如，国产 JC19 型数显式万能工具显微镜的分辨力为 0.5μm。

（4）示值范围　示值范围是指计量器具所能显示或指示的被测几何量起始值到终止值的范围。例如，立式光学比较仪的示值范围为 ±100μm（图 2.6 中 B）。

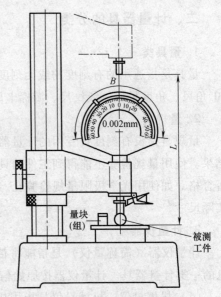

图 2.6　机械式测微比较仪

（5）测量范围　测量范围是计量器具在允许的误差限度内所能测出的被测几何量值的下限值到上限值的范围。一般测量范围上限值与下限值之差称为量程。例如，立式光学比较仪的测量范围为 0~180mm，也就是说立式光学比较仪的量程为 180mm（图 2.6 中 L 为测量范围）。

（6）灵敏度　灵敏度是计量器具对被测几何量微小变化的响应变化能力。若被测几何量的变化为 Δx，该几何量引起计量器具的响应变化能力 Δy，则灵敏度为

$$S = \Delta y / \Delta x \tag{2.3}$$

当式（2.3）中分子和分母为同种量时，灵敏度也称为放大比或放大倍数。对于具有等分刻度的标尺或分度盘的量仪，放大倍数 K 等于刻度间距 a 与分度值 i 之比

$$K = a / i \tag{2.4}$$

一般来说，分度值越小，则计量器具的灵敏度就越高。

（7）示值误差　示值误差是指计量器具上的示值与被测几何量的真值的代数差。一般来说，示值误差越小，则计量器具的精度就越高。

（8）修正值　修正值是指为了消除或减少系统误差，用代数法加到测量结果上的数值，其大小与示值误差的绝对值相等，而符号相反。例如，示值误差为 -0.004mm，则修正值为 +0.004mm。

（9）测量重复性　测量重复性是指在相同的测量条件下，对同一被测几何量进行多次测量时，各测量结果之间的一致性。通常以测量重复性误差的极限值（正、负偏差）来表示。

（10）不确定度　不确定度是指由于测量误差的存在而对被测几何量值不能肯定的程度。直接反映测量结果的置信度。

18

第四节　测量误差与数据处理

一、误差与精度及不确定度

（一）误差

1. 误差的定义与表示方法

（1）误差　测量误差，简称误差，指测量结果 x 与被测量的真值 x_0 之差，可表示为

$$\delta = x - x_0 \tag{2.5}$$

测量结果可通过直接测量得到，也可通过测得值借助确定的函数关系式计算得到。测量结果包括测得值、测量值、检测值、实验值、示值、名义值、标称值、预置值和给出值等。测量结果又分为单次测量结果和处理后的结果，如平均测量结果。

真值是指在观测一个量时，该量本身所具有的真实大小，即与给定的特定量的定义一致的值。所有的被测量在特定的条件下，理论上都有一个对应的客观、实际值存在，称为理论真值。被测量的真值通常情况下是未知的，在少数特殊情况下，真值才是可知的。例如，平面直角为 $90°$，三角形的三个内角和为 $180°$，一个整圆周角为 $360°$，国际千克基准的真值为 $1kg$。

在测量中，往往需要运用真值，因此引入了约定真值。约定真值是指对给定的目的而言，它被认为充分接近真值，可以代替真值来使用的量值。约定真值应是理论真值的最佳估计值，包括指定值、约定值和最佳估计值。例如，7 个 SI 基本单位即为指定值，高一级测量装置的测量值即为约定值，多次测量结果的算术平均值即为最佳估计值。

（2）绝对误差　绝对误差的定义与测量误差的定义相同，即

$$绝对误差 = 测量结果 - 真值 \tag{2.6}$$

（3）相对误差　相对误差是指绝对误差与被测量的真值之比，因测得值与真值接近，也可用测得值代替真值计算，可表示为

$$相对误差 = \frac{绝对误差}{真值} \times 100\% \approx \frac{绝对误差}{约定真值} \times 100\% \approx \frac{绝对误差}{测得值} \times 100\% \tag{2.7}$$

绝对误差具有确定的量纲，与被测量量纲相同；相对误差是无量纲量，通常用百分数形式表示。绝对误差和相对误差都可以为正值或负值。

对于相同的被测量，绝对误差可以评定其测量精度的高低，但在进行不同量级的同种量误差间的比较时，采用相对误差较为合适。

【例 2.2】　用第一种测量方法测量物体 1 的长度，真值 $x_{10} = 50.00mm$，测得值为 $x_1 = 50.01mm$；用第二种测量方法对物体 1 进行测量，测得值 $x_2 = 49.98mm$；用第三种测量方法测量物体 2 的长度，真值 $x_{20} = 500.00mm$，测得值为 $x_3 = 500.01mm$；用第四种测量方法对物体 2 进行测量，测得值 $x_4 = 499.90mm$。试对四个测量进行误差分析。

第一种方法的绝对误差为

$$\delta_1 = x_1 - x_{10} = 50.01mm - 50.00mm = 0.01mm$$

相对误差为

$$\frac{\delta_1}{x_{10}} = \frac{0.01mm}{50.00mm} \times 100\% = 0.02\%$$

第二种方法的绝对误差为

$$\delta_2 = x_2 - x_{10} = 49.98\text{mm} - 50.00\text{mm} = -0.02\text{mm}$$

相对误差为

$$\frac{\delta_2}{x_{10}} = \frac{-0.02\text{mm}}{50.00\text{mm}} \times 100\% = -0.04\%$$

第三种方法的绝对误差为

$$\delta_3 = x_3 - x_{20} = 500.01\text{mm} - 500.00\text{mm} = 0.01\text{mm}$$

相对误差为

$$\frac{\delta_3}{x_{20}} = \frac{0.01\text{mm}}{500.00\text{mm}} \times 100\% = 0.002\%$$

第四种方法的绝对误差为

$$\delta_4 = x_4 - x_{20} = 499.90\text{mm} - 500.00\text{mm} = -0.10\text{mm}$$

相对误差为

$$\frac{\delta_4}{x_{20}} = \frac{-0.10\text{mm}}{500.00\text{mm}} \times 100\% = -0.02\%$$

由此可知，第三种方法精度最高，第二种方法精度最低，第一种与第四种方法精度相同。

2. 误差的来源

不同的测量，引起误差的原因千差万别，而测量工作都是在某个特定的环境里，由测量人员使用测量装置、按照一定的测量方法对被测量进行测量。因此，测量误差产生的原因可以归纳为四个方面：测量装置误差、环境误差、方法误差与人员误差。

（1）测量装置误差　测量装置误差包括标准量具误差、仪器仪表误差和附件误差。标准量具是指以固定形式复现标准量值的器具，如激光器、标准量块、标准线纹尺、标准刻线尺、标准水银温度指示计、标准砝码、标准硬度块、标准电阻和标准电池等，由于加工的限制，它们本身体现的量值不可避免地含有误差。凡是用来直接或间接将被测量和已知量进行比较的设备，称为仪器或仪表，如温度指示计、电压表、天平、阿贝比较仪等，在它们的加工、装配中不可避免地存在误差，这些误差最终都传递给测量结果。在测量中，为了测量的方便或创造必要的条件，经常需要采用仪器辅助设备或附件，如测长仪的标准环规、千分尺的调整棒、电测量中的转换开关及移动测点、连接导线等，也都会产生测量误差。

（2）环境误差　任何测量总是在一定的环境里进行的。环境因素与规定的标准状态不一致就会引起测量装置和被测量的变化，造成环境误差。例如，温度的变化引起测量装置机械零部件几何尺寸的变化，也能引起电子元器件参数的变化。仪器仪表在规定要求的测量环境下所具有的误差称为基本误差，偏离此环境时所增加的误差称为附加误差。

（3）方法误差　方法误差是指由于测量方法不完善所引起的误差。例如，通过测量轴的周长 s，用公式 $d = s/\pi$ 计算直径 d，无理数 π 的近似取值带来计算误差；同理，通过测量直径 d 来计算周长 s，也会带来计算误差。

（4）人员误差　人员误差是指测量人员生理机能的限制，固有习惯性偏差，工作疲劳以及思想情绪变化等因素造成的测量误差。有些测量需多人配合操作才能进行，由于各测量人员对测量要求的理解不同，业务熟练程度不同，反应速度不同，习惯不同，配合不好也会引起误差。在一些高精密的测量中，人员自身的体征也会引起误差。例如，在使用一些漂浮式测量器具时，轻微的呼吸就能造成其在液面上左右晃动，形成读数误差。工作不认真，麻痹大意，认识不足，偶尔的疏忽都会引起误差。如看错（测量时对错标志）、读错（将1读为7）、听错、记错（将38.694记为38.964），都会形成结果的严重歪曲。在后续的数据处理中，必须查找发现混入其中的坏值，及时剔除。

3. 误差的分类

按照误差的特征，误差可分为系统误差、随机误差和粗大误差三类。

（1）系统误差　在同一测量条件下，多次测量同一量值时，绝对值和符号保持不变，或在条件改变时，按一定规律变化的误差称为系统误差。其产生的原因主要有：测量装置方面的因素、环境方面的因素、测量方法的因素、测量人员方面的因素等。

根据对误差掌握的程度可分为已定系统误差和未定系统误差。虽然未定系统误差的绝对值和符号不能确定，但通常可以估计出误差范围。

系统误差的特点是有确定的变化规律。按其变化规律可分为不变系统误差（误差的绝对值和符号固定不变）和变化系统误差。变化系统误差又分为线性系统误差、周期性系统误差和复杂规律系统误差等。例如，仪器仪表的零位未校准引起的误差是一个不变系统误差；温度变化对物体长度影响而产生的误差为线性变化误差；仪表指针回转中心与刻度盘中心偏心引起的读数误差为周期性变化误差，变化规律符合正弦曲线。

（2）随机误差　在同一测量条件下，多次测量同一量值时，其绝对值和符号以不可预定方式变化着的误差，称为随机误差。其产生因素十分复杂，如电磁场的微变，传动部件的间隙和摩擦、联接件的弹性变形，空气扰动，气压及湿度的变化，测量人员的感觉器官的生理变化等。随机误差的出现没有确定的规律，但是就总体而言服从统计规律。

（3）粗大误差　超出规定条件下预期的误差，称为粗大误差，又称寄生误差。粗大误差一般是由于操作人员责任心不强、工作疲劳，或者测量条件的意外改变造成的。例如，测量人员读错示值、记错数据或计算错误，突然的机械振动导致测量环境的改变等。

三种误差之间是辩证统一的关系，它们在一定条件下可以相互转化。对某项具体误差，在此条件下为系统误差，而在另一条件下可为随机误差，反之亦然。如按一定公称尺寸制造的量块，存在着制造误差，对某一块量块的制造误差是确定数值，可认为是系统误差，但对一批量块而言，制造误差是变化的，又成为随机误差。在使用某一量块时，没有检定出该量块的尺寸误差，而按公称尺寸使用，则制造误差属随机误差。若检定出量块的尺寸偏差，按实际尺寸使用，则制造误差属系统误差。掌握误差转化的特点，可将系统误差转化为随机误差，用数据统计处理方法减小误差的影响；或将随机误差转化为系统误差，用修正方法减小其影响。

总之，系统误差和随机误差之间并不存在绝对的界限。随着对误差性质认识的深化和测试技术的发展，有可能把过去作为随机误差的某些误差分离出来作为系统误差处理，或把某些系统误差当作随机误差来处理。

（二）精度

精度是指反映测量结果与真值接近程度的量，它与误差的大小相对应，因此可用误差大小来表示精度的高低，误差小则精度高，误差大则精度低。精度可分为正确度、精密度、准确度。

（1）正确度　正确度表示测量结果中系统误差大小的程度，是指在规定的测量条件下测量中所有系统误差的综合。

（2）精密度　精密度表示测量结果中随机误差大小的程度，是指在一定的测量条件下进行多次测量时所得各测量结果之间的符合程度。

（3）准确度　准确度是测量结果中所有系统误差与随机误差的综合，表示测量结果与真值的一致程度。也可称为精确度。

对于具体的测量，精密度高而正确度不一定高，反之亦然。会出现四种状况：正确度高而精密度低，正确度低而精密度高，正确度与精密度都低，正确度与精密度都高。前三种状况准确度都低，只有第四种准确度高。精度可以形象地用图 2.7 所示的打靶结果进行表示。以靶心比作真值，靶上的弹着点比作测量结果。如图 2.7a 所示弹着点分散，但就总体而言却大致都围绕靶心，系统误差小而随机误差大，即正确度高而精密度低；图 2.7b 所示的弹着点集中，就总体而言密集但都偏在一边，系统误差大而随机误差小，即正确度低而精密度高；图 2.7c 所示的弹着点集中又接近靶心，系统误差和随机误差都小，正确度和精密度都高，即准确度高。

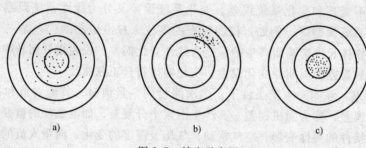

图 2.7　精度示意图

（三）不确定度

由于测量误差的存在，被测量的真值难以确定，通常只能得到被测量真值的最佳估计值。既然是估计，必然带有不确定性，因此引入了测量不确定度，用来表征测量结果质量的高低。测量不确定度是指表征合理地赋予被测量之值的分散性，与测量结果相联系的参数。也就是说它是指测量结果变化的不肯定程度，是表征被测量的真值在某个量值范围的一个估计。一个完整的测量结果应该包含被测量真值的估计与分散性参数两部分。在测量不确定度的定义下，被测量的测量结果并非一个确定的值，而是一个包含无限个可能值所处于的一个区间。可以用这个区间的半宽度表示不确定度。用标准差表征不确定度，称为标准不确定度。测量不确定度也可用标准差的倍数或说明了置信概率的区间的半宽度表示，这种不确定度称为扩展不确定度，有时也称为展伸不确定度。

标准不确定度的评定分为 A 类评定和 B 类评定。用对观测数据的统计分析进行评定，称为 A 类评定；不采用观测数据的统计分析方法，而是根据经验或其他信息估计得到的概率分布来评定，称为 B 类评定。

误差和不确定度都是评价测量结果质量高低的指标，都可作为测量结果的精度评定参数，但是它们之间有明显的区别，需要正确认识与区分。

在定义上，误差是测量结果与真值之差，以真值或约定真值为中心，是一个确定的值，有正负之分（或 0）；不确定度以被测量的最佳估计值为中心，是区间的半宽度，恒为正值。误差通常是一个理想的概念，而不确定度是可以定量评定的。

在分类上，误差与不确定度分类的原则不同。误差根据误差的特征和性质分为系统误差、随机误差和粗大误差；不确定度则根据是否用统计方法求得，分为 A 类评定和 B 类评定，二者之间没有优劣之分。A 类评定、B 类评定与随机误差、系统误差的分类之间不存在简单的对应关系。

误差与不确定度之间有区别，也有联系。对误差的充分认识是正确评定不确定度的基础，用不确定度代替误差表示测量结果，易于理解、便于评定，具有合理性和实用性。不确定度是对经典误差理论的有益补充，是其发展的一个重要成果。

二、误差的基本性质与处理

（一）随机误差

1. 正态分布

随机误差是由众多的、变化微小的暂时未能掌握或不便掌握的微小因素造成的。在同一测量条件下，对同一量值进行多次重复测量时，得到的一系列测量值包含的误差不同，误差的符号和绝对值以不可预知的方式变化着。虽然随机误差的出现没有确定的规律，但是就总体而言，却具有统计规律性。因此，随机误差属于随机变量，可采用概率论与数理统计的理论进行处理。

大多数随机误差都服从正态分布，因此首先讲解正态分布的随机误差及处理方法。

设被测量的真值为 x_0，一系列测得值为 x_i，则测量列中的随机误差 δ_i 为

$$\delta_i = x_i - x_0 \tag{2.8}$$

其中，$i = 1,\ 2,\ \cdots,\ n$。

随机误差的正态分布的概率密度函数 $f(\delta)$ 为

$$f(\delta) = \frac{1}{\sigma\sqrt{2\pi}}\mathrm{e}^{-\frac{\delta^2}{2\sigma^2}} \tag{2.9}$$

式中　σ——标准差；

　　　e——自然对数的底，其值为 2.7182$\cdots$。

概率分布函数 $F(\delta)$ 为

$$F(\delta) = \int_{-\infty}^{\delta} f(\delta)\,\mathrm{d}\delta = \int_{-\infty}^{\delta} \frac{1}{\sigma\sqrt{2\pi}}\mathrm{e}^{-\frac{\delta^2}{2\sigma^2}}\mathrm{d}\delta \tag{2.10}$$

数学期望 $E(\delta)$ 为

$$E(\delta) = \int_{-\infty}^{+\infty} \delta f(\delta)\,\mathrm{d}\delta = 0 \tag{2.11}$$

方差 $D(\delta)$ 为

$$D(\delta) = \sigma^2 = \int_{-\infty}^{+\infty} \delta^2 f(\delta)\,\mathrm{d}\delta \tag{2.12}$$

平均误差 θ 为

$$\theta = \int_{-\infty}^{+\infty} |\delta| f(\delta)\,\mathrm{d}\delta = 0.7979\sigma \approx \frac{4}{5}\sigma \tag{2.13}$$

由

$$\int_{-\rho}^{+\rho} f(\delta)\,\mathrm{d}\delta = \frac{1}{2}$$

可得或然误差

$$\rho = 0.6745\sigma \approx \frac{2}{3}\sigma \tag{2.14}$$

标准差 σ 取决于测量系统，当测量系统确定后，式（2.9）对应的曲线唯一确定。σ 不

同，对应的曲线形状也不同，图 2.8 所示为 σ 分别为 0.5、1、2 时的正态分布概率密度函数曲线，并给出了 σ 为 0.5 时曲线拐点的横坐标 σ、右半部分面积重心的横坐标 θ、平分曲线右半部分面积的垂直直线的横坐标 ρ。

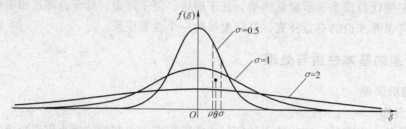

图 2.8　正态分布密度曲线

正态分布的随机误差具有以下四个特性：

（1）有界性　密度函数式（2.9）中自变量的取值是无界的，但是在一定的测量条件下，随机误差的绝对值不会超过一定的界限，这称为随机误差的有界性。在科学测量中，虽然不能确切地获得测量的随机误差，但是可以通过一定的方法合理估计出随机误差绝对值的界限。

（2）对称性　绝对值相等的正负误差出现的次数相等，这称为随机误差的对称性，即密度函数式（2.9）的曲线关于纵轴对称。在有限次的测量中，则表现为大致相等，随着测量次数的增加，对称性就更加明显。

（3）单峰性　绝对值小的误差出现的次数大于绝对值大的误差出现的次数，但是随机误差不会为零，总是在零附近波动。

（4）抵偿性　由对称性可知，绝对值相等正负误差出现的次数相等，因此它们可以相互抵消。在有限次测量中，随机误差的算术平均值随着测量次数的增加而趋于零。

2. 算术平均值

对某一量进行一系列等精度测量，由于存在测量误差，其测得值皆不相同，应以全部测得值的算术平均值作为最后的测量结果。

在系列测量中，被测量的 n 个测得值的代数和除以 n 而得到的值称为算术平均值。设 x_1，x_2，$\cdots$，x_n 为 n 次测量所得的值，则算术平均值 $\bar{x}$ 为

$$\bar{x} = \frac{x_1 + x_2 + \cdots + x_n}{n} = \frac{\sum\limits_{i=1}^{n} x_i}{n} \tag{2.15}$$

算术平均值与被测量的真值最为接近，由概率论的大数定律可知，若测量次数无限增加，则算术平均值 $\bar{x}$ 必然趋近于真值 x_0。将 x_1，x_2，$\cdots$，x_n 的误差求和得

$$\delta_1 + \delta_2 + \cdots + \delta_n = (x_1 + x_2 + \cdots + x_n) - nx_0 \tag{2.16}$$

$$\sum_{i=1}^{n} \delta_i = \sum_{i=1}^{n} x_i - nx_0 \tag{2.17}$$

$$x_0 = \frac{\sum\limits_{i=1}^{n} x_i}{n} - \frac{\sum\limits_{i=1}^{n} \delta_i}{n} \tag{2.18}$$

根据正态分布随机误差的抵偿性可知，当 $n \to \infty$ 时，有 $\dfrac{\sum\limits_{i=1}^{n} \delta_i}{n} \to 0$，所以

$$\bar{x} = \frac{\sum\limits_{i=1}^{n} x_i}{n} \rightarrow x_0 \tag{2.19}$$

因此，如果能够对某一量进行无限多次测量，就可得到不受随机误差影响的测量值，或其影响甚微，可以忽略。这就是当测量次数无限增大时，算术平均值（数学上称之为最大或然值）被认为是最接近于真值的理论依据。由于实际上都是有限次测量，所以只能把算术平均值近似地作为被测量的真值。

一般情况下，真值不可知，误差不能准确求出。用算术平均值代替真值进行计算得到的误差称为残余误差。第 i 个测得值的残余误差为

$$v_i = x_i - \bar{x} \tag{2.20}$$

因为 $v_1 + v_2 + \cdots + v_n = (x_1 + x_2 + \cdots + x_n) - n\bar{x} = 0$，所以残余误差的代数和等于零，即残余误差具有抵偿性。残余误差代数和为零这一性质可以用来校核算术平均值及其残余误差的计算是否正确。

3. 测量的标准差

（1）单次测量的标准差　对同一个被测量在一定的条件下进行等精度重复性测量，测量列中各个测得值不尽相同。测量结果有一定的分散，说明了测量列中单次测量得值的不可靠性，需要选择一个定量指标来衡量这种测量的分散性。由正态分布的概率密度曲线可知，标准差 σ 越小，曲线越陡，表明测量列中相应小的误差占优势；反之，大的误差占优势。因此，标准差 σ 可以作为衡量测量结果分散性的指标，即测量列中单次测量不可靠性的评定标准。等精度测量列 x_1，x_2，$\cdots$，x_n 中，单次测量的标准差按式（2.21）计算：

$$\sigma = \sqrt{\frac{\delta_1^2 + \delta_2^2 + \cdots + \delta_n^2}{n}} = \sqrt{\frac{\sum\limits_{i=1}^{n} \delta_i^2}{n}} \tag{2.21}$$

标准差不是测量列中任何一个具体测得值的随机误差，但认为这一系列测量中所有测得值都属于同一标准差的概率分布。同一被测量在不同的测量条件下测量时，其单次测量的标准差不同。将标准差相等的测量称为等精度测量，各个测得值可认为同样可靠。真值往往是未知的，因此式（2.21）无法直接求出，常通过残余误差进行估计，计算公式如下：

$$s = \sqrt{\frac{v_1^2 + v_2^2 + \cdots + v_n^2}{n-1}} = \sqrt{\frac{\sum\limits_{i=1}^{n} v_i^2}{n-1}} \tag{2.22}$$

其中，$n-1$ 称为自由度。式（2.22）称为贝塞尔公式，可求得样本的标准差，即总体标准差 σ 的无偏估计。当测量次数 $n=1$ 时，无法计算。

（2）测量列算术平均值的标准差　如果在相同的条件下对同一量值做多组重复的系列测量，每一系列测量都有一个算术平均值，各个测量列的算术平均值也不相同，它们围绕着被测量的真值有一定的分散，此分散说明了算术平均值的不可靠性。可用算术平均值的标准差 $\sigma_{\bar{x}}$ 作为算术平均值不可靠性的评定标准。算术平均值 $\bar{x}$ 为

$$\bar{x} = \frac{x_1 + x_2 + \cdots + x_n}{n}$$

各次测量值间独立，对上式等号两边取方差：

25

$$D(\bar{x}) = \frac{1}{n^2} \big[D(x_1) + D(x_2) + \cdots + D(x_n) \big]$$

因

$$D(x_1) = D(x_2) = \cdots = D(x_n)$$

故有

$$D(\bar{x}) = \frac{1}{n^2} n D(x) = \frac{1}{n} D(x)$$

所以

$$\sigma_{\bar{x}}^2 = \frac{\sigma^2}{n}$$

$$s_{\bar{x}} = \frac{s}{\sqrt{n}} = \sqrt{\frac{\sum\limits_{i=1}^{n} v_i^2}{n(n-1)}} \qquad (2.23)$$

由此可知，在 n 次测量的等精度测量列中，算术平均值的标准差为单次测量标准差的 $1/\sqrt{n}$，当测量次数 n 越大时，算术平均值越接近被测量的真值，测量精度也越高。

增加测量次数，可以提高测量精度，但是由式（2.23）可知，测量精度是与测量次数的平方根成反比，因此，要显著地提高测量精度，必须付出较大的劳动。如果绘出 $1/\sqrt{n}$ 的曲线就可发现，s 一定时，当 $n>10$ 以后，$s_{\bar{x}}$ 已减小得非常缓慢。由于随着测量次数的增大，恒定的测量条件也越难保证，从而带来新的误差，因此，一般情况下测量次数 n 在 10 以内较为适宜。

4. 标准差的其他估计方法

（1）别捷尔斯法　由贝塞尔公式（2.22）得

$$s = \sqrt{\frac{\sum\limits_{i=1}^{n} v_i^2}{n-1}} = \sqrt{\frac{\sum\limits_{i=1}^{n} \delta_i^2}{n}}$$

$$\sum_{i=1}^{n} \delta_i^2 = \frac{n}{n-1} \sum_{i=1}^{n} v_i^2$$

此式近似为

$$\sum_{i=1}^{n} |\delta_i| \approx \sum_{i=1}^{n} |v_i| \sqrt{\frac{n}{n-1}}$$

则平均误差为

$$\theta = \frac{\sum\limits_{i=1}^{n} |\delta_i|}{n} = \frac{1}{\sqrt{n(n-1)}} \sum_{i=1}^{n} |v_i|$$

由式（2.13）得

$$\sigma = \frac{1}{0.7979} \theta = 1.253\theta$$

故有

26

$$s = 1.253 \frac{\sum_{i=1}^{n} |v_i|}{\sqrt{n(n-1)}} \tag{2.24}$$

算术平均值的标准差

$$s_{\bar{x}} = 1.253 \frac{\sum_{i=1}^{n} |v_i|}{n\sqrt{n-1}} \tag{2.25}$$

（2）极差法　当等精度多次测量测得值 x_1，x_2，$\cdots$，x_n 服从正态分布时，可以用极差法简便迅速地算出标准差。在测量列中选取最大值 x_{max} 与最小值 x_{min}，则两者之差为极差

$$\omega_n = x_{max} - x_{min} \tag{2.26}$$

根据极差的分布函数，可求出极差的数学期望为

$$E(\omega_n) = d_n \sigma \tag{2.27}$$

因

$$E\left(\frac{\omega_n}{d_n}\right) = \sigma$$

可求得 σ 的无偏估计值

$$s = \frac{\omega_n}{d_n} \tag{2.28}$$

其中，d_n 的数值见表2.2。

表 2.2　d_n 的数值

n	2	3	4	5	6	7	8	9	10	11	12	13	14	15	16	17	18	19	20
d_n	1.13	1.69	2.06	2.33	2.53	2.70	2.85	2.97	3.08	3.17	3.26	3.34	3.41	3.47	3.53	3.59	3.64	3.69	3.74

（3）最大误差法　在有些条件下，可以知道被测量的真值或规定了准确度的用来代替真值使用的量值（称为实际值或约定值），因而能够计算出随机误差 δ_i，取其中绝对值最大的一个值 $|\delta_i|_{max}$，当各个独立测量值服从正态分布时，则可求得关系式

$$\sigma = \frac{|\delta_i|_{max}}{K_n} \tag{2.29}$$

一般情况下，被测量的真值未知，不能按式（2.29）求标准差，应按最大残余误差 $|v_i|_{max}$ 进行计算，其关系式为

$$s = \frac{|v_i|_{max}}{K_n'} \tag{2.30}$$

式（2.29）和式（2.30）中两系数 K_n 和 K_n' 的倒数见表2.3。

表 2.3　K_n 和 K_n' 倒数的值

n	1	2	3	4	5	6	7	8	9	10	11	12	13	14	15
$1/K_n$	1.25	0.88	0.75	0.68	0.64	0.61	0.58	0.56	0.55	0.53	0.52	0.51	0.50	0.50	0.49
n	16	17	18	19	20	21	22	23	24	25	26	27	28	29	30
$1/K_n$	0.48	0.48	0.47	0.47	0.46	0.46	0.45	0.45	0.45	0.44	0.44	0.44	0.44	0.43	0.43
n	2	3	4	5	6	7	8	9	10	15	20	25	30		
$1/K_n'$	1.77	1.02	0.83	0.74	0.68	0.64	0.61	0.59	0.57	0.51	0.48	0.46	0.44		

最大误差法简单、迅速、方便，容易掌握，因而有广泛用途。当 $n<10$ 时，最大误差法具有一定的精度。

在代价较高的实验中（如破坏性实验），往往只能进行一次实验，此时贝塞尔公式成为 0/0 形式而无法计算标准差，在这种情况下，又特别需要尽可能精确地估算其精度，因而最大误差法就显得特别有用了。

上面的以及其他的几种标准差的计算法简便易行，且具有一定的精度，但可靠性均较贝塞尔公式要低，因此对重要的测量或用几种方法进行计算的结果出现矛盾时，仍应以贝塞尔公式为准。

5. 测量的极限误差

极限误差指极端误差，为误差不应超过的界限。测量结果（单次测量或测量列的算术平均值）的误差不超过该极端误差的概率为 P，并使差值 $1-P$ 可以忽略。

引入变量 t，则服从正态分布的随机误差在 $-t\sigma \sim t\sigma$ 范围内的概率为

$$P(-t\sigma \leqslant \delta \leqslant t\sigma) = \frac{1}{\sigma\sqrt{2\pi}}\int_{-t\sigma}^{t\sigma} \mathrm{e}^{-\frac{\delta^2}{2\sigma^2}}\mathrm{d}t = \frac{2}{\sigma\sqrt{2\pi}}\int_{0}^{t\sigma} \mathrm{e}^{-\frac{\delta^2}{2\sigma^2}}\mathrm{d}t \tag{2.31}$$

经变换，可得

$$P(-t\sigma \leqslant \delta \leqslant t\sigma) = \frac{2}{\sqrt{2\pi}}\int_{0}^{t} \mathrm{e}^{-\frac{u^2}{2}}\mathrm{d}u = 2\phi(t) \tag{2.32}$$

其中，$\phi(t)$ 为正态分布积分函数，表达式为

$$\phi(t) = \frac{1}{\sqrt{2\pi}}\int_{0}^{t} \mathrm{e}^{-\frac{u^2}{2}}\mathrm{d}u \tag{2.33}$$

不同 t 的 $\phi(t)$ 值可由表 2.4 查出。

误差在 $[-t\sigma, t\sigma]$ 内出现的概率为 $2\phi(t)$，则超出的概率为

$$\alpha = 1 - 2\phi(t)$$

当 t 为 1，2，3，4 时，α 分别为 0.3174，0.0456，0.0027，0.0001，误差超出 $t\sigma$ 测量次数为 1 时，对应的总的测量次数 n 分别为 3，22，370，15626。一般情况下，测量次数不会超过几十次。因此，有理由把 $\pm 3\sigma$ 作为单次测量误差界限。该误差称为单次测量极限误差 $\delta_{\text{lim}x}$，即

$$\delta_{\text{lim}x} = \pm 3\sigma \tag{2.34}$$

对应的置信区间为 $[-3\sigma, +3\sigma]$，置信概率为 99.73%。在实际测量中，也可以取其他的 t 值，则根据表 2.4 可得对应的置信区间。

同理，算术平均值的极限误差 $\delta_{\text{lim}\bar{x}}$ 为

$$\delta_{\text{lim}\bar{x}} = \pm t\sigma_{\bar{x}} \tag{2.35}$$

当测量列的测量次数较少时，应按学生氏分布（或称 t 分布）来计算测量列算术平均值的极限误差。式（2.35）中的置信系数 t 由给定的置信概率和自由度 $v = n-1$ 来确定，见表 2.5。

表 2.4　正态分布积分表

$$\phi\ (t) = \frac{1}{\sqrt{2\pi}} \int_0^t \mathrm{e}^{-\frac{u^2}{2}} \mathrm{d}u$$

t	$\phi(t)$	t	$\phi(t)$	t	$\phi(t)$	t	$\phi(t)$
0.00	0.0000	0.75	0.2734	1.50	0.4332	2.50	0.4938
0.05	0.0199	0.80	0.2881	1.55	0.4394	2.60	0.4953
0.10	0.0398	0.85	0.3023	1.60	0.4452	2.70	0.4965
0.15	0.0596	0.90	0.3159	1.65	0.4505	2.80	0.4974
0.20	0.0793	0.95	0.3289	1.70	0.4554	2.90	0.4981
0.25	0.0987	1.00	0.3413	1.75	0.4599	3.00	0.49865
0.30	0.1179	1.05	0.3531	1.80	0.4641	3.20	0.49931
0.35	0.1368	1.10	0.3643	1.85	0.4678	3.40	0.49966
0.40	0.1554	1.15	0.3740	1.90	0.4713	3.60	0.499841
0.45	0.1736	1.20	0.3849	1.95	0.4744	3.80	0.499928
0.50	0.1915	1.25	0.3944	2.00	0.4772	4.00	0.499968
0.55	0.2088	1.30	0.4032	2.10	0.4821	4.50	0.499997
0.60	0.2257	1.35	0.4115	2.20	0.4861	5.00	0.49999997
0.65	0.2422	1.40	0.4192	2.30	0.4893		
0.70	0.2580	1.45	0.4265	2.40	0.4918		

表 2.5　t 分布表
超出概率 α 对应的 t 值（v：自由度）

v	α			v	α		
	0.05	0.01	0.0027		0.05	0.01	0.0027
1	12.71	63.66	235.80	16	2.12	2.92	3.54
2	4.30	9.92	19.21	17	2.11	2.90	3.51
3	3.18	5.84	9.21	18	2.10	2.88	3.48
4	2.78	4.60	6.62	19	2.09	2.86	3.45
5	2.57	4.03	5.51	20	2.09	2.85	3.42
6	2.45	3.71	4.90	21	2.08	2.83	3.40
7	2.36	3.50	4.53	22	2.07	2.82	3.38
8	2.31	3.36	4.28	23	2.07	2.81	3.36
9	2.26	3.25	4.09	24	2.06	2.80	3.34
10	2.23	3.17	3.96	25	2.06	2.79	3.33
11	2.20	3.11	3.85	26	2.06	2.78	3.32
12	2.18	3.05	3.76	27	2.05	2.77	3.30
13	2.16	3.01	3.69	28	2.05	2.76	3.29
14	2.14	2.98	3.64	29	2.05	2.76	3.28
15	2.13	2.95	3.59	30	2.04	2.75	3.27

6. 随机误差的其他分布

测量中的随机误差大部分都服从正态分布，但是还存在着其他分布形式。例如，舍入误差、仪器仪表刻度盘刻线误差引起的误差、仪器传动机构的空程误差、计数式仪器在 ±1 单位内不能分辨而引起的误差均服从均匀分布；如果整个测量过程必须进行两次才能完成，而每次测量的随机误差相互独立且服从相同的均匀分布，则总的测量误差服从三角分布；仪器度盘偏心引起的角度测量误差服从反正弦分布。下面简要介绍几种常见的非正态分布。

（1）均匀分布　均匀分布又称为矩形分布，假定随机误差在 $[-a，a]$ 服从均匀分布，则概率密度函数为

$$f(\delta) = \begin{cases} \dfrac{1}{2a} & \text{当} |\delta| \leq a \\ 0 & \text{当} |\delta| > a \end{cases} \tag{2.36}$$

概率分布函数为

$$F(\delta) = \begin{cases} 0 & \text{当} \delta \leq -a \\ \dfrac{\delta+a}{2a} & \text{当} -a < \delta \leq a \\ 1 & \text{当} \delta > a \end{cases} \tag{2.37}$$

它的数学期望为

$$E(\delta) = \int_{-a}^{a} \frac{\delta}{2a} \mathrm{d}\delta = 0 \tag{2.38}$$

标准偏差为

$$\sigma = \frac{a}{\sqrt{3}} \tag{2.39}$$

（2）三角形分布　概率密度函数为

$$f(\delta) = \begin{cases} \dfrac{a+\delta}{a^2} & \text{当} -a \leq \delta < 0 \\ \dfrac{a-\delta}{a^2} & \text{当} 0 \leq \delta \leq a \\ 0 & \text{当} |\delta| > a \end{cases} \tag{2.40}$$

概率分布函数为

$$F(\delta) = \begin{cases} 0 & \text{当} \delta \leq -a \\ \dfrac{(a+\delta)^2}{2a^2} & \text{当} -a < \delta \leq 0 \\ 1 - \dfrac{(a-\delta)^2}{2a^2} & \text{当} 0 < \delta \leq a \\ 1 & \text{当} \delta > a \end{cases} \tag{2.41}$$

它的数学期望为

$$E(\delta) = 0 \tag{2.42}$$

标准偏差为

$$\sigma = \frac{a}{\sqrt{6}} \tag{2.43}$$

（3）反正弦分布　概率密度函数为

$$f(\delta) = \begin{cases} \dfrac{1}{\pi} \dfrac{1}{\sqrt{a^2-\delta^2}} & \text{当} |\delta| \leq a \\ 0 & \text{当} |\delta| > a \end{cases} \tag{2.44}$$

概率分布函数为

$$F(\delta) = \begin{cases} 0 & \text{当} |\delta| \leq -a \\ \dfrac{1}{2} + \dfrac{1}{\pi} \arcsin \dfrac{\delta}{a} & \text{当} -a < \delta \leq a \\ 1 & \text{当} \delta > a \end{cases} \tag{2.45}$$

它的数学期望为

$$E(\delta) = 0 \tag{2.46}$$

标准偏差为

$$\sigma = \frac{a}{\sqrt{2}} \tag{2.47}$$

（4）χ^2 分布　设 X_1，X_2，$\cdots$，X_v 为 v 个相互独立的随机变量，且都服从标准正态分布，则随机变量

$$\chi^2 = X_1^2 + X_2^2 + \cdots + X_v^2 \tag{2.48}$$

概率密度函数 $f(\chi^2)$ 如图 2.9 所示，表达式为

$$f(\chi^2) = \begin{cases} \dfrac{1}{2^{v/2}\Gamma\left(\dfrac{v}{2}\right)}(\chi^2)^{\frac{v}{2}-1}\mathrm{e}^{-\chi^2/2} & \text{当} \chi^2 \geq 0 \\[4mm] 0 & \text{当} \chi^2 < 0 \end{cases} \tag{2.49}$$

其中，$\Gamma(v/2)$ 为 Γ 函数。

一般称随机变量 χ^2 服从自由度为 v 的 χ^2 分布，自由度 v 为式（2.48）中项数或独立变量的个数。它的数学期望为

$$E(\chi^2) = v \tag{2.50}$$

标准偏差为

$$\sigma = \sqrt{2v} \tag{2.51}$$

（5）t 分布　设随机变量 X 和 Y 相互独立，X 服从自由度为 v 的 χ^2 分布，Y 服从标准正态分布，则随机变量

$$t = \frac{X}{\sqrt{Y/v}} \tag{2.52}$$

服从自由度为 v 的 t 分布，概率密度函数 $f(t)$ 的曲线如图 2.10 所示，表达式为

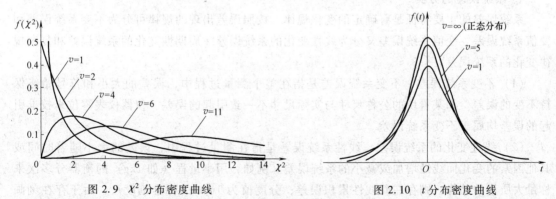

图 2.9　χ^2 分布密度曲线　　　　图 2.10　t 分布密度曲线

$$f(t) = \frac{\Gamma\left(\dfrac{v+1}{2}\right)}{\sqrt{v\pi}\,\Gamma\left(\dfrac{v}{2}\right)}\left(1 + \frac{t^2}{v}\right)^{-\frac{v+1}{2}} \tag{2.53}$$

它的数学期望为

$$E(\delta) = 0 \tag{2.54}$$

标准偏差为

$$\sigma = \sqrt{\frac{v}{v-2}} \qquad (v>2) \qquad (2.55)$$

当自由度 v 较小时，t 分布与正态分布差异较大，但随着 v 的增大，曲线趋近于正态分布。所以对同一个测量列，按照正态分布和 t 分布分别计算极限误差，在相同的置信概率下极限误差并不相同。

（6）F 分布　设随机变量 X 和 Y 相互独立，分别服从自由度为 v_1 和 v_2 的 χ^2 分布，则随机变量

$$F = \frac{X/v_1}{Y/v_2} = \frac{Xv_2}{Yv_1} \qquad (2.56)$$

服从自由度为 v_1、v_2 的 F 分布。概率密度函数为

$$f(F) = \begin{cases} \dfrac{\Gamma\left(\dfrac{v_1+v_2}{2}\right)}{\Gamma\left(\dfrac{v_1}{2}\right)\Gamma\left(\dfrac{v_2}{2}\right)} v_1^{v_1/2} v_2^{v_2/2} \dfrac{F^{\frac{v_1}{2}-1}}{(v_1F+v_2)^{v_1+\frac{v_2}{2}}} & \text{当 } F \geqslant 0 \\ 0 & \text{当 } F < 0 \end{cases} \qquad (2.57)$$

它的数学期望为

$$E(\delta) = \frac{v_2}{v_2-2} \qquad (v_2>2) \qquad (2.58)$$

标准偏差为

$$\sigma = \sqrt{\frac{2v_2^2(v_1+v_2-2)}{v_1(v_2-2)^2(v_2-4)}} \qquad (v_2>4) \qquad (2.59)$$

（二）系统误差

1. 系统误差的分类

系统误差的主要特征是有确定的变化规律。按照误差出现的规律可分为不变系统误差和变值系统误差。变值系统误差又分为线性变化的系统误差、周期性变化的系统误差和复杂规律变化的系统误差。

（1）不变系统误差　不变系统误差是指在整个测量过程中，误差的大小和符号始终保持不变的误差。如某量块的公称尺寸与实际尺寸不一致引起的误差、仪器仪表零位未校准引起的误差均属于不变系统误差。

（2）线性变化的系统误差　线性系统误差是指在测量过程中，误差的大小随着时间或其他因素的变化而线性增加或减小的系统误差。例如，用小量程（如 1kg）的衡器分多次来称量大质量的某物，则存在着线性累积误差；分度值为 1mm 的标准刻度尺，由于存在刻画误差 Δl，每一刻度间距实际为 1mm$+\Delta l$，若用它与另一长度比较，得到的比值为 K，则被测长度的实际值为

$$L = K(1\text{mm}+\Delta l) \qquad (2.60)$$

若认为该长度实际值为 Kmm，就产生了随测量值大小而变化的线性系统误差 $-K\Delta l$。

（3）周期性变化的系统误差　在整个测量过程中，误差随着时间或有关因素按周期性规律变化的系统误差，称为周期性变化的系统误差。例如，仪表指针的回转中心与刻度盘中

心有偏心值 e，则指针在任意一转角 φ 引起的读数误差即为周期性变化的系统误差。当转角为 0°和 180°时，误差最小为 0；转角为 90°和 270°时，误差最大为 ±e。误差 Δl 呈正弦变化规律的周期性，如图 2.11 所示，表达式见式（2.61）。

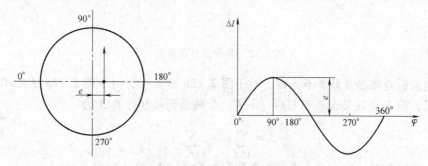

图 2.11　刻度盘偏心引起的周期性变化的系统误差

$$\Delta l = e\sin\varphi \tag{2.61}$$

（4）复杂规律变化的系统误差　在整个测量过程中，若系统误差随着时间或影响因素的变化虽然有确定的规律，但是之间的关系很复杂，则称为复杂规律变化的系统误差。在测量中，绝大部分系统误差属于复杂规律变化的系统误差，常常采用经验公式或实验曲线来描述其变化规律。

2．系统误差的发现

系统误差对测量结果有重要的影响。不变系统误差以大小和符号固定的形式存在于每个测量值和算术平均值中，它仅影响算术平均值，并不影响随机误差的分布规律及范围；变值系统误差不仅影响算术平均值，还影响随机误差的分布规律和范围。因系统误差较大，故必须消除其影响，首要的问题是如何发现系统误差。目前还没有一套适用于所有系统误差的通用发现方法，下面只介绍几种常用的方法。

（1）实验对比法　实验对比法是通过改变产生系统误差的条件，以发现系统误差。这种方法是发现不变系统误差最有效、最常用的方法。

（2）残余误差观察法　因为变值系统误差不仅影响算术平均值，也影响残余误差。通过观察残余误差，可以直观、便捷地发现系统误差变化的规律。通过对同一条件下重复测量 n 次的结果求残余误差，根据测量的先后顺序，将残余误差列表或作图进行观察。

1）如图 2.12a 所示，若残余误差大体上正负相同，且无明显变化规律，则无根据怀疑其存在系统误差。

2）如图 2.12b、c 所示，若残余误差按近似的线性规律递增或递减，则可判断存在线性变化的系统误差，其残余误差开始与结束时的误差符号必定相反。

3）如图 2.12d 所示，若残余误差的符号有规律地交替变化，则可判断存在周期性变化的系统误差。

4）如图 2.12e 所示，残余误差总体上呈递增变化，且在此基础上又有循环交替变化，则可判断同时存在周期性变化的系统误差和线性变化的系统误差。

（3）残余误差校核法

1）用于发现线性变化的系统误差。这种校核方法又称为马利科夫准则。由图 2.12b、c 可以发现，如果存在线性变化的系统误差，则按照测量先后次序测量列前一半的残余误差和

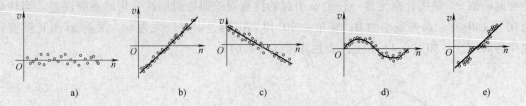

a)   b)   c)   d)   e)

图 2.12   残余误差观察法

与后一半残余误差和之差显著不为零。对于图 2.12b 显著<0，对于图 2.12c 显著>0。对于 n 个测量结果，前 K 个残余误差和与后（$n-K$）个残余误差和之差 Δ 为

$$\Delta = \sum_{i=1}^{K} v_i - \sum_{j=K+1}^{n} v_j \tag{2.62}$$

其中，当 n 为偶数时，$K=n/2$；当 n 为奇数时，$K=(n+1)/2$。

2）用于发现周期性变化的系统误差。这种校核方法又称为阿卑-赫梅特准则。令

$$u = \left| \sum_{i=1}^{n-1} v_i v_{i+1} \right| = |v_1 v_2 + v_2 v_3 + \cdots + v_{n-1} v_n|$$

若

$$u > \sqrt{n-1}\,\sigma^2 \tag{2.63}$$

则认为该测量列中含有周期性变化的系统误差。

（4）计算数据比较法 对同一量进行多组测量，得到多组数据，通过计算各组数据进行比较，根据随机误差条件来判断是否存在系统误差。

设对同一量独立测得 m 组结果，计算出算术平均值 $\bar{x}_1$，$\bar{x}_2$，$\cdots$，$\bar{x}_m$ 和标准差 s_1，s_2，$\cdots$，s_m，则任意两组结果 $\bar{x}_i$ 和 $\bar{x}_j$ 之间不存在系统误差的标志是

$$|\bar{x}_i - \bar{x}_j| < 2\sqrt{s_i^2 + s_j^2} \tag{2.64}$$

（5）秩和检验法 对同一被测量，测得独立的两组数据为

$$x_i, i=1,2,\cdots,n_1$$
$$y_j, j=1,2,\cdots,n_2$$

将它们混合以后，按大小顺序重新排列，取测量次数较少的那一组，数出它的测得值在混合后的次序（即秩），再将所有测得值的次序相加，即得秩的和 T（简称"秩和"）。若

$$T_- < T < T_+ \tag{2.65}$$

则无根据怀疑两组间存在系统误差。

一般取 $n_1 \le n_2 \le 10$，T_- 和 T_+ 可由表 2.6 查出（显著度 0.05）。当 $n_1>10$，$n_2>10$，秩和 T 近似服从正态分布

$$N\left(\frac{n_1(n_1+n_2+1)}{2}, \sqrt{\frac{n_1 n_2 (n_1+n_2+1)}{12}} \right) \tag{2.66}$$

则 T_- 和 T_+ 可由正态分布算出。

表 2.6   秩和检验表

n_1	2	2	2	2	2	2	2	3	3	3	3
n_2	4	5	6	7	8	9	10	3	4	5	6
T_-	3	3	4	4	4	4	5	6	7	7	8
T_+	11	13	14	16	18	20	21	15	17	20	22

n_1	3	3	3	3	4	4	4	4	4	4	4
n_2	7	8	9	10	4	5	6	7	8	9	10
T_-	9	9	10	11	12	13	14	15	16	17	18
T_+	24	27	29	31	24	27	30	33	36	39	42
n_1	5	5	5	5	5	5	6	6	6	6	6
n_2	5	6	7	8	9	10	6	7	8	9	10
T_-	19	20	22	23	25	26	28	30	32	33	35
T_+	36	40	43	47	50	54	50	54	58	63	67
n_1	7	7	7	7	8	8	8	9	9	10	
n_2	7	8	9	10	8	9	10	9	10	10	
T_-	39	41	43	46	52	54	57	66	69	83	
T_+	66	71	76	80	84	90	95	105	111	127	

（6）t 检验法　对同一被测量，如果独立的两组测量结果都服从正态分布，可用 t 检验法判断两组间是否存在系统误差。

若独立测量的两组数据为

$$x_i, i=1,2,\cdots,n_1$$
$$y_j, j=1,2,\cdots,n_2$$

计算均值 $\bar{x}$、$\bar{y}$ 与标准差 s_1、s_2，则变量

$$t=(\bar{x}-\bar{y})\sqrt{\frac{n_1 n_2(n_1+n_2-2)}{(n_1+n_2)(n_1 s_1^2+n_2 s_2^2)}} \tag{2.67}$$

服从自由度为 $v=n_1+n_2-2$ 的 t 分布。取显著度 α，则由 t 分布表可查得 $P(|t|>t_\alpha)=\alpha$ 中的 t_α，与实测数据计算出的 t 比较，若满足 $|t|<t_\alpha$，则无根据怀疑两组测量结果间存在系统误差。

3. 系统误差的消除

与随机误差相比，系统误差通常较大。所以，若发现测量中存在系统误差，则必须消除或减小其对测量结果的影响。这就需要针对不同的测量对象、测量方法等进行分析，采取相应的方法进行处理。

（1）从产生误差的根源上消除系统误差　从产生误差的根源上消除系统误差是最理想的方法。它要求测试人员对测量过程中可能产生系统误差的因素进行全面而细致的分析，并在测量前加以消除或减弱到可以接受的程度。例如，所用标准器具（如标准量块、标准电阻、标准砝码、标准线纹尺、光波波长等）是否可靠，所用仪器是否经过检定并具有有效周期的检定证书，测件的安装定位是否正确合理，仪器的零位是否调整到位，所用测量方法和计算方法是否有理论误差，测量的环境是否符合要求。

（2）用修正的方法消除系统误差　如果确知系统误差，则可做出误差表或误差曲线，然后取与误差数值大小相同而符号相反的值作为修正值，将实际测得值加上相应的修正值，即可得到不包含该系统误差的测量结果。若标准量块的实际尺寸不等于公称尺寸，按照公称尺寸使用引起的系统误差就可以通过鉴定得到，进而进行修正；标准砝码的实际质量不等于标称质量引起的系统误差也可通过修正的方法消除；测量装置输入、输出之间并非理想的直线关系，而按照直线关系处理引起的误差，可以通过修正的方法消除或减弱。

（3）不变系统误差消除法　如果测量中的不变系统误差的大小和符号容易确定，则可用修正的方法消除；如果不易确定或比较繁琐，则可采用代替法、抵消法、交换法等来消除或减弱。

代替法是在被测量测量后不改变测量条件，立即用相应的标准量代替被测量重新测量，并使测量仪器的指示保持不变，则得到消除了系统误差的测量结果。例如，若精密天平的两个臂长有误差，则可先用标准砝码 M 平衡被测质量，然后再用另外的标准砝码 M' 代替被测质量，使天平重新平衡，则 M' 为被测质量。

抵消法是通过改变测量条件使前后两次测量结果的系统误差大小相等，符号相反，取两次测值的平均值作为测量结果，从而消除系统误差，也称为异号测量法。

交换法是根据系统误差产生的原因将某些条件交换以消除误差。例如，用高斯双重测量法，先将被测量质量放在左盘，标准砝码放在右盘进行测量，得测量结果 P；然后将两者互换位置再次测量，得测量结果 P'，则取 $\sqrt{PP'}$ 作为测量结果即可消除两臂不等引起的系统误差。

（4）线性系统误差消除法——对称法　如果测量过程中，被测量随着某个因素的变化线性增加，则可选择影响因素的某个值对应的点为中点，则与此点对称的任何两点的系统误差的算术平均值皆相等，即为中点的系统误差。线性变化的系统误差转化为恒定的系统误差，可通过修正的方法消除。利用这一特点，将测量对称安排，取各对称点两次读数的算术平均值作为测量值，即可消除线性系统误差。

（5）周期性系统误差消除法——半周期法　对周期性误差，可以相隔半个周期进行两次测量，取两次读数平均值，即可有效地消除周期性系统误差。

（三）粗大误差

粗大误差主要来源于客观外界条件的突然改变（如外界振动）、测量人员的主观原因（如读错数或记错数），与其他误差相比明显偏大，是对测量结果的明显歪曲。因此，测量数据处理时必须予以剔除。目前，粗大误差判别的方法较多，下面介绍常用的判别准则。

1. $3s$ 准则（莱以特准则）

$3s$ 准则是最常用的判别粗大误差的准则，它的前提条件是：随机误差服从正态分布，测量次数充分大。对服从正态分布的随机误差，残余误差落在 $\pm 3s$ 以外的概率为 0.27%，即在 370 次测量中只有一次残余误差绝对值 $>3s$。对某个可疑数据 x_i，若

$$|v_i| = |x_i - \bar{x}| > 3s \qquad (2.68)$$

则认为 x_i 含有粗大误差，可剔除；否则予以保留。当 $n \leqslant 10$ 时，$|x_i - \bar{x}| \leqslant 3s$ 恒成立。因此本法测量次数应 $n > 10$，且越大越好。

2. 格罗布斯准则

若被测量的 n 次等精度测量结果为 x_1，x_2，…，x_n，当 x_i 服从正态分布时，计算

$$\bar{x} = \frac{1}{n} \sum_{i=1}^{n} x_i \qquad (2.69)$$

$$v_i = x_i - \bar{x} \qquad (i = 1, 2, \cdots, n) \qquad (2.70)$$

$$s = \sqrt{\frac{\sum_{i=1}^{n} v_i^2}{n-1}} \qquad (2.71)$$

将测量结果按照大小排列成顺序统计量 $x_{(i)}$，即

$$x_{(1)} \leqslant x_{(2)} \leqslant \cdots \leqslant x_{(n)} \tag{2.72}$$

根据 $x_{(1)}$ 和 $x_{(n)}$ 的残余误差，计算

$$g = \begin{cases} \dfrac{\bar{x} - x_{(1)}}{s} & x_{(1)} \text{ 残余误差较大} \\[3mm] \dfrac{x_{(n)} - \bar{x}}{s} & x_{(n)} \text{ 残余误差较大} \end{cases} \tag{2.73}$$

取定显著度 α（一般为 0.05 或 0.01），查表 2.7 可得临界值 $g_0(n, \alpha)$。若

$$g \geqslant g_0(n, \alpha) \tag{2.74}$$

则认为该测得值含有粗大误差，应予剔除。

表 2.7　格拉布斯准则的临界值表

n	α		n	α	
	0.05	0.01		0.05	0.01
3	1.15	1.16	17	2.48	2.78
4	1.46	1.49	18	2.50	2.82
5	1.67	1.75	19	2.53	2.85
6	1.82	1.94	20	2.56	2.88
7	1.94	2.10	21	2.58	2.91
8	2.03	2.22	22	2.60	2.94
9	2.11	2.32	23	2.62	2.96
10	2.18	2.41	24	2.64	2.99
11	2.23	2.48	25	2.66	3.01
12	2.28	2.55	30	2.74	3.10
13	2.33	2.61	35	2.81	3.18
14	2.37	2.66	40	2.87	3.24
15	2.41	2.70	45	2.91	3.29
16	2.44	2.75	50	2.96	3.34

3. 狄克松准则

若被测量的 n 次等精度测量结果为 x_1，x_2，$\cdots$，x_n，当 x_i 服从正态分布时，将测量结果按照大小排列成顺序统计量 $x_{(1)} \leqslant x_{(2)} \leqslant \cdots \leqslant x_{(n)}$，狄克松（Dixon）导出了顺序差统计量的分布，见式（2.75）。

$$\left. \begin{aligned} r_{10} &= \frac{x_{(n)} - x_{(n-1)}}{x_{(n)} - x_{(1)}} \qquad & r'_{10} &= \frac{x_{(1)} - x_{(2)}}{x_{(1)} - x_{(n)}} \\[2mm] r_{11} &= \frac{x_{(n)} - x_{(n-1)}}{x_{(n)} - x_{(2)}} \qquad & r'_{11} &= \frac{x_{(1)} - x_{(2)}}{x_{(1)} - x_{(n-1)}} \\[2mm] r_{21} &= \frac{x_{(n)} - x_{(n-2)}}{x_{(n)} - x_{(2)}} \qquad & r'_{21} &= \frac{x_{(1)} - x_{(3)}}{x_{(1)} - x_{(n-1)}} \\[2mm] r_{22} &= \frac{x_{(n)} - x_{(n-2)}}{x_{(n)} - x_{(3)}} \qquad & r'_{22} &= \frac{x_{(1)} - x_{(3)}}{x_{(1)} - x_{(n-2)}} \end{aligned} \right\} \tag{2.75}$$

选定显著性水平，取定显著度 α，查表 2.8 可得各统计量的临界值 $r_0(n, \alpha)$。若

$$r_{ij} > r_0(n, \alpha) \text{ 或 } r'_{10} > r_0(n, \alpha) \tag{2.76}$$

则认为 $x_{(n)}$ 或 $x_{(1)}$ 含有粗大误差，应予剔除。

表 2.8　狄克松准则的临界值表

n	$x_{(1)}$	$x_{(n)}$	$r_0(n,\alpha)$	
			$\alpha=0.01$	$\alpha=0.05$
3			0.988	0.941
4			0.889	0.765
5	$r'_{10}=\dfrac{x_{(1)}-x_{(2)}}{x_{(1)}-x_{(n)}}$	$r_{10}=\dfrac{x_{(n)}-x_{(n-1)}}{x_{(n)}-x_{(1)}}$	0.780	0.642
6			0.698	0.560
7			0.637	0.507
8			0.683	0.554
9	$r'_{11}=\dfrac{x_{(1)}-x_{(2)}}{x_{(1)}-x_{(n-1)}}$	$r_{11}=\dfrac{x_{(n)}-x_{(n-1)}}{x_{(n)}-x_{(2)}}$	0.635	0.512
10			0.597	0.477
11			0.679	0.576
12	$r'_{21}=\dfrac{x_{(1)}-x_{(3)}}{x_{(1)}-x_{(n-1)}}$	$r_{21}=\dfrac{x_{(n)}-x_{(n-2)}}{x_{(n)}-x_{(2)}}$	0.642	0.546
13			0.615	0.521
14			0.641	0.546
15			0.616	0.525
16			0.595	0.507
17			0.577	0.490
18			0.561	0.475
19			0.547	0.462
20			0.535	0.450
21			0.524	0.440
22	$r'_{22}=\dfrac{x_{(1)}-x_{(3)}}{x_{(1)}-x_{(n-2)}}$	$r_{22}=\dfrac{x_{(n)}-x_{(n-2)}}{x_{(n)}-x_{(3)}}$	0.514	0.430
23			0.505	0.421
24			0.497	0.413
25			0.489	0.406
26			0.486	0.399
27			0.475	0.393
28			0.469	0.387
29			0.463	0.381
30			0.457	0.376

　　在上面的三种判别准则中，$3s$ 准则适用于测量次数较多的情况，当测量次数较少时，可靠性不高。测量次数较少时，可采用格罗布斯准则或狄克松准则，其中格罗布斯准则可靠性最高。当测量列中有两个以上测得值含有粗大误差，只能首先剔除含有最大误差的测得值，然后重新计算，再对余下的值进行判别。依此程序逐步剔除，直至所有测得值皆不含粗大误差时为止。

三、间接测量误差的传递

　　在间接测量中，函数的形式主要为初等函数，且一般为多元函数，其表达式为

$$y=f(x_1,x_2,\cdots,x_n) \tag{2.77}$$

式中　x_1，x_2，$\cdots$，x_n——各个直接测量值；

　　　　y——间接测量值。

　　对于多元函数，增量可以用全微分表示，根据高等数学中微分学可知，式（2.77）的函数增量 $\mathrm{d}y$ 为

$$\mathrm{d}y=\frac{\partial f}{\partial x_1}\mathrm{d}x_1+\frac{\partial f}{\partial x_2}\mathrm{d}x_2+\cdots+\frac{\partial f}{\partial x_n}\mathrm{d}x_n \tag{2.78}$$

用间接测量值的误差 Δy 代替上式中的 dy，用直接测量值的误差 Δx_i 代替上式中的 dx_i，可得间接测量误差传递公式

$$\Delta y = \frac{\partial f}{\partial x_1}\Delta x_1 + \frac{\partial f}{\partial x_2}\Delta x_2 + \cdots + \frac{\partial f}{\partial x_n}\Delta x_n \qquad (2.79)$$

其中，$\partial f/\partial x_i (i=1,2,\cdots,n)$ 为各个直接测量的误差传递系数，可以记为 $a_i = \partial f/\partial x_i$。

对系数为 a_1，a_2，$\cdots$，a_n 的线性函数 $y = a_1 x_1 + a_2 x_2 + \cdots + a_n x_n$，误差公式为

$$\Delta y = a_1\Delta x_1 + a_2\Delta x_2 + \cdots + a_n\Delta x_n \qquad (2.80)$$

如果被测量为 φ，三角函数 $\sin\varphi = f(x_1,\ x_2,\ \cdots,\ x_n)$，两边进行微分得

$$\cos\varphi d\varphi = \frac{\partial f}{\partial x_1}dx_1 + \frac{\partial f}{\partial x_2}dx_2 + \cdots + \frac{\partial f}{\partial x_n}dx_n$$

所以 $\sin\varphi = f(x_1,\ x_2,\ \cdots,\ x_n)$ 的误差传递公式为

$$\Delta\varphi = \frac{1}{\cos\varphi}\left(\frac{\partial f}{\partial x_1}\Delta x_1 + \frac{\partial f}{\partial x_2}\Delta x_2 + \cdots + \frac{\partial f}{\partial x_n}\Delta x_n\right) = \frac{1}{\cos\varphi}\sum_{i=1}^{n}\frac{\partial f}{\partial x_i}\Delta x_i \qquad (2.81)$$

函数 $\cos\varphi = f(x_1,\ x_2,\ \cdots,\ x_n)$ 的误差传递公式为

$$\Delta\varphi = -\frac{1}{\sin\varphi}\sum_{i=1}^{n}\frac{\partial f}{\partial x_i}\Delta x_i \qquad (2.82)$$

函数 $\tan\varphi = f(x_1,\ x_2,\ \cdots,\ x_n)$ 的误差传递公式为

$$\Delta\varphi = \cos^2\varphi\sum_{i=1}^{n}\frac{\partial f}{\partial x_i}\Delta x_i \qquad (2.83)$$

函数 $\cot\varphi = f(x_1,\ x_2,\ \cdots,\ x_n)$ 的误差传递公式为

$$\Delta\varphi = -\sin^2\varphi\sum_{i=1}^{n}\frac{\partial f}{\partial x_i}\Delta x_i \qquad (2.84)$$

【例 2.3】 用弓高弦长法间接测量大工件直径。如图 2.13 所示，量得弓高 $h = 50\text{mm}$，弦长 $l = 500\text{mm}$，系统误差为 $\Delta h = -0.1\text{mm}$，$\Delta l = 1\text{mm}$。试求测量该工件直径的系统误差，并求修正后的测量结果。

解 由图 2.13 可得函数关系为

$$D = \frac{l^2}{4h} + h$$

若不考虑测得值的系统误差，可求出直径 D_0 为

$$D_0 = \frac{l^2}{4h} + h = \frac{500^2\ \text{mm}^2}{4\times50\text{mm}} + 50\text{mm} = 1300\text{mm}$$

由于 $\qquad\qquad\qquad D = f(l,h)$

各个误差的传递系数为

$$\frac{\partial f}{\partial l} = \frac{l}{2h} = \frac{500\text{mm}}{2\times50\text{mm}} = 5$$

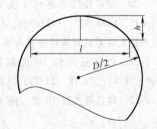

图 2.13 用弓高弦长法测量直径

39

$$\frac{\partial f}{\partial h}=-\left(\frac{l^2}{4h^2}-1\right)=-\left(\frac{500^2\ \text{mm}^2}{4\times50^2\ \text{mm}^2}-1\right)=-24$$

所以直径测量的系统误差为

$$\Delta D=\frac{\partial f}{\partial l}\Delta l+\frac{\partial f}{\partial h}\Delta h=5\times1\text{mm}-24\times(-0.1\text{mm})=7.4\text{mm}$$

故修正后的测量结果为

$$D=D_0-\Delta D=1300\text{mm}-7.4\text{mm}=1292.6\text{mm}$$

习　　题

2-1　一个完整的测量过程包含哪几个要素？

2-2　量块的"等"和"级"是根据什么划分的？按照哪个使用精度高？为什么？

2-3　试从 83 块一套量块中，同时组合下列尺寸：37.535mm、28.385mm、56.795mm。

2-4　建立尺寸传递系统的意义是什么？

2-5　按照不同的依据，获取被测量值的测量方法有不同的分类，简述 6 种分类方法。

2-6　简述计量器具的基本技术性能指标。

2-7　误差的来源包括哪几方面？

2-8　按照误差的特征，误差可分为哪几类？产生的原因分别是什么？

2-9　正确度、精密度、准确度与误差之间的关系是什么？

2-10　不确定度与误差的异同点是什么？

2-11　简述正态分布的随机误差的四个特性。

2-12　算术平均值的误差比单次测量的误差小。这种说法对吗？为什么？

2-13　标准差小的单次测量对应的误差一定比标准差大的单次测量对应的误差小。这种说法对吗？为什么？

2-14　如果测量的随机误差服从正态分布，则误差不可能超过 3 倍的标准差。这种说法对吗？为什么？

2-15　举出两个符合三角分布的随机误差的例子。

2-16　系统误差分为哪几类？

2-17　举出几种消除系统误差的措施。

2-18　间接测量的误差一定比直接测量的误差大。这种说法对吗？为什么？

2-19　测得某三角形的内角之和为 179°32′26″，试求测量的绝对误差和相对误差。

2-20　对某长度量进行 8 次等精度测量，测得数据（单位为 mm）分别为：1424.335，1424.216，1424.075，1424.573，1423.398，1425.772，1425.416，1424.984。试分别用贝塞尔公式、别捷尔斯法、极差法和最大误差法计算标准差与算术平均值。

2-21　对某量进行 10 次测量，测得数据分别为：22.54，22.89，22.73，22.37，22.59，23.39，22.00，24.41，23.78，24.71，试判断该测量列中是否存在系统误差。

2-22　对某量测量 10 次，前 4 次是用一种方法得到的，后 6 次是用另一种方法得到的。测量结果如下：

50.82，50.83，50.87，50.89；

50.78，50.78，50.75，50.85，50.82，50.81。

试判断前 4 次与后 6 次测量中是否存在系统误差。

2-23　对某量进行了 16 次测量，测得数据分别为：17.00，16.98，17.02，16.99，17.30，17.02，16.97，16.96，17.01，17.03，17.00，16.85，17.02，17.04，16.99，17.01。若这些测得值已经消除系统

误差，试分别用莱以特准则、格罗布斯准则和狄克松准则判别该测量列中是否含有粗大误差的测量值。

2-24 为求长方体体积 V，直接测量其各边长为 $a = 161.6\text{mm}$，$b = 44.5\text{mm}$，$c = 11.2\text{mm}$。已知测量的系统误差为 $\Delta_a = 1.2\text{mm}$，$\Delta_b = -0.8\text{mm}$，$\Delta_c = 0.5\text{mm}$，测量的极限误差为 $\delta_a = \pm 0.8\text{mm}$，$\delta_b = \pm 0.5\text{mm}$，$\delta_c = \pm 0.5\text{mm}$，试求立方体的体积及其体积的极限误差。

第三章 孔、轴结合的公差与配合

第一节 公差与配合的基本概念

一、孔、轴结合的使用要求

孔、轴结合在机械产品中应用非常广泛，根据使用要求的不同，可归纳为以下三类：

1. 用作相对运动副

这类结合主要用于两联接件之间具有相对转动（周向）或相对移动（轴向）的机构中。如滑动轴承与轴颈的结合，即为相对转动的典型结构；导轨与滑块的结合，即为相对移动的典型结构。对这类结合，必须保证有一定的配合间隙。

2. 用作固定联接

机械产品有许多旋转零件，由于结构上的特点或考虑节省较贵重材料等原因，将整体零件拆成两件，然后再经过装配而形成一体，构成固定的联接，如涡轮可分为轮缘与轮毂的结合。对这类结合，必须保证有一定的过盈，使之能够在传递足够的转矩或轴向力时不打滑。

3. 用作定位可拆联接

这类结合主要用于保证有较高的同轴度和在不同修理周期下能拆卸的一种结构。如一般减速器中齿轮与轴的结合，定位销与销孔的结合等，其特点是它传递转矩比固定联接小，甚至不传递转矩，而只起定位作用，但由于要求有较高的同轴度，因此，必须保证有一定的过盈量，但也不能太大。

此外，有些典型零件的结合，如螺纹、平键、花键等，也不外乎是上述三种类型的联接。

在工程实践中，正因为对孔、轴结合有上述三种要求，所以在极限与配合的国家标准中，才规定了与此有关的三类配合：间隙配合、过盈配合和过渡配合。为了更好地满足这三类配合的要求，以保证零件的互换性，并考虑到便于国际的技术交流，所以我国的极限与配合标准采用了国际公差制，其基本结构如图 3.1 所示。

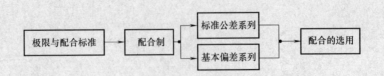

图 3.1 极限与配合标准的基本结构

二、有关术语和定义

我国现行的极限与配合国家标准主要有：

1）产品几何技术规范（GPS） 极限与配合 第 1 部分：公差、偏差和配合的基础

（GB/T 1800.1—2009）。

2）产品几何技术规范（GPS） 极限与配合 第2部分：标准公差等级和孔、轴极限偏差表（GB/T 1800.2—2009）。

3）产品几何技术规范（GPS） 极限与配合 公差带和配合的选择（GB/T 1801—2009）。

4）极限与配合 尺寸至18mm孔、轴公差带（GB/T 1803—2003）。

5）一般公差 未注公差的线性和角度尺寸的公差（GB/T 1804—2000）。

6）机械制图 尺寸公差与配合注法（GB/T 4458.5—2003）。

（一）有关要素的术语和定义

1. 几何要素

几何要素（简称要素）：构成零件几何特征的点、线、面。几何要素是几何公差（旧标准称形位公差）的研究对象，如图3.2所示。

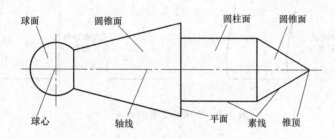

图3.2 几何要素

2. 组成要素与导出要素

组成要素：面或面上的线。它们是直接构成零件几何特征的要素，即通过加工直接形成的有形要素，如图3.2中所示的球面、圆锥面、圆柱面、平面、素线等。

导出要素：由一个或几个组成要素得到的中心点、中心线或中心面。例如：球心是由球面得到的导出要素，该球面为组成要素；圆柱的中心线是圆柱面得到的导出要素，该圆柱面为组成要素。

3. 尺寸要素

尺寸要素：由一定大小的线性尺寸或角度尺寸确定的几何形状。尺寸要素可以是圆柱形、球形、两平行对应面、圆锥形或楔形等。

4. 公称组成要素与公称导出要素

公称组成要素：由技术制图或其他方法确定的理论正确组成要素。

公称导出要素：由一个或几个公称组成要素导出的中心线、轴线或中心平面。

公称要素是不依赖于非理想表面模型的理想要素，即具有几何学意义的要素。

5. 实际（组成）要素

实际（组成）要素：由接近实际（组成）要素所限定的工件实际表面的组成要素部分。

6. 提取组成要素与提取导出要素

提取组成要素：按规定方法由实际（组成）要素提取有限数目的点所形成的实际（组成）要素。

提取导出要素：由一个或几个提取组成要素得到的中心点、中心线或中心面。提取圆柱面的导出中心线称为提取中心线；两相对提取平面的导出中心面称为提取中心面。

"提取"组成要素的过程可以认为是对实际（组成）要素进行"测量"而获取其几何特征信息的过程。由于测量过程中不可避免地要存在测量误差，因此提取组成要素只是实际（组成）要素的近似替代。

7. 拟合组成要素与拟合导出要素

拟合组成要素：按规定的方法由提取组成要素形成的并具有理想形状的组成要素。

拟合导出要素：由一个或几个拟合组成要素导出的中心线、轴线或中心平面。

上述各几何要素的含义如图3.3所示。

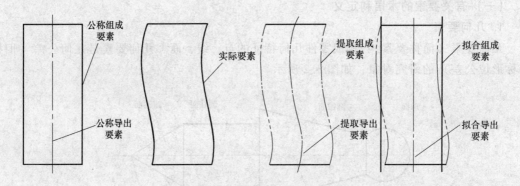

图3.3　各几何要素的含义

（二）有关轴、孔的术语和定义

轴通常指圆柱形外表面，也包括非圆柱形外表面（由两平行平面或切面形成的被包容面）。孔通常指圆柱形内表面，也包括非圆柱形内表面（由两平行平面或切面形成的包容面）。由此定义可知，这里所说的孔、轴并非仅指圆柱形的内、外表面，也包括非圆柱形的内、外表面。如图3.4所示，键槽宽度 D，滑块槽宽 D_1、D_2、D_3 均描述孔；而轴的直径 d_1、键槽底部尺寸 d_2、滑块槽厚度 d 等均描述

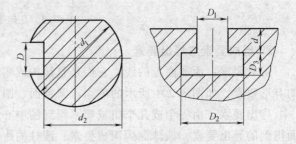

图3.4　孔与轴

轴。另外，从装配关系看，孔是包容面，轴是被包容面；从加工过程看，随着加工余量的切除，孔的尺寸由小变大，而轴的尺寸由大变小。可见，在极限与配合标准中，孔、轴的概念是广义的，而且都是由单一尺寸构成的，如圆柱体的直径、键和键槽宽等。

（三）有关尺寸的术语和定义

1. 尺寸

尺寸：以特定单位表示线性尺寸值的数值。一般情况下，尺寸只表示长度量（线值），如直径、半径、长度、宽度、深度、高度、厚度及中心距等。线性尺寸的默认单位是毫米（mm），即图样上的尺寸以毫米（mm）为单位时，不需标注单位的名称或符号。

2. 公称尺寸

公称尺寸：由图样规范确定的理想形状要素的尺寸。轴和孔的公称尺寸代号分别为 d、D。

公称尺寸是设计人员根据使用要求，经过强度、刚度计算校核，或根据经验对结构进行考虑，并参照标准尺寸数值系列确定的，可以为整数或小数。在极限配合中，它也是计算上、下极限偏差的起始尺寸。

在旧版国家标准中，公称尺寸曾被称为"基本尺寸""名义尺寸"。

3. 提取组成要素的局部尺寸

提取组成要素的局部尺寸（简称局部尺寸）：一切提取组成要素上两对应点之间的距离的统称。轴和孔的局部尺寸分别用 d_a 和 D_a 表示。

由于存在测量误差，因此提取组成要素的局部尺寸并非工件上该部位尺寸的真值，而是一个近似于真值的尺寸。

4. 极限尺寸

极限尺寸：尺寸要素允许的尺寸的两个极端。极限尺寸以公称尺寸为基数来确定，两个极端中允许的最大尺寸为上极限尺寸，允许的最小尺寸为下极限尺寸。孔、轴上、下极限尺寸代号分别为 D_{max}、D_{min} 和 d_{max}、d_{min}。

公称尺寸和极限尺寸是设计时给定的，提取组成要素的局部尺寸应位于极限尺寸之中，也可达到极限尺寸。

提取组成要素局部尺寸的合格条件为：

对于轴 $\quad\quad\quad\quad\quad d_{min} \leqslant d_a \leqslant d_{max}$

对于孔 $\quad\quad\quad\quad\quad D_{min} \leqslant D_a \leqslant D_{max}$

在旧版国家标准中，上极限尺寸和下极限尺寸曾被称为"最大极限尺寸"和"最小极限尺寸"。

（四）有关偏差和尺寸公差的术语及定义

1. 偏差

偏差：某一尺寸减其公称尺寸所得的代数差。

上极限偏差：上极限尺寸减其公称尺寸所得的代数差。

下极限偏差：下极限尺寸减其公称尺寸所得的代数差。

极限偏差：上极限偏差和下极限偏差的统称。轴的上、下极限偏差代号用小写字母 es、ei 表示；孔的上、下极限偏差代号用大写字母 ES、EI 表示。

对于轴 $\quad\quad\quad\quad es = d_{max} - d, ei = d_{min} - d$ $\quad\quad\quad\quad\quad$ (3.1)

对于孔 $\quad\quad\quad\quad ES = D_{max} - D, EI = D_{min} - D$ $\quad\quad\quad\quad$ (3.2)

偏差为代数值，可为正数、负数或零。计算和标注时，除零以外必须带有正号或负号。

在旧版国家标准中，上极限偏差和下极限偏差曾被称为"上偏差"和"下偏差"。

2. 尺寸公差

尺寸公差（简称公差）：上极限尺寸减下极限尺寸之差，或上极限偏差减下极限偏差之差。它是尺寸允许的变动量。尺寸公差是一个没有符号的绝对值。轴、孔的尺寸公差分别用 T_d 和 T_D 表示。

轴公差 $\quad\quad\quad\quad T_d = |d_{max} - d_{min}| = |es - ei|$ $\quad\quad\quad\quad$ (3.3)

孔公差 $\quad\quad\quad\quad T_D = |D_{max} - D_{min}| = |ES - EI|$ $\quad\quad\quad\quad$ (3.4)

值得注意的是，公差与偏差是有区别的，偏差是代数值，有正负号；而公差则是绝对值，没有正负之分，反映设计者对工件尺寸加工精度要求的高低，计算时决不能加正负号，而且尺寸公差不能为零。对同一公称尺寸来说，公差越小，允许的尺寸变动量越小，要求的尺寸加工精度就越高，合格工件的尺寸精度就越高，但相应的制造成本也越高；反之亦然。

图 3.5 所示是极限与配合的示意图，它表明了相互配合的孔和轴的公称尺寸、极限尺寸、极限偏差与尺寸公差的相互关系。

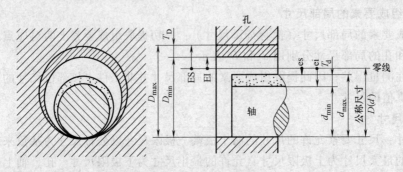

图 3.5　极限与配合示意图

3. 零线与公差带

由于公差及偏差的数值与公称尺寸数值相比差别甚大，不便用同一比例表示，为了直观地表达极限与配合之间的关系，用公差带图解来表达。公差带图解由零线和公差带两部分组成。

零线：在公差带图解中，表示公称尺寸的一条直线，以其为基准确定偏差和公差。通常零线沿水平方向绘制，正偏差位于其上，负偏差位于其下。

公差带：在公差带图解中，由代表上极限偏差和下极限偏差或上极限尺寸和下极限尺寸的两条直线所限定的一个区域。

图 3.6 所示为轴、孔公差带图解。该图解是一维的，只反映沿上、下方向的大小或位置关系。轴、孔公差带既可位于零线的上方，也可位于零线的下方，也可跨在零线上。实际绘制公差带图解时，应将公称尺寸、公差带代号、极限偏差的具体数值标在图上（公差数值一般不标）。

确定公差带的两个要素是公差带大小和公差带位置。

公差带大小是指上、下极限偏差线或两个极限尺寸线之间的宽度，由标准

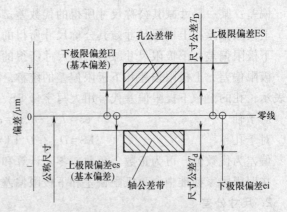

图 3.6　轴、孔公差带图解

公差确定；公差带位置是指公差带相对零线的位置，由基本偏差确定。

标准公差：在本标准极限与配合制中，所规定的任一公差。

基本偏差：在本标准极限与配合制中，确定公差带相对零线位置的那个极限偏差。它可以是上极限偏差或下极限偏差，一般是靠近零线的那个极限偏差。公差带位于零线上方时，基本偏差为下极限偏差；公差带位于零线下方时，基本偏差为上极限偏差；公差带跨在零线上时，基本偏差视两个极限偏差到零线距离的大小而定。

（五）有关配合的术语及定义

1. 间隙与过盈

间隙和过盈是孔、轴结合在一起时，由二者尺寸大小关系所决定的现象，如图 3.7 所示。

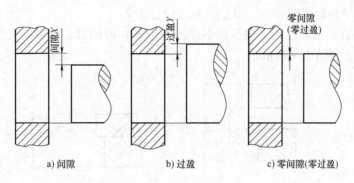

a) 间隙   b) 过盈   c) 零间隙(零过盈)

图 3.7　孔、轴结合的间隙和过盈

间隙：孔的尺寸减去相配合的轴的尺寸之差为正，间隙用符号 X 表示。

过盈：孔的尺寸减去相配合的轴的尺寸之差为负，过盈用符号 Y 表示。

如果相互配合的孔、轴尺寸相同，即孔的尺寸减去相配合的轴的尺寸之差为零，则既可以称为间隙（零间隙），也可以称为过盈（零过盈）。

最小间隙：在间隙配合中，孔的下极限尺寸与轴的上极限尺寸之差。

最大间隙：在间隙配合或过渡配合中，孔的上极限尺寸与轴的下极限尺寸之差。

最小过盈：在过盈配合中，孔的上极限尺寸与轴的下极限尺寸之差。

最大过盈：在过盈配合或过渡配合中，孔的下极限尺寸与轴的上极限尺寸之差。

最小间隙、最大间隙、最小过盈、最大过盈分别用符号 X_{min}、X_{max}、Y_{min}、Y_{max} 表示。

2. 配合

配合：公称尺寸相同的并且相互结合的孔和轴公差带之间的关系。

从定义可以看出，配合取决于相互结合的孔和轴公差带之间的相互位置关系，而孔、轴公差带是在精度设计阶段由设计者根据孔、轴结合的使用性能要求确定的，因此配合也是由设计确定的。按孔、轴的公差带要求加工出来的合格孔、轴装配在一起后，所形成的实际间隙或实际过盈一定在某一范围之内。设计者应通过合理设计相互结合的孔和轴的公差带之间的关系来保证预期的使用性能要求。

根据相互结合的孔、轴公差带之间的相互位置关系不同，配合可分为间隙配合、过盈配合和过渡配合三种。

（1）间隙配合　具有间隙（包括最小间隙等于零）的配合。此时，孔的公差带完全在轴的公差带之上，如图 3.8 所示。

按照这种孔、轴公差带要求加工的合格孔、轴，由于轴和孔的局部尺寸各不相同，因此任意选出的一对

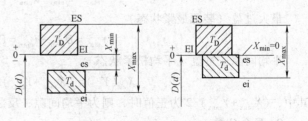

图 3.8　间隙配合及其图解

47

孔、轴结合所产生的间隙大小也不同，但必满足 $X_{\min} \leqslant X \leqslant X_{\max}$。可能出现的极限状态是：

最大间隙（装配最松状态）

$$X_{\max} = D_{\max} - d_{\min} = \text{ES} - \text{ei} \tag{3.5}$$

最小间隙（装配最紧状态）　　$X_{\min} = D_{\min} - d_{\max} = \text{EI} - \text{es}$ \hfill (3.6)

平均间隙（平均松紧状态）　　$X_{\text{av}} = (X_{\max} + X_{\min})/2$ \hfill (3.7)

（2）过盈配合　具有过盈（包括最小过盈等于零）的配合。此时，孔的公差带完全在轴的公差带之下，如图 3.9 所示。

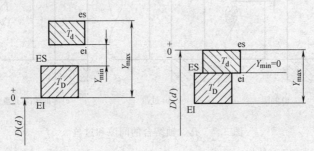

图 3.9　过盈配合及其图解

按照这种孔、轴公差带要求加工的合格孔、轴，任意选出的一对孔、轴结合所产生的过盈必满足 $Y_{\min} \leqslant Y \leqslant Y_{\max}$。可能出现的极限状态是：

最大过盈（装配最紧状态）　　$Y_{\max} = D_{\min} - d_{\max} = \text{EI} - \text{es}$ \hfill (3.8)

最小过盈（装配最松状态）　　$Y_{\min} = D_{\max} - d_{\min} = \text{ES} - \text{ei}$ \hfill (3.9)

平均过盈（平均松紧状态）　　$Y_{\text{av}} = (Y_{\min} + Y_{\max})/2$ \hfill (3.10)

（3）过渡配合　可能具有间隙或过盈的配合。此时，孔的公差带与轴的公差带相互交叠，如图 3.10 所示。

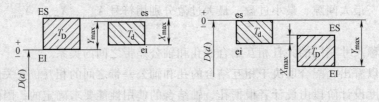

图 3.10　过渡配合及其图解

按照这种孔、轴公差带要求加工的合格孔、轴，任意选出的一对孔、轴结合所产生的间隙（或过盈）必满足 $Y_{\max} \leqslant X(Y) \leqslant X_{\max}$。可能出现的极限状态是：

最大间隙（装配最松状态）

$$X_{\max} = D_{\max} - d_{\min} = \text{ES} - \text{ei} \tag{3.11}$$

最大过盈（装配最紧状态）

$$Y_{\max} = D_{\min} - d_{\max} = \text{EI} - \text{es} \tag{3.12}$$

平均间隙或过盈（平均松紧状态）

$$X_{\text{av}}(Y_{\text{av}}) = (X_{\max} + Y_{\max})/2 \tag{3.13}$$

其中，$(X_{\max} + Y_{\max})/2$ 为正值时，则为平均间隙；反之，则为平均过盈。

3. 配合公差

配合公差：组成配合的孔与轴的公差之和。它是允许间隙或过盈的变动量。配合公差是一个没有符号的绝对值，表示配合松紧程度的变化范围，用符号 T_f 表示。

在间隙配合中，最大间隙与最小间隙之差为配合公差；在过盈配合中，最小过盈与最大过盈之差为配合公差；在过渡配合中，最大间隙与最大过盈之差为配合公差。即

间隙配合 $\qquad\qquad\qquad T_f = |X_{max} - X_{min}|$ (3.14)

过盈配合 $\qquad\qquad\qquad T_f = |Y_{max} - Y_{min}|$ (3.15)

过渡配合 $\qquad\qquad\qquad T_f = |X_{max} - Y_{max}|$ (3.16)

将计算极限间隙或极限过盈的公式分别代入配合公差的计算公式，可获得配合公差与相配合的轴、孔尺寸公差之间的关系。

以间隙配合为例：

$$T_f = |X_{max} - X_{min}| = |(ES - ei) - (EI - es)| = (ES - EI) + (es - ei)$$

所以

$$T_f = T_D + T_d \qquad\qquad\qquad (3.17)$$

式（3.17）表明：配合件的配合精度取决于相互配合的轴、孔的尺寸精度（尺寸公差）。相互配合的轴、孔尺寸精度越高，配合精度也越高；反之就越低。

配合公差与极限间隙、极限过盈之间的关系可用配合公差带图解表示，如图 3.11 所示。图中零线是确定间隙和过盈的基准线，即零线上的间隙或过盈为零。纵坐标表示间隙和过盈，零线上方表示间隙（符号为"+"），下方表示过盈（符号为"-"）。代表极限间隙或极限过盈的两条直线段之间所限定的区域称为配合公差带，它以垂直于零线方向上的宽度代表配合公差大小。在配合公差带图解中，极限间隙或极限过盈的常用单位为 μm。

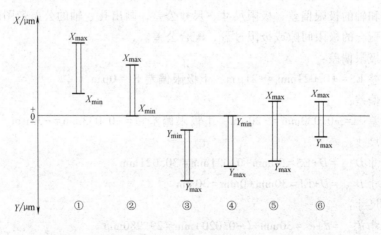

图 3.11　配合公差带图解

由图 3.11 可知，配合公差带在零线上方的为间隙配合（如①、②组配合）；在零线下方的为过盈配合（如③、④组配合）；跨在零线上下两侧为过渡配合（如⑤、⑥组配合）。由配合公差带宽、窄可判断配合精度高低，⑥组配合精度最高，⑤组配合精度最低。在间隙配合中，①组配合的平均间隙比②组大（或松）。

4. 配合制

配合制：同一极限制的孔和轴组成配合的一种制度。

配合制也称为配合的基准制。如前所述，配合的性质取决于孔、轴公差带的相对位置关系。为了尽可能减少形成同一配合的孔、轴公差带组合，设计时先将孔、轴公差带中的一个位置固定，通过适当选择另一公差带来得到不同的配合。

国家标准规定的配合制（基准制）有基轴制配合和基孔制配合两种。

（1）基轴制配合　基本偏差为一定的轴的公差带，与不同基本偏差的孔的公差带形成各种配合的一种制度。对本标准极限与配合制，是轴的上极限尺寸与公称尺寸相等、轴的上极限偏差为零的一种配合制，如图 3.12 所示。

（2）基孔制配合　基本偏差为一定的孔的公差带，与不同基本偏差的轴的公差带形成各种配合的一种制度。对本标准极限与配合制，是孔的下极限尺寸与公称尺寸相等、孔的下极限偏差为零的一种配合制，如图 3.13 所示。

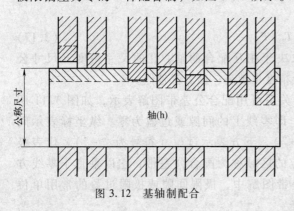

图 3.12　基轴制配合

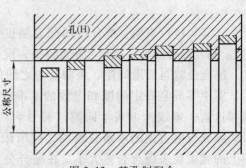

图 3.13　基孔制配合

【例 3.1】　有以下孔轴配合：孔 $\phi30H7$（$^{+0.021}_{0}$），轴 $\phi30f7$（$^{-0.020}_{-0.033}$）。

试确定孔和轴的极限偏差、极限尺寸、尺寸公差，画出孔、轴的公差带图解，指出配合类别，并计算配合的极限间隙或极限过盈、配合公差。

解　孔的极限偏差：

上极限偏差 $ES=+0.021mm=+21\mu m$，下极限偏差 $EI=0\mu m$

轴的极限偏差：

上极限偏差 $es=-0.020mm=-20\mu m$，下极限偏差 $ei=-0.033mm=-33\mu m$

孔的极限尺寸：

上极限尺寸 $D_{max}=D+ES=30mm+0.021mm=30.021mm$

下极限尺寸 $D_{min}=D+EI=30mm+0mm=30mm$

轴的极限尺寸：

上极限尺寸 $d_{max}=d+es=30mm+(-0.020)mm=29.980mm$

下极限尺寸 $d_{min}=d+ei=30mm+(-0.033)mm=29.967mm$

孔的尺寸公差：$T_D=|D_{max}-D_{min}|=|ES-EI|=0.021mm$

轴的尺寸公差：$T_d=|d_{max}-d_{min}|=|es-ei|=0.013mm$

孔、轴公差带图解如图 3.14 所示。

由于孔的公差带完全在轴的公差带之上，故此配合为间隙配合。

最大间隙：$X_{max}=D_{max}-d_{min}=ES-ei=+0.054mm$

最小间隙：$X_{min}=D_{min}-d_{max}=EI-es=+0.020mm$

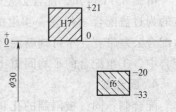

图 3.14　例 3.1 的公差带图解

配合公差：

$$T_f = |X_{max} - X_{min}| = T_D + T_d = 0.021\text{mm} + 0.013\text{mm} = 0.034\text{mm}$$

【例 3.2】 已知某减速器孔、轴配合的公称尺寸为 $\phi 80$mm，配合公差 $T_f = 104\mu m$，最大间隙 $X_{max} = +182\mu m$，孔的公差 $T_D = 30\mu m$，轴的下极限偏差 $ei = -134\mu m$，要求画出该配合的公差带图解。

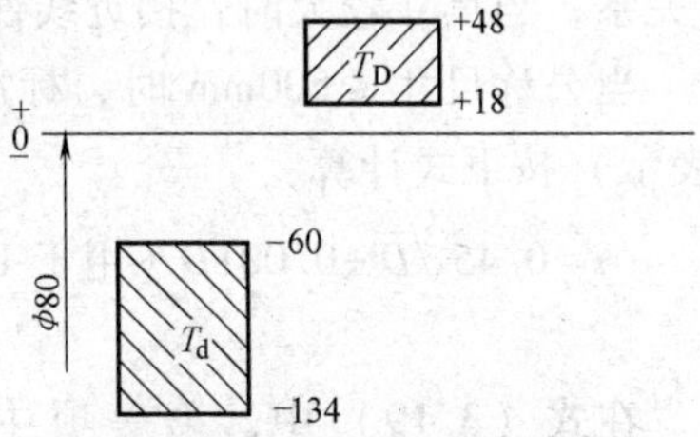

图 3.15 例 3.2 孔、轴公差带图解

解 因为配合公差 $T_f = T_D + T_d$，所以有

$$T_d = T_f - T_D = 104\mu m - 30\mu m = 74\mu m$$

由轴的下极限偏差 $ei = -134\mu m$，得轴的上极限偏差

$$es = ei + T_d = (-134)\mu m + 74\mu m = -60\mu m$$

又因为最大间隙 $X_{max} = ES - ei$，所以有

$$ES = X_{max} + ei = (+182)\mu m + (-134)\mu m = +48\mu m$$

则有，孔的下极限偏差

$$EI = ES - T_D = (+48)\mu m - 30\mu m = +18\mu m$$

此配合的公差带图解如图 3.15 所示。由于孔公差带位于轴公差带的上面，所以此配合为间隙配合。

最小间隙： $X_{min} = EI - es = (+18)\mu m - (-60)\mu m = +78\mu m$

平均间隙： $X_{av} = (X_{max} + X_{min})/2 = [(+182) + (+78)]\mu m/2 = +130\mu m$

第二节 公差与配合的国家标准

一、标准公差系列——公差带大小的标准化

1. 标准公差

标准公差：在标准极限与配合制中，所规定的任意一公差。标准公差用符号 IT 表示。

经生产实践和试验统计分析证明，公称尺寸相同的一批零件，若加工方法和生产条件不同，则产生的误差也不同；若加工方法和生产条件相同，而公称尺寸不同，则也会产生大小不同的误差。由于公差是控制误差的，所以制定公差的基础，就是从误差产生的规律出发，由试验统计得到的公差计算表达式，其为

$$T = \alpha i = \alpha f(D) \tag{3.18}$$

式中 α——公差等级系数，它表示零件尺寸相同而要求的公差等级不同时，应有不同的公差值；

i——标准公差因子，$i = f(D)$；

D——公称尺寸段的几何平均值（mm）。

由此可见，公差值的标准化，就是如何确定标准公差因子 i、公差等级系数 α 和公称尺寸段的几何平均值 D。

2. 标准公差因子

标准公差因子：在本标准极限与配合制中，用以确定标准公差的基本单位，该因子是公称尺寸的函数，即 $i = f(D)$。

根据生产实践以及专门的科学试验和统计分析表明，标准公差因子与零件公称尺寸的关

系如图 3.16 所示。在常用尺寸段（≤500mm）内，标准公差因子与零件公称尺寸呈立方抛物线的关系；当尺寸较大时，接近线性关系。

当公称尺寸≤500mm 时，标准公差因子（以 i 表示）按下式计算：

$$i=0.45\sqrt[3]{D}+0.001D \quad（用于 IT5～IT18）$$

$$（3.19）$$

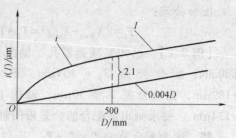

图 3.16　标准公差因子与
零件公称尺寸的关系

在式（3.19）中，第一项主要反映加工误差，第二项用来补偿测量时温度变化引起的与公称尺寸成正比的测量误差。第二项相对于第一项对公称尺寸的变化更敏感，即随着公称尺寸逐渐增大，第二项对公差因子的贡献更显著。

对大尺寸而言，温度变化引起的误差随直径的增大呈线性关系。当公称尺寸>500～3150mm 时，标准公差因子（以 I 表示）按下式计算：

$$I=0.004D+2.1 \quad（用于 IT1～IT18）$$

$$（3.20）$$

当公称尺寸>3150mm 时，尽管不能完全反映误差出现的规律，但仍按式（3.20）计算标准公差因子。

3. 标准公差等级与 α 值的确定

标准公差等级：在本标准极限与配合制中，同一公差等级（如 IT7）对所有公称尺寸的一组公差被认为具有同等精确程度。

规定和划分公差等级的目的是为了简化和统一对公差的要求，使规定的等级既能满足广泛的、不同的使用要求，又能大致代表各种加工方法的精度，这样，既有利于设计，也有利于制造。国家标准在公称尺寸至 500mm 常用尺寸内规定了 20 个等级，用 IT 加上阿拉伯数字表示，依次为 IT01、IT0、IT1、IT2、…、IT17、IT18。在公称尺寸为 500～3150mm 内规定了 IT1～IT18 共 18 个标准公差等级。从 IT01～IT18，等级依次降低，对应的公差值依次增大，即 IT01 的等级最高，IT18 的等级最低。当其与代表基本偏差的字母一起组成公差带时，省略 IT 字母，如 h8。

尺寸≤3150mm 标准公差系列的各级公差数值的计算公式见表 3.1。

表 3.1　标准公差的计算公式（摘自 GB/T 1800.1—2009）

公差等级	标准公差	公称尺寸/mm		公差等级	标准公差	公称尺寸/mm	
		$D≤500$	$D>500～3150$			$D≤500$	$D>500～3150$
01	IT01	$0.3+0.008D$	I	9	IT9	$40i$	$40I$
0	IT0	$0.5+0.012D$	$\sqrt{2}I$	10	IT10	$64i$	$64I$
1	IT1	$0.8+0.020D$	$2I$	11	IT11	$100i$	$100I$
2	IT2	$IT1(IT5/IT1)^{1/4}$		12	IT12	$160i$	$160I$
3	IT3	$IT1(IT5/IT1)^{1/2}$		13	IT13	$250i$	$250I$
4	IT4	$IT1(IT5/IT1)^{3/4}$		14	IT14	$400i$	$400I$
5	IT5	$7i$	$7I$	15	IT15	$640i$	$640I$
6	IT6	$10i$	$10I$	16	IT16	$1000i$	$1000I$
7	IT7	$16i$	$16I$	17	IT17	$1600i$	$1600I$
8	IT8	$25i$	$25I$	18	IT18	$2500i$	$2500I$

从表 3.1 中可见，对 IT6~IT18 的公差等级系数 a 值按优先数系 R5 的公比 1.6 增加，每隔 5 项数值增 10 倍。IT5 的 a 值取 7，继承旧公差标准。

对于高精度 IT01、IT0、IT1，主要考虑测量误差，因而其标准公差与零件尺寸呈线性关系计算，且三个等级的标准公差计算公式之间的常数和系数均采用优先数系的派生系列 R10/2 公比 1.6 增加。IT2、IT3、IT4 的标准公差，以一定公比的几何级数插入 IT1 与 IT5 之间，该系列公比 $q = (IT5/IT1)^{1/4}$，即得表 3.1 中所列的计算公式。

国家标准中各级公差之间的分布规律性很强，便于向高、低两端延伸。如需要更低等级 IT19 时，可在 IT18 的基础上，乘以优先数系 R5 的公比 1.6 得到，即 IT19 = IT18×1.6 = $2500i$×1.6 = $4000i$；若需要比 IT01 更高等级的 IT02 时，可在 IT01 的计算式的常数和系数上，分别除以 R10/2 的公比 1.6 得到，即 IT02 = IT01/1.6 = 0.2+0.005D。同时，还可以在两个公差等级之间，按优先数系变化规律插入中间等级。例如，IT7.5 = IT7×q_{10} = 1.25IT7 = $20i$，IT7.25 = IT7×q_{20} = 1.12IT7 = 17.92i。可见，标准公差能很方便地满足各种特殊情况的需要。

4. 尺寸分段与 D 值的确定

根据表 3.1 给出的标准公差计算公式，每一个公称尺寸都有一个相应的公差值，在生产实践中公称尺寸很多，这样就会有很多公差数值。为了减少公差带数目，简化表格，特别考虑到便于应用，国家标准对公称尺寸进行了分段。尺寸分段后，对同一尺寸分段内的所有公称尺寸，在相同公差等级的情况下，规定相同的标准公差值。

根据表 3.1 进行标准公差计算时，以尺寸分段（$>D_n \sim D_{n+1}$）的首尾两项的几何平均值 $D = \sqrt{D_n \times D_{n+1}}$（但对于≤3mm 的尺寸段，$D = \sqrt{1 \times 3} = 1.732$）代入公式中计算，然后按照尾数修约规则得到标准公差数值。国家标准中所规定的公称尺寸至 3150mm 的标准公差数值见表 3.2，在工程中应用时应以此表所列数值为准。

表 3.2 公称尺寸至 3150mm 的标准公差数值（摘自 GB/T1800.1—2009）

公称尺寸 /mm		标准公差等级																
		IT1	IT2	IT3	IT4	IT5	IT6	IT7	IT8	IT9	IT10	IT11	IT12	IT13	IT14	IT15	IT16	IT17	IT18
大于	至	/μm											/mm						
—	3	0.8	1.2	2	3	4	6	10	14	25	40	60	0.1	0.14	0.25	0.4	0.6	1	1.4
3	6	1	1.5	2.5	4	5	8	12	18	30	48	75	0.12	0.18	0.3	0.48	0.75	1.2	1.8
6	10	1	1.5	2.5	4	6	9	15	22	36	58	90	0.15	0.22	0.36	0.58	0.9	1.5	2.2
10	18	1.2	2	3	5	8	11	18	27	43	70	110	0.18	0.27	0.43	0.7	1.1	1.8	2.7
18	30	1.5	2.5	4	6	9	13	21	33	52	84	130	0.21	0.33	0.52	0.84	1.3	2.1	3.3
30	50	1.5	2.5	4	7	11	16	25	39	62	100	160	0.25	0.39	0.62	1	1.6	2.5	3.9
50	80	2	3	5	8	13	19	30	46	74	120	190	0.3	0.46	0.74	1.2	1.9	3	4.6
80	120	2.5	4	6	10	15	22	35	54	87	140	220	0.35	0.54	0.87	1.4	2.2	3.5	5.4
120	180	3.5	5	8	12	18	25	40	63	100	160	250	0.4	0.63	1	1.6	2.5	4	6.3
180	250	4.5	7	10	14	20	29	46	72	115	185	290	0.46	0.72	1.15	1.85	2.9	4.6	7.2
250	315	6	8	12	16	23	32	52	81	130	210	320	0.52	0.81	1.3	2.1	3.2	5.2	8.1
315	400	7	9	13	18	25	36	57	89	140	230	360	0.57	0.89	1.4	2.3	3.6	5.7	8.9
400	500	8	10	15	20	27	40	63	97	155	250	400	0.63	0.97	1.55	2.5	4	6.3	9.7
500	630	9	11	16	22	32	44	70	110	175	280	440	0.7	1.1	1.75	2.8	4.4	7	11
630	800	10	13	18	25	36	50	80	125	200	320	500	0.8	1.25	2	3.2	5	8	12.5
800	1000	11	15	21	28	40	56	90	140	230	360	560	0.9	1.4	2.3	3.6	5.6	9	14
1000	1250	13	18	24	33	47	66	105	165	260	420	660	1.05	1.65	2.6	4.2	6.6	10.5	16.5
1250	1600	15	21	29	39	55	78	125	195	310	500	780	1.25	1.95	3.1	5	7.8	12.5	23
1600	2000	18	25	35	46	65	92	150	230	370	600	920	1.5	2.3	3.7	6	9.2	15	23
2000	2500	22	30	41	55	78	110	175	280	440	700	1100	1.75	2.8	4.4	7	11	17.5	28
2500	3150	26	36	50	68	96	135	210	330	540	860	1350	2.1	3.3	5.4	8.6	13.5	21	33

注：1. 公称尺寸>500mm 的 IT1~IT5 的标准公差值为试行。

2. 公称尺寸≤1mm 时，无 IT14~IT18。

国家标准在正文中只给出 IT1～IT18 共 18 个等级的标准公差数值,对于 IT01 和 IT0 两个最高级在工业中很少用到,所以在标准正文中没有给出该两个公差等级的标准公差数值,但为满足使用者需要,而在标准附录中给出了这些数值。

【例 3.3】 计算公称尺寸 $\phi30mm$ 的 7 级和 8 级的标准公差。

解 因 $\phi30mm$ 属于 >18～30mm 的尺寸段(注意:$\phi30mm$ 不属于 >30～50mm 的尺寸段)。

计算公称尺寸的几何平均值:

$$D = \sqrt{18 \times 30}\,mm \approx 23.24mm$$

由式(3.19)得标准公差因子

$$i = 0.45\sqrt[3]{D} + 0.001D$$
$$= 0.45\sqrt[3]{23.24}\,\mu m + 0.001 \times 23.24\mu m \approx 1.31\mu m$$

由表 3.1 得 $IT7 = 16i = 20.96\mu m$,修约为 $21\mu m$。$IT8 = 25i = 32.75\ \mu m$,修约为 $33\mu m$。

【例 3.4】 今有两种轴:$d_1 = \phi100\ mm$,$d_2 = \phi8mm$,$T_{d_1} = 35\mu m$,$T_{d_2} = 14\mu m$。试通过计算比较这两种轴加工的难易程度。

解 对于轴 1,$\phi100mm$ 属于 >80～120mm 尺寸段,故

$$D_1 = \sqrt{80 \times 120}\,mm \approx 97.98mm$$

$$i_1 = 0.45\sqrt[3]{D_1} + 0.001D_1 = 0.45\sqrt[3]{97.98}\,\mu m + 0.001 \times 97.98\mu m \approx 2.173\mu m$$

$$\alpha_1 = \frac{T_{d_1}}{i_1} = \frac{35}{2.173} = 16.1 \approx 16$$

根据 $\alpha_1 = 16$ 查表 3.1 得,轴 1 属于 IT7 级。

对于轴 2,$\phi8mm$ 属于 >6～10mm 尺寸段,故

$$D_2 = \sqrt{6 \times 10}\,mm \approx 7.746mm$$

$$i_2 = 0.45\sqrt[3]{7.746}\,\mu m + 0.001 \times 7.746\mu m \approx 0.898\mu m$$

$$\alpha_2 = \frac{T_{d_2}}{i_2} = \frac{14}{0.898} = 15.59 \approx 16$$

根据 $\alpha_2 = 16$ 查表 3.1 得,轴 2 属于 IT7 级。

由此可见,虽然轴 2 比轴 1 的公差值小,但轴 2 与轴 1 的公差等级相同,因而轴 2 与轴 1 的加工难易程度相同。

例 3.3 说明了标准公差数值是如何计算出来的。显然,对标准公差都做上述计算是很麻烦的,为方便使用,在实际应用中不必自行计算,标准公差从表 3.2 查得即可;例 3.4 说明了标准公差的分级基本上是根据公差等级系数 α 的不同划分的,对于同一标准公差等级,对所有不同尺寸段虽然标准公差值不同,但应看作相同精度,即加工难易程度相同。

二、基本偏差系列——公差带位置的标准化

基本偏差决定了公差带的位置。为了实现其标准化,国家标准对基本偏差的种类、代号、数值等做了一系列的规定。

(一)基本偏差的种类及代号

为满足不同场合下不同配合性质的要求,国家标准为基轴制配合中的孔以及基孔制配合

中的轴各规定了 28 种基本偏差（对应于 28 种公差带位置），并规定用英文字母表示每一种基本偏差。孔的基本偏差用大写字母表示，轴的基本偏差用小写字母表示。26 个英文字母中去掉 5 个容易混淆的字母 I、L、O、Q、W（i、l、o、q、w），再加上 7 个双写字母 CD、EF、FG、JS、ZA、ZB、ZC（cd、ef、fg、js、za、zb、zc），作为孔、轴各 28 种基本偏差的代号。28 种基轴制配合中的孔的基本偏差、28 种基孔制配合中的轴的基本偏差所对应的公差带位置分别如图 3.17、图 3.18 所示。图中画的是"开口"公差带，这是因为基本偏差只表示公差带的位置，而不表示公差带的大小。图中只画出公差带基本偏差的偏差线，另一极限偏差线则由公差等级决定。

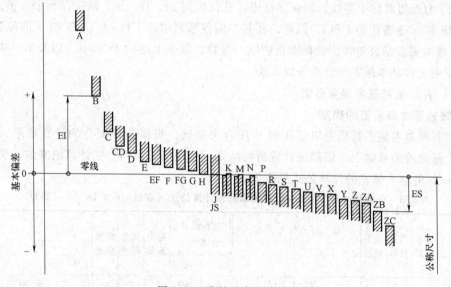

图 3.17 孔的基本偏差系列

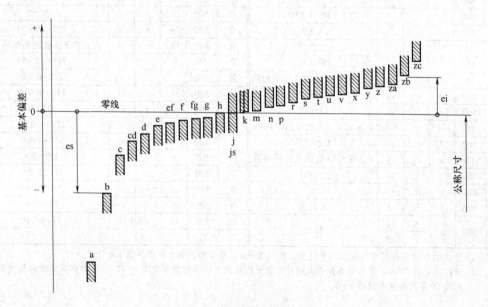

图 3.18 轴的基本偏差系列

由图 3.17、图 3.18 可知，基本偏差系列具有以下特征：

1）对于孔的基本偏差：从 A~H 基本偏差为下极限偏差 EI（为正值或零），从 J~ZC（JS 除外）基本偏差为上极限偏差 ES（多为负值）；对于轴的基本偏差：从 a~h 基本偏差是上极限偏差 es（为负值或零），j~zc（js 除外）基本偏差为下极限偏差 ei（多为正值）。

2）H 和 h 的基本偏差均为零，即 H 的下极限偏差 EI＝0，h 的上极限偏差 es＝0。由前述可知，H 和 h 分别为基准孔和基准轴的基本偏差代号。

3）JS 和 js 在各个公差等级中，公差带完全对称于零线，因此，它们的基本偏差可以是上极限偏差（＋IT/2），也可以是下极限偏差（－IT/2）。当公差等级为 7~11 级且公差值为奇数时，上、下极限偏差为±(IT－1)/2。

J 和 j 为近似对称于零线，但在国标中，孔仅保留 J6、J7、J8，轴仅保留 j5、j6、j7，而且将用 JS 和 js 逐渐代替 J 和 j，因此，在基本偏差系列中将 J 和 j 放在 JS 和 js 的位置上。

4）基本偏差是公差带位置标准化的唯一参数，除去上述的 JS 和 js，以及 K、M、N、k 以外，原则上讲基本偏差与公差等级无关。

（二）孔、轴的基本偏差数值

1. 轴的基本偏差值的确定

轴的各种基本偏差数值是以基孔制 H 配合为基础，根据各种配合的设计要求，在生产实践和大量试验的基础上，依据统计分析的结果，整理出一系列公式计算出来的。公称尺寸至 500mm 轴的基本偏差的计算公式见表 3.3。

表 3.3　公称尺寸至 500mm 轴的基本偏差计算公式（摘自 GB/T 1800.1—2009）

公称尺寸/mm		基本偏差	代数符号	极限偏差	公式	公称尺寸/mm		基本偏差	代数符号	极限偏差	公式
大于	至					大于	至				
1	120	a	－	es	$265＋1.3D$	0	500	k	＋	ei	$0.6D^{1/3}$
120	500				$3.5D$	0	500	m	＋	ei	$IT7－IT6$
1	160	b	－	es	$140＋0.85D$	0	500	n	＋	ei	$5D^{0.34}$
160	500				$1.8D$	0	500	p	＋	ei	$IT7＋(0~5)$
0	40	c	－	es	$52D^{0.2}$	0	500	r	＋	ei	P、p 和 S、s 值的几何平均值
40	500				$95＋0.8D$	0	50	s	＋	ei	$IT8＋(1~4)$
0	10	cd	－	es	C、c 和 D、d 值的几何平均值	50	500				$IT7＋0.4D$
0	500	d	－	es	$16D^{0.44}$	24	500	t	＋	ei	$IT7＋0.63D$
0	500	e	－	es	$11D^{0.41}$	0	500	u	＋	ei	$IT7＋D$
0	10	ef	－	es	E、e 和 F、f 值的几何平均值	14	500	v	＋	ei	$IT7＋1.25D$
0	500	f	－	es	$5.5D^{0.41}$	0	500	x	＋	ei	$IT7＋1.6D$
0	10	fg	－	es	F、f 和 G、g 值的几何平均值	18	500	y	＋	ei	$IT7＋2D$
0	500	g	－	es	$2.5D^{0.34}$	0	500	z	＋	ei	$IT7＋2.5D$
0	500	h	无	es	0	0	500	za	＋	ei	$IT8＋3.15D$
0	500	j	－	ei	无公式	0	500	zb	＋	ei	$IT9＋4D$
0	500	js	＋	es	$IT/2$	0	500	zc	＋	ei	$IT10＋5D$
			－	ei							

注：1. 公式中 D 是公称尺寸段的几何平均值，单位为 mm；基本偏差的计算结果以 μm 计。
    2. 公称尺寸至 500mm 轴的基本偏差 k 的计算公式仅适用于标准公差等级 IT4~IT7，对所有其他公称尺寸和所有其他 IT 等级的基本偏差 k＝0。

根据图 3.17、图 3.18 和表 3.3，分析如下：

a~h 基本偏差为上极限偏差（es），其绝对值正好等于最小间隙的绝对值。其中 a、b、c 三种用于大间隙或热动配合，故最小间隙采用与直径成正比的关系计算。d、e、f 三种考

56

虑到保证良好的液体摩擦以及表面粗糙度的影响，因而最小间隙略小于直径的平方根关系。g 配合主要用于滑动、定心或半液体摩擦，间隙要小，故直径的指数更小些。中间插入的 cd、ef、fg 三种，则分别按 c 与 d、e 与 f、f 与 g 的绝对值的几何平均值来计算。

j、k、m、n 四种多为过渡配合，其基本偏差分别为下极限偏差（ei），计算公式基本上是根据经验与统计方法确定的。

p~zc 为过盈配合，其基本偏差分别为下极限偏差（ei），从保证配合的最小过盈来考虑。最小过盈的系数系列符合优先数系，规律性较好，便于应用。

利用表 3.3 轴的基本偏差计算公式，以尺寸分段的几何平均值代入这些公式计算后，再按国家标准中规定的尾数修约规则进行修约，得到表 3.4。在工程实际中，若已知工件的公称尺寸和基本偏差代号，从表 3.4 中可直接查出相应的基本偏差数值。例如，公称尺寸为 $\phi 50$mm，基本偏差代号为 d 的基本偏差数值 es = −80μm；公称尺寸为 $\phi 60$mm，基本偏差代号为 s 的基本偏差数值 ei = +53μm。

2. 孔的基本偏差数值的确定

在工程应用中，基孔制配合和基轴制配合是等效的，因而孔的各种基本偏差数值是以基轴制 h 配合为基础，由同名轴的基本偏差数值按一定的规则换算得到的。确定换算规则的前提是：换算后所得到的孔的基本偏差数值应保证使两种配合制下的同名配合具有相同的配合性质，即同名配合的极限间隙或极限过盈完全相同。

基孔制和基轴制下的同名配合指的是非基准件的基本偏差代号相同。例如，基孔制配合 H/f 与基轴制配合 F/h（间隙配合）、基孔制配合 H/k 与基轴制配合 K/h（过渡配合）、基孔制配合 H/t 与基轴制配合 T/h（过盈配合）均为同名配合。

由于在实际工作过程中，过渡配合和过盈配合经常需要具有较高的精度等级，由于加工孔比加工相同公差等级的轴更困难一些，从工艺等价的原则考虑，在这类配合中一般采用孔比轴低一级的配合形式，如 H8/k7、H7/t6 等。考虑到过渡配合和过盈配合的这种特殊性，对于 J~N、P~ZC 范围内的同名配合，需按孔比轴低一级的情况处理。

基于上述考虑，国家标准在进行换算时根据不同的对象采取了以下两种规则：

（1）通用规则 孔的基本偏差数值与同名轴的基本偏差数值大小相等，符号相反。也就是，孔的基本偏差与同名轴的基本偏差互为镜像。

$$A \sim H: EI = -es \tag{3.21}$$

$$J \sim ZC: ES = -ei \tag{3.22}$$

除应用特殊规则以外，一般均应用通用规则，包括所有等级的 A~H、>IT8 的 J~N 以及 >IT7 的 P~ZC。但也有个别例外，对公称尺寸>3~500mm、公差等级>IT8 的 N，基本偏差 ES = 0。

（2）特殊规则 常用尺寸段（公称尺寸>3~500mm）内，对于 ≤IT8 的 K、M、N 以及 ≤IT7 的 P~ZC，孔的基本偏差数值等于同名轴的基本偏差数值反号后再加上一个 Δ 值，即

$$ES = -ei + \Delta \tag{3.23}$$

式中，$\Delta = IT_n - IT_{n-1} = T_D - T_d$，即孔公差与轴公差之差。

增加 Δ 值是为了保证在孔比轴低一等级的情况下，使两种配合制下同名配合的最大过盈相同。

国家标准所规定的公称尺寸 ≤3150mm 孔的基本偏差数值见表 3.5。表中给出了不同孔的公差等级下的 Δ 值，在查表计算特殊规则适用范围内孔的基本偏差数值时不可忽略此项。

表 3.4　轴的基本偏差数值

公称尺寸 /mm		基本偏差 上极限偏差 es 所有标准公差系列												基本偏差 下极 IT5和IT6	IT7	IT8	IT4~IT7
大于	至	a	b	c	cd	d	e	ef	f	fg	g	h	js	j	j	k
—	3	−270	−140	−60	−34	−20	−14	−10	−6	−4	−2	0		−2	−4	−6	0
3	6			−70	−46	−30	−20	−14	−10	−6	−4	0					+1
6	10	−280	−150	−80	−56	−40	−25	−18	−13	−8	−5	0			−5		
10	14	−290		−95		−50	−32		−16		−6	0		−3	−6		+1
14	18											0					
18	24	−300	−160	−110		−65	−40		−20		−7	0		−4	−8		+2
24	30											0					
30	40	−310	−170	−120		−80	−50		−25		−9	0		−5	−10		
40	50	−320	−180	−130								0					
50	65	−340	−190	−140		−100	−60		−30		−10	0		−7	−12		
65	80	−360	−200	−150								0					
80	100	−380	−220	−170		−120	−72		−36		−12	0		−9	−15		+3
100	120	−410	−240	−180								0					
120	140	−460	−260	−200		−145	−85		−43		−14	0		−11	−18		
140	160	−520	−280	−210								0					
160	180	−580	−310	−230								0					
180	200	−660	−340	−240		−170	−100		−50		−15	0		−13	−21		+4
200	225	−740	−380	−260								0					
225	250	−820	−420	−280								0					
250	280	−920	−480	−300		−190	−110		−56		−17	0	偏差 =±IT /2	−16	−26		
280	315	−1050	−540	−330								0					
315	355	−1200	−600	−360		−210	−125		−62		−18	0		−18	−28		
355	400	−1350	−680	−400								0					
400	450	−1500	−760	−440		−230	−135		−68		−20	0		−20	−32		+5
450	500	−1650	−840	−480								0					
500	560					−260	−145		−76		−22	0					0
560	630											0					
630	710					−290	−160		−80		−24	0					0
710	800											0					
800	900					−320	−170		−86		−26	0					0
900	1000											0					
1000	1120					−350	−195		−98		−28	0					0
1120	1250											0					
1250	1400					−390	−220		−110		−30	0					0
1400	1600											0					
1600	1800					−430	−240		−120		−32	0					0
1800	2000											0					
2000	2240					−480	−260		−130		−34	0					0
2240	2500											0					
2500	2800					−520	−290		−145		−38	0					0
2800	3150											0					

注：公称尺寸≤1mm 时，基本偏差 a 和 b 均不采用，公差带 js7~js11，若 IT_n 值数是奇数，则取偏差=±(IT_n−1)/2。

（摘自 GB/T 1800.1—2009）

数值/μm

限偏差 ei

≤IT3 >IT7	所有标准公差系列													
k	m	n	p	r	s	t	u	v	x	y	z	za	zb	zc
0	+2	+4	+6	+10	+14		+18		+20		+26	+32	+40	+60
0	+4	+8	+12	+15	+19		+23		+28		+35	+42	+50	+80
0	+6	+10	+15	+19	+23		+28		+34		+42	+52	+67	+97
0	+7	+12	+18	+23	+28		+33		+40		+50	+64	+90	+130
								+39	+45		+60	+77	+108	+150
0	+8	+15	+22	+28	+35		+41	+47	+54	+63	+73	+98	+136	+188
						+41	+48	+55	+64	+75	+88	+118	+160	+218
0	+9	+17	+26	+34	+43	+48	+60	+68	+80	+94	+112	+148	+200	+274
						+54	+70	+81	+97	+114	+136	+180	+242	+325
0	+11	+20	+32	+41	+53	+66	+87	+102	+122	+144	+172	+226	+300	+405
				+43	+59	+75	+102	+120	+146	+174	+210	+274	+360	+480
0	+13	+23	+37	+51	+71	+91	+124	+146	+178	+214	+258	+335	+445	+585
				+54	+79	+104	+144	+172	+210	+254	+310	+400	+525	+690
0	+15	+27	+43	+63	+92	+122	+170	+202	+248	+300	+365	+470	+620	+800
				+65	+100	+134	+190	+228	+280	+340	+415	+535	+700	+900
				+68	+108	+146	+210	+252	+310	+380	+465	+600	+780	+1000
0	+17	+31	+50	+77	+122	+166	+236	+284	+350	+425	+520	+670	+880	+1150
				+80	+130	+180	+258	+310	+385	+470	+575	+740	+960	+1250
				+84	+140	+196	+284	+340	+425	+520	+640	+820	+1050	+1350
0	+20	+34	+56	+94	+158	+218	+315	+385	+475	+580	+710	+920	+1200	+1550
				+98	+170	+240	+350	+425	+525	+650	+790	+1000	+1300	+1700
0	+21	+37	+62	+108	+190	+268	+390	+475	+590	+730	+900	+1150	+1500	+1900
				+114	+208	+294	+435	+530	+660	+820	+1000	+1300	+1650	+2100
0	+23	+40	+68	+126	+232	+330	+490	+595	+740	+920	+1100	+1450	+1850	+2400
				+132	+252	+360	+540	+660	+820	+1000	+1250	+1600	+2100	+2600
0	+26	+44	+78	+150	+280	+400	+600							
				+155	+310	+450	+660							
0	+30	+50	+88	+175	+340	+500	+740							
				+185	+380	+560	+840							
0	+34	+56	+100	+210	+430	+620	+940							
				+220	+470	+680	+1050							
0	+40	+66	+120	+250	+520	+780	+1150							
				+260	+580	+840	+1300							
0	+48	+78	+140	+300	+640	+960	+1450							
				+330	+720	+1050	+1600							
0	+58	+92	+170	+370	+820	+1200	+1850							
				+400	+920	+1350	+2000							
0	+68	+110	+195	+440	+1000	+1500	+2300							
				+460	+1100	+1650	+2500							
0	+76	+135	+240	+550	+1250	+1900	+2900							
				+580	+1400	+2100	+3200							

表 3.5　公称尺寸≤3150mm 孔的基本

基本偏差

公称尺寸/mm 大于	至	下极限偏差 EI（所有标准公差系列） A	B	C	CD	D	E	EF	F	FG	G	H	JS	上极 J (IT6)	J (IT7)	J (IT8)	K (≤IT8)	K (>IT8)	M (≤IT8)	M (>IT8)	N (≤IT8)	N (>IT8)
—	3	+270	+140	+60	+34	+20	+14	+10	+6	+4	+2	0	偏差 = ±IT/2	+2	+4	+6	0	0	−2	−2	−4	−4
3	6	+270	+140	+70	+46	+30	+20	+14	+10	+6	+4	0		+5	+6	+10	−1+Δ		−4+Δ	−4	−8+Δ	0
6	10	+280	+150	+80	+56	+40	+25	+18	+13	+8	+5	0		+5	+8	+12	−1+Δ		−6+Δ	−6	−10+Δ	0
10	14	+290	+150	+95		+50	+32		+16		+6	0		+6	+10	+15	−1+Δ		−7+Δ	−7	−12+Δ	0
14	18	+290	+150	+95		+50	+32		+16		+6	0		+6	+10	+15	−1+Δ		−7+Δ	−7	−12+Δ	0
18	24	+300	+160	+110		+65	+40		+20		+7	0		+8	+12	+20	−2+Δ		−8+Δ	−8	−15+Δ	0
24	30	+300	+160	+110		+65	+40		+20		+7	0		+8	+12	+20	−2+Δ		−8+Δ	−8	−15+Δ	0
30	40	+310	+170	+120		+80	+50		+25		+9	0		+10	+14	+24	−2+Δ		−9+Δ	−9	−17+Δ	0
40	50	+320	+180	+130		+80	+50		+25		+9	0		+10	+14	+24	−2+Δ		−9+Δ	−9	−17+Δ	0
50	65	+340	+190	+140		+100	+60		+30		+10	0		+13	+18	+28	−2+Δ		−11+Δ	−11	−20+Δ	0
65	80	+360	+200	+150		+100	+60		+30		+10	0		+13	+18	+28	−2+Δ		−11+Δ	−11	−20+Δ	0
80	100	+380	+220	+170		+120	+72		+36		+12	0		+16	+22	+34	−3+Δ		−13+Δ	−13	−23+Δ	0
100	120	+410	+240	+180		+120	+72		+36		+12	0		+16	+22	+34	−3+Δ		−13+Δ	−13	−23+Δ	0
120	140	+460	+260	+200		+145	+85		+43		+14	0		+18	+26	+41	−3+Δ		−15+Δ	−15	−27+Δ	0
140	160	+520	+280	+210		+145	+85		+43		+14	0		+18	+26	+41	−3+Δ		−15+Δ	−15	−27+Δ	0
160	180	+580	+310	+230		+145	+85		+43		+14	0		+18	+26	+41	−3+Δ		−15+Δ	−15	−27+Δ	0
180	200	+660	+340	+240		+170	+100		+50		+15	0		+22	+30	+47	−4+Δ		−17+Δ	−17	−31+Δ	0
200	225	+740	+380	+260		+170	+100		+50		+15	0		+22	+30	+47	−4+Δ		−17+Δ	−17	−31+Δ	0
225	250	+820	+420	+280		+170	+100		+50		+15	0		+22	+30	+47	−4+Δ		−17+Δ	−17	−31+Δ	0
250	280	+920	+480	+300		+190	+110		+56		+17	0		+25	+36	+55	−4+Δ		−20+Δ	−20	−34+Δ	0
280	315	+1050	+540	+330		+190	+110		+56		+17	0		+25	+36	+55	−4+Δ		−20+Δ	−20	−34+Δ	0
315	355	+1200	+600	+360		+210	+125		+62		+18	0		+29	+39	+60	−4+Δ		−21+Δ	−21	−37+Δ	0
355	400	+1350	+680	+400		+210	+125		+62		+18	0		+29	+39	+60	−4+Δ		−21+Δ	−21	−37+Δ	0
400	450	+1500	+760	+440		+230	+135		+68		+20	0		+33	+43	+66	−5+Δ		−23+Δ	−23	−40+Δ	0
450	500	+1650	+840	+480		+230	+135		+68		+20	0		+33	+43	+66	−5+Δ		−23+Δ	−23	−40+Δ	0
500	560					+260	+145		+76		+22	0					0		−26		−44	
560	630					+260	+145		+76		+22	0					0		−26		−44	
630	710					+290	+160		+80		+24	0					0		−30		−50	
710	800					+290	+160		+80		+24	0					0		−30		−50	
800	900					+320	+170		+86		+26	0					0		−34		−56	
900	1000					+320	+170		+86		+26	0					0		−34		−56	
1000	1120					+350	+195		+98		+28	0					0		−40		−66	
1120	1250					+350	+195		+98		+28	0					0		−40		−66	
1250	1400					+390	+220		+110		+30	0					0		−48		−78	
1400	1600					+390	+220		+110		+30	0					0		−48		−78	
1600	1800					+430	+240		+120		+32	0					0		−58		−92	
1800	2000					+430	+240		+120		+32	0					0		−58		−92	
2000	2240					+480	+260		+130		+34	0					0		−68		−110	
2240	2500					+480	+260		+130		+34	0					0		−68		−110	
2500	2800					+520	+290		+145		+38	0					0		−76		−135	
2800	3150					+520	+290		+145		+38	0					0		−76		−135	

注：1. 公称尺寸≤1mm 时，基本偏差 A 和 B 及 >IT8 的 N 均不采用。公差带 JS7~JS11，若 IT_n 值数是奇数，则取偏
　　2. 对 ≤IT8 的 K、M、N 和 ≤IT7 的 P~ZC，所需 Δ 值从表内右侧选取。例如：18~30mm 段的 K7，$\Delta=8\mu m$，所
　　　　特殊情况：250~315mm 段的 M6，$ES=-9\mu m$（代替 $-11\mu m$）。

偏差数值（摘自 GB/T 1800.1—2009）

数值/μm

限偏差 ES

≤IT7					所有标准公差系列								Δ值 标准公差等级					
P~ZC	P	R	S	T	U	V	X	Y	Z	ZA	ZB	ZC	IT3	IT4	IT5	IT6	IT7	IT8
	−6	−10	−14		−18		−20		−26	−32	−40	−60	0	0	0	0	0	0
	−12	−15	−19		−23		−28		−35	−42	−50	−80	1	1.5	1	3	4	6
	−15	−19	−23		−28		−34		−42	−52	−67	−97	1	1.5	2	3	6	7
	−18	−23	−28		−33		−40		−50	−64	−90	−130	1	2	3	3	7	9
						−39	−45		−60	−77	−108	−150						
	−22	−28	−35		−41	−47	−54	−63	−73	−98	−136	−188	1.5	2	3	4	8	12
				−41	−48	−55	−64	−75	−88	−118	−160	−218						
	−26	−34	−43	−48	−60	−68	−80	−94	−112	−148	−200	−274	1.5	3	4	5	9	14
				−54	−70	−81	−97	−114	−136	−180	−242	−325						
	−32	−41	−53	−66	−87	−102	−122	−144	−172	−226	−300	−405	2	3	5	6	11	16
		−43	−59	−75	−102	−120	−146	−174	−210	−274	−360	−480						
	−37	−51	−71	−91	−124	−146	−178	−214	−258	−335	−445	−585	2	4	5	7	13	19
		−54	−79	−104	−144	−172	−210	−254	−310	−400	−525	−690						
在>IT7的相应数值上增加一个Δ值	−43	−63	−92	−122	−170	−202	−248	−300	−365	−470	−620	−800	3	4	6	7	15	23
		−65	−100	−134	−190	−228	−280	−340	−415	−535	−700	−900						
		−68	−108	−146	−210	−252	−310	−380	−465	−600	−780	−1000						
	−50	−77	−122	−166	−236	−284	−350	−425	−520	−670	−880	−1150	3	4	6	9	17	26
		−80	−130	−180	−258	−310	−385	−470	−575	−740	−960	−1250						
		−84	−140	−196	−284	−340	−425	−520	−640	−820	−1050	−1350						
	−56	−94	−158	−218	−315	−385	−475	−580	−710	−920	−1200	−1550	4	4	7	9	20	29
		−98	−170	−240	−350	−425	−525	−650	−790	−1000	−1300	−1700						
	−62	−108	−190	−268	−390	−475	−590	−730	−900	−1150	−1500	−1900	4	5	7	11	21	32
		−114	−208	−294	−435	−530	−660	−820	−1000	−1300	−1650	−2100						
	−68	−126	−232	−330	−490	−595	−740	−920	−1100	−1450	−1850	−2400	5	5	7	13	23	34
		−132	−252	−360	−540	−660	−820	−1000	−1250	−1600	−2100	−2600						
	−78	−150	−280	−400	−600													
		−155	−310	−450	−660													
	−88	−175	−340	−500	−740													
		−185	−380	−560	−840													
	−100	−210	−430	−620	−940													
		−220	−470	−680	−1050													
	−120	−250	−520	−780	−1150													
		−260	−580	−840	−1300													
	−140	−300	−640	−960	−1450													
		−330	−720	−1050	−1600													
	−170	−370	−820	−1200	−1850													
		−400	−920	−1350	−2000													
	−195	−440	−1000	−1500	−2300													
		−460	−1100	−1650	−2500													
	−240	−550	−1250	−1900	−2900													
		−580	−1400	−2100	−3200													

差＝±(ITₙ-1/2)。

以 ES＝-2μm+8μm＝+6μm；18～30mm 段的 S6，Δ＝4μm，所以 ES＝-35μm+4μm＝-31μm。

【例 3.5】 试比较以下 4 对同名配合的配合性质（极限间隙或极限过盈）。

(1) $\phi 60H8/f8$ 与 $\phi 60F8/h8$ (2) $\phi 60H8/f7$ 与 $\phi 60F8/h7$

(3) $\phi 60H7/t7$ 与 $\phi 60T7/h7$ (4) $\phi 60H7/t6$ 与 $\phi 60T7/h6$

解 查标准公差数值表3.2可得：(1) 的公称尺寸 $\phi 60mm$，$IT8 = 46\mu m$。

查轴的基本偏差数值表 3.4 可得

$\phi 60f8$：$es = -30\mu m$

$ei = es - IT8 = (-30)\mu m - 46\mu m = -76\mu m$

$\phi 60h8$：$es = 0$

$ei = es - IT8 = -46\mu m$

查孔的基本偏差数值表 3.5 可得

$\phi 60H8$：$EI = 0$

$ES = EI + IT8 = +46\mu m$

$\phi 60F8$：$EI = +30\mu m$

$ES = EI + IT8 = (+30)\mu m + 46\mu m = +76\mu m$

由此可得：$\phi 60H8\binom{+0.046}{0}$；$\phi 60f8\binom{-0.030}{-0.076}$；$\phi 60F8\binom{+0.076}{+0.030}$；$\phi 60h8\binom{0}{-0.046}$。

根据极限间隙或极限过盈计算公式［式（3.5）~式（3.13）］，可得

$\phi 60H8/f8$ 配合：最大间隙 $X_{\max} = ES - ei = (+46)\mu m - (-76)\mu m = +122\mu m$

    最小间隙 $X_{\min} = EI - es = 0\mu m - (-30)\mu m = +30\mu m$

$\phi 60F8/h8$ 配合：最大间隙 $X_{\max} = ES - ei = (+76)\mu m - (-46)\mu m = +122\mu m$

    最小间隙 $X_{\min} = EI - es = (+30)\mu m - 0\mu m = +30\mu m$

同样的方法可计算出 (2)、(3)、(4) 各配合中孔、轴极限偏差，继而可计算出各对配合的极限间隙或极限过盈。为便于比较，有关结果见表 3.6。

表 3.6 【例 3.5】计算结果   （单位：mm）

序号	配合	配合制	极限偏差	极限间隙或极限过盈
(1)	$\phi 60H8/f8$	基孔制	孔 $\phi 60H8\binom{+0.046}{0}$	$X_{\max} = ES - ei = +0.122$
			轴 $\phi 60f8\binom{-0.030}{-0.076}$	$X_{\min} = EI - es = +0.030$
	$\phi 60F8/h8$	基轴制	孔 $\phi 60F8\binom{+0.076}{+0.030}$	$X_{\max} = ES - ei = +0.122$
			轴 $\phi 60h8\binom{0}{-0.046}$	$X_{\min} = EI - es = +0.030$
(2)	$\phi 60H8/f7$	基孔制	孔 $\phi 60H8\binom{+0.046}{0}$	$X_{\max} = ES - ei = +0.106$
			轴 $\phi 60f7\binom{-0.030}{-0.060}$	$X_{\min} = EI - es = +0.030$
	$\phi 60F8/h7$	基轴制	孔 $\phi 60F8\binom{+0.076}{+0.030}$	$X_{\max} = ES - ei = +0.106$
			轴 $\phi 60h7\binom{0}{-0.030}$	$X_{\min} = EI - es = +0.030$
(3)	$\phi 60H7/t7$	基孔制	孔 $\phi 60H7\binom{+0.030}{0}$	$Y_{\min} = ES - ei = -0.036$
			轴 $\phi 60t7\binom{+0.096}{+0.066}$	$Y_{\max} = EI - es = -0.096$
	$\phi 60T7/h7$	基轴制	孔 $\phi 60T7\binom{-0.055}{-0.085}$	$Y_{\min} = ES - ei = -0.025$
			轴 $\phi 60h7\binom{0}{-0.030}$	$Y_{\max} = EI - es = -0.085$
(4)	$\phi 60H7/t6$	基孔制	孔 $\phi 60H7\binom{+0.030}{0}$	$Y_{\min} = ES - ei = -0.036$
			轴 $\phi 60t6\binom{+0.085}{+0.066}$	$Y_{\max} = EI - es = -0.085$
	$\phi 60T7/h6$	基轴制	孔 $\phi 60T7\binom{-0.055}{-0.085}$	$Y_{\min} = ES - ei = -0.036$
			轴 $\phi 60h7\binom{0}{-0.019}$	$Y_{\max} = EI - es = -0.085$

在第 (1)、(2) 组配合中，两种基轴制配合中的孔基本偏差代号为 F，属于通用规则的适用范围，因此不管孔、轴公差等级相同，还是孔比轴的公差等级低一级，基孔制与基轴制同名配合的配合性质（$\phi 60H8/f8$ 与 $\phi 60F8/h8$、$\phi 60H8/f7$ 与 $\phi 60F8/h7$）均相同。

在第（3）、（4）组配合中，两种基轴制配合中的孔的基本偏差代号为 T，公差等级为 IT7，属于特殊规则的适用范围。由于此时孔的基本偏差数值在通用规则的基础上增加了一个 $\Delta = T_D - T_d$，因此只有当孔比轴的公差等级低一级时，基孔制与基轴制同名配合的性质才相同。所以，同名配合 $\phi 60H7/t7$ 与 $\phi 60T7/h7$ 的配合性质不同，同名配合 $\phi 60H7/t6$ 与 $\phi 60T7/h6$ 的配合性质相同。

三、公差带、公差尺寸与配合的表示

（一）公差带与公差尺寸的表示

公差带用基本偏差的字母与公差等级的数字表示。例如，H7 表示一种标准公差等级为 7 级的孔公差带，h7 表示一种标准公差等级为 7 级的轴公差带，分别可称为孔、轴公差带代号。

标注公差的尺寸用公称尺寸后跟所要求的公差带或（和）对应的偏差值表示。例如：$\phi 32H7$、$\phi 80js15$、$\phi 100g6$、$\phi 100^{-0.012}_{-0.034}$、$\phi 100g6 \left(^{-0.012}_{-0.034}\right)$ 等。

零件图上，标注公差尺寸标注方法如图 3.19 所示。

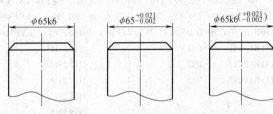

图 3.19　注公差尺寸的标注方法

（二）配合的表示

配合用相同的公称尺寸后跟孔、轴公差带表示。孔、轴公差带写成分数形式，分子为孔公差带，分母为轴公差带。例如：$\phi 52H7/g6$ 或 $\phi 52\dfrac{H7}{g6}$。

装配图上，配合的标注方法如图 3.20 所示。当零件与常用标准件有配合要求的尺寸时，可以仅标注相配合的非标准件（零件）的公差带代号，如图 3.20c 所示。

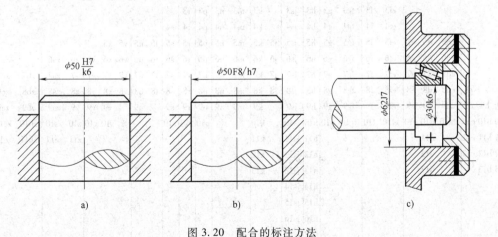

图 3.20　配合的标注方法

四、公差带和配合的选择

（一）公差带的选择

根据国家标准规定的 20 个等级的标准公差和 28 种基本偏差，从理论上讲，孔、轴可分别组成 560 种公差带，由孔、轴公差带又能组成大量的配合。如此多的公差带固然可以满足

广泛的使用要求，但国家标准会变得极为庞杂和繁琐，最根本的是将导致加工所用定值刀具（钻头、铰刀等）和检测所用定值量具（量规等）规格的繁杂，既不经济也不利于互换性。为此，国家标准 GB/T 1800.2—2009 对孔规定了 202 种标准公差带，如图 3.21 所示，对轴规定了 204 种标准公差带，如图 3.22 所示，供设计选用。若有特殊使用要求，也允许按国家标准中规定的标准公差等级和基本偏差种类自行组成所需公差带。

A	B	C	CD	D	E	EF	F	FG	G	H	JS	J	K	M	N	P	R	S	T	U	V	X	Y	Z	ZA	ZB	ZC
										H1	JS1																
										H2	JS2																
						EF3	F3	FG3	G3	H3	JS3		K3	M3	N3	P3	R3	S3									
						EF4	F4	FG4	G4	H4	JS4		K4	M4	N4	P4	R4	S4									
					E5	EF5	F5	FG5	G5	H5	JS5		K5	M5	N5	P5	R5	S5	T5	U5	V5	X5					
			CD6	D6	E6	EF6	F6	FG6	G6	H6	JS6	J6	K6	M6	N6	P6	R6	S6	T6	U6	V6	X6	Y6	Z6	ZA6		
			CD7	D7	E7	EF7	F7	FG7	G7	H7	JS7	J7	K7	M7	N7	P7	R7	S7	T7	U7	V7	X7	Y7	Z7	ZA7	ZB7	ZC7
	B8	C8	CD8	D8	E8	EF8	F8	FG8	G8	H8	JS8	J8	K8	M8	N8	P8	R8	S8	T8	U8	V8	X8	Y8	Z8	ZA8	ZB8	ZC8
A9	B9	C9	CD9	D9	E9	EF9	F9	FG9	G9	H9	JS9		K9	M9	N9	P9	R9	S9		U9		X9	Y9	Z9	ZA9	ZB9	ZC9
A10	B10	C10	CD10	D10	E10	EF10	F10	FG10	G10	H10	JS10		K10	M10	N10	P10	R10	S10		U10		X10	Y10	Z10	ZA10	ZB10	ZC10
A11	B11	C11		D11						H11	JS11				N11									Z11	ZA11	ZB11	ZC11
A12	B12	C12		D12						H12	JS12																
A13	B13	C13		D13						H13	JS13																
										H14	JS14																
										H15	JS15																
										H16	JS16																
										H17	JS17																
										H18	JS18																

图 3.21　公称尺寸至 500mm 孔的公差带示图

a	b	c	cd	d	e	ef	f	fg	g	h	js	j	k	m	n	p	r	s	t	u	v	x	y	z	za	zb	zc
										h1	js1																
										h2	js2																
						ef3	f3	fg3	g3	h3	js3		k3	m3	n3	p3	r3	s3									
						ef4	f4	fg4	g4	h4	js4		k4	m4	n4	p4	r4	s4									
			cd5	d5	e5	ef5	f5	fg5	g5	h5	js5	j5	k5	m5	n5	p5	r5	s5	t5	u5	v5	x5					
			cd6	d6	e6	ef6	f6	fg6	g6	h6	js6	j6	k6	m6	n6	p6	r6	s6	t6	u6	v6	x6	y6	z6	za6		
			cd7	d7	e7	ef7	f7	fg7	g7	h7	js7	j7	k7	m7	n7	p7	r7	s7	t7	u7	v7	x7	y7	z7	za7	zb7	zc7
		c8	cd8	d8	e8	ef8	f8	fg8	g8	h8	js8	j8	k8	m8	n8	p8	r8	s8	t8	u8	v8	x8	y8	z8	za8	zb8	zc8
a9	b9	c9	cd9	d9	e9	ef9	f9	fg9	g9	h9	js9		k9	m9	n9	p9	r9	s9		u9		x9	y9	z9	za9	zb9	zc9
a10	b10	c10	cd10	d10	e10	ef10	f10	fg10	g10	h10	js10		k10			p10	r10	s10				x10	y10	z10	za10	zb10	zc10
a11	b11	c11		d11						h11	js11		k11											z11	za11	zb11	zc11
a12	b12	c12		d12						h12	js12		k12														
a13	b13			d13						h13	js13		k13														
										h14	js14																
										h15	js15																
										h16	js16																
										h17	js17																
										h18	js18																

图 3.22　公称尺寸至 500mm 轴的公差带示图

为了便于应用，在国家标准 GB/T 1800.2—2009 的基础上，国家标准《产品几何技术规范（GPS）极限与配合 公差带和配合的选择》（GB/T 1801—2009）中规定了公称尺寸至 500mm 范围内的推荐选用的孔、轴公差带，如图 3.23、图 3.24 所示。

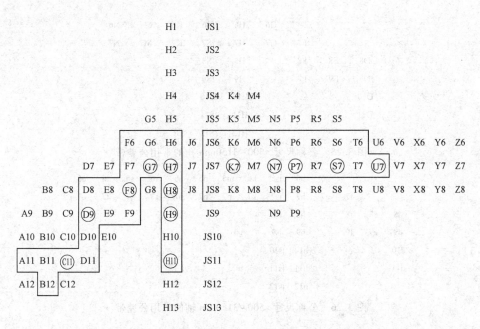

图 3.23 公称尺寸至 500mm 的推荐选用的孔的公差

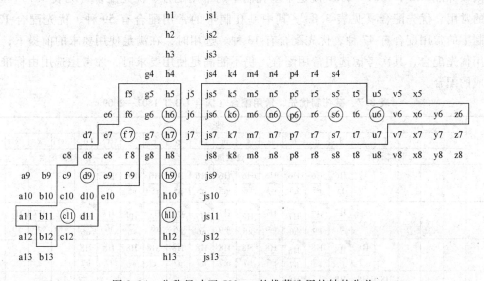

图 3.24 公称尺寸至 500mm 的推荐选用的轴的公差

国家标准推荐的孔的公差带有 105 种，轴的公差带有 116 种。如图 3.23、图 3.24 中圆圈内的公差带为优先公差带，孔、轴的优先公差带各有 13 种；框内的公差带为常用公差带，孔、轴的常用公差带分别有 44、59 种；其余为一般用途公差带。选用时，在满足使用要求的前提下，应优先选用优先公差带，其次考虑选用常用公差带，最后考虑选用一般用途公差带。

对于大尺寸（公称尺寸 >500～3150mm）的孔、轴公差带，在国家标准 GB/T 1801—2009 中规定了 31 种孔的常用公差带，如图 3.25 所示，41 种轴的常用公差带，如图 3.26 所示。

65

G6	H6	JS6	K6	M6	N6

F7	G7	H7	JS7	K7	M7	N7

D8	E8	F8		H8	JS8
D9	E9	F9		H9	JS9
D10				H10	JS10
D11				H11	JS11
				H12	JS12

图 3.25　公称尺寸 >500~3150mm 孔的常用公差带

			g6	h6	js6	k6	m6	n6	p6	r6	s6	t6	u6
		f7	g7	h7	js7	k7	m7	n7	p7	r7	s7	t7	u7
d8	e8	f8		h8	js8								
d9	e9	f9		h9	js9								
d10				h10	js10								
d11				h11	js11								
				h12	js12								

图 3.26　公称尺寸 >500~3150mm 轴的常用公差带

（二）配合的选择

国家标准 GB/T 1801—2009 规定了基孔制下的常用配合、优先配合（见表 3.7）和基轴制下的常用、优先配合（见表 3.8）。其中基孔制下的常用配合有 59 种、优先配合 13 种；基轴制下的常用配合有 47 种、优先配合有 13 种。选用时，在满足使用要求的前提下，应优先选用优先配合，其次考虑选用常用配合。仍不能满足使用要求时，才考虑选用由标准公差带组成的配合。

表 3.7　基孔制优先、常用配合（摘自 GB/T 1801—2009）

基准孔	a	b	c	d	e	f	g	h	js	k	m	n	p	r	s	t	u	v	x	y	z
	间隙配合							过渡配合					过盈配合								
H6						$\frac{H6}{f5}$	$\frac{H6}{g5}$	$\frac{H6}{h5}$	$\frac{H6}{js5}$	$\frac{H6}{k5}$	$\frac{H6}{m5}$	$\frac{H6}{n5}$	$\frac{H6}{p5}$	$\frac{H6}{r5}$	$\frac{H6}{s5}$	$\frac{H6}{t5}$					
H7						$\frac{H7}{f6}$	$\frac{H7}{g6}$	$\frac{H7}{h6}$	$\frac{H7}{js6}$	$\frac{H7}{k6}$	$\frac{H7}{m6}$	$\frac{H7}{n6}$	$\frac{H7}{p6}$	$\frac{H7}{r6}$	$\frac{H7}{s6}$	$\frac{H7}{t6}$	$\frac{H7}{u6}$	$\frac{H7}{v6}$	$\frac{H7}{x6}$	$\frac{H7}{y6}$	$\frac{H7}{z6}$
H8					$\frac{H8}{e7}$	$\frac{H8}{f7}$	$\frac{H8}{g7}$	$\frac{H8}{h7}$	$\frac{H8}{js7}$	$\frac{H8}{k7}$	$\frac{H8}{m7}$	$\frac{H8}{n7}$	$\frac{H8}{p7}$	$\frac{H8}{r7}$	$\frac{H8}{s7}$	$\frac{H8}{t7}$	$\frac{H8}{u7}$				
				$\frac{H8}{d8}$	$\frac{H8}{e8}$	$\frac{H8}{f8}$		$\frac{H8}{h8}$													
H9			$\frac{H9}{c9}$	$\frac{H9}{d9}$	$\frac{H9}{e9}$	$\frac{H9}{f9}$		$\frac{H9}{h9}$													
H10			$\frac{H10}{c10}$	$\frac{H10}{d10}$				$\frac{H10}{h10}$													
H11	$\frac{H11}{a11}$	$\frac{H11}{b11}$	$\frac{H11}{c11}$	$\frac{H11}{d11}$				$\frac{H11}{h11}$													
H12		$\frac{H12}{b12}$						$\frac{H12}{h12}$													

注：1. H6/n5、H7/p6 在公称尺寸 ≤3mm 和 H8/r7 在 ≤100mm 时，为过渡配合。
　　2. 标注 ▮ 的配合为优先配合。

表 3.8　基轴制优先、常用配合（摘自 GB/T 1801—2009）

基准轴	孔																				
	A	B	C	D	E	F	G	H	JS	K	M	N	P	R	S	T	U	V	X	Y	Z
	间隙配合								过渡配合				过盈配合								
h5						$\frac{F6}{h5}$	$\frac{G6}{h5}$	$\frac{H6}{h5}$	$\frac{JS6}{h5}$	$\frac{K6}{h5}$	$\frac{M6}{h5}$	$\frac{N6}{h5}$	$\frac{P6}{h5}$	$\frac{R6}{h5}$	$\frac{S6}{h5}$	$\frac{T6}{h5}$					
h6						$\frac{F7}{h6}$	$\frac{G7}{h6}$	$\frac{H7}{h6}$	$\frac{JS7}{h6}$	$\frac{K7}{h6}$	$\frac{M7}{h6}$	$\frac{N7}{h6}$	$\frac{P7}{h6}$	$\frac{R7}{h6}$	$\frac{S7}{h6}$	$\frac{T7}{h6}$	$\frac{U7}{h6}$				
h7					$\frac{E8}{h7}$	$\frac{F8}{h7}$		$\frac{H8}{h7}$	$\frac{JS8}{h7}$	$\frac{K8}{h7}$	$\frac{M8}{h7}$	$\frac{N8}{h7}$									
h8				$\frac{D8}{h8}$	$\frac{E8}{h8}$	$\frac{F8}{h8}$		$\frac{H8}{h8}$													
h9				$\frac{D9}{h9}$	$\frac{E9}{h9}$	$\frac{F9}{h9}$		$\frac{H9}{h9}$													
h10				$\frac{D10}{h10}$				$\frac{H10}{h10}$													
h11	$\frac{A11}{h11}$	$\frac{B11}{h11}$	$\frac{C11}{h11}$	$\frac{D11}{h11}$				$\frac{H11}{h11}$													
h12		$\frac{B12}{h12}$						$\frac{H12}{h12}$													

注：标注▼的配合为优先配合。

五、一般公差——未注公差的线性和角度尺寸的公差

（一）一般公差的概念

一般公差：在车间通常加工条件下可保证的公差（精度）。在正常维护和操作的情况下，它代表车间的一般加工的经济精度。采用一般公差的尺寸，在该尺寸后不需注出其极限偏差数值（故也称未注公差）。

对功能上无特殊要求的要素可给出一般公差。在正常情况下，一般可不检验。除另有规定外，即使检验出超差，只要未达到损害其功能时，通常不应拒收。一般公差可应用于线性尺寸、角度尺寸、形状和位置等几何要素。

（二）一般公差等级及极限偏差

根据各行业应用情况和车间的普通工艺条件，国家标准《一般公差　未注公差的线性和角度尺寸的公差》（GB/T 1804—2000）对线性尺寸和角度尺寸的一般公差规定了 4 个公差等级：精密级（fine）、中等级（medium）、粗糙级（coarse）和最粗级（very coarse），分别用字母 f、m、c 和 v 表示。

未注公差的大小是通过极限偏差的数值反映出来的，它与公差等级和公称（基本）尺寸有关。线性尺寸一般公差的极限偏差数值见表 3.9。国家标准对公称（基本）尺寸采用了较粗的分段（将 0~4000mm 分为 8 个尺寸段），从而更有利于应用。标准中对孔、轴和长度的极限偏差均采用了与国际标准一致的双向对称分布偏差。从表 3.9 中还可以看出，4 个一般公差的公差等级大致分别相当于 IT12、IT14、IT16 和 IT17。

倒圆半径和倒角高度尺寸一般公差的极限偏差数值、角度尺寸一般公差的极限偏差数值分别见表 3.10 和表 3.11。

表 3.9　线性尺寸一般公差的极限偏差数值（摘自 GB/T 1804—2000）（单位：mm）

公差等级	公称尺寸分段							
	0.5~3	>3~6	>6~30	>30~120	>120~400	>400~1000	>1000~2000	>2000~4000
精密 f	±0.05	±0.05	±0.1	±0.15	±0.2	±0.3	±0.5	—
中等 m	±0.1	±0.1	±0.2	±0.3	±0.5	±0.8	±1.2	±2
粗糙 c	±0.2	±0.3	±0.5	±0.8	±1.2	±2	±3	±4
最粗 v	—	±0.5	±1	±1.5	±2.5	±4	±6	±8

表 3.10　倒圆半径和倒角高度尺寸一般公差的极限偏差数值（摘自 GB/T 1804—2000）

（单位：mm）

公差等级	公称尺寸分段			
	0.5~3	>3~6	>6~30	>30
精密 f	±0.2	±0.5	±1	±2
中等 m				
粗糙 c	±0.4	±1	±2	±4
最粗 v				

注：倒圆半径和倒角高度的含义参见 GB/T 6403.4—2008。

表 3.11　角度尺寸一般公差的极限偏差数值（摘自 GB/T 1804—2000）

公差等级	公称尺寸分段/mm				
	~10	>10~50	>50~120	>120~400	>400
精密 f	±1°	±30′	±20′	±10′	±5′
中等 m					
粗糙 c	±1°30′	±1°	±20′	±15′	±10′
最粗 v	±3°	±2°	±1°	±30′	±20′

第三节　零件尺寸精度和配合的设计

尺寸精度设计的实质就是根据零件上有关要素的功用，为它们选择合理的公差带，有配合要求的部位还要确定结合件的配合。公差带与配合的选用是精度设计阶段的一项主要而又至关重要的设计任务。选用的结果对产品的性能、质量、互换性及加工工艺、技术经济性等有着重要的影响，有时甚至起着决定性作用。

尺寸精度和配合设计的总体原则是：经济地满足使用要求。换言之，就是首先要保证产品的使用性能要求，在此前提下，尽可能选用最经济的设计方案。

尺寸精度和配合设计的内容主要包括配合制的选用、公差等级的选用和配合种类的选用三个方面。

一、配合制的选用

基准配合制的选择主要考虑两方面的因素：一是零件的加工工艺可行性及加工、检测经济性；二是机械设备及机械产品的结构形式的合理性。

基准配合制的选择原则是优先采用基孔制配合，其次采用基轴制配合，特殊场合应用非基准制。

（一）优先选用基孔制配合

国家标准之所以这样规定，主要是考虑了孔、轴在加工、检测方面的特点。由于孔的加工比轴的加工难度大，尤其是中、小孔的加工，一般采用定值尺寸刀具和计量器具进行加工和检测。采用基孔制配合，可以减少孔公差带的数量，从而减少孔的定值尺寸和定值刀具、量具的规格和数量，可以获得较佳的经济效益。

对于尺寸较大、精度较低的孔，虽然一般不使用定尺寸刀具加工、不使用定值量具检测，选用哪种配合制都一样，但为了统一、习惯，对大尺寸、低精度的配合一般也宜选用基孔制。

（二）选用基轴制的场合

在一些场合下，如果选用基轴制比选用基孔制在结构性、工艺性、经济性、精度保证等方面要好，就可以考虑选用基轴制。

1. 直接使用冷拔钢材作轴

在农业机械和纺织机械中，有时采用 IT9～IT11 的冷拔钢材直接作轴，它们的尺寸、形状都很精确，表面粗糙度值也较低，外表面不需要再进行切削加工即可直接用作配合中的轴。此时采用基轴制配合可避免冷拔钢材的尺寸规格过多，而且节省加工费用。

2. 小尺寸配合情形

加工尺寸<1mm 的精密轴比同级孔要困难，因此在仪器制造、钟表生产、无线电工程中，常使用经过轧制成形的钢丝直接作轴，这时采用基轴制较经济。

3. 一轴与多孔形成不同配合

一轴多孔指一轴与两个或两个以上的孔组成配合。图 3.27 所示 a 为内燃机中活塞销与活塞孔及连杆小头孔衬套的配合，它们组成三处、两种性质的配合。根据工作的需要，活塞销与连杆小头孔衬套的配合应为间隙配合（二者之间有相对摆动），活塞销与活塞孔的配合应为过渡配合（有联接和定位要求）。

如果选用基孔制，即三个孔都设计成 H6，为实现要求的配合性质，活塞销与衬套配合部位的公差带就应设计在零线以下（g5），而活塞销左右两端与活塞配合部位的公差带应设计成与 H6 有交叠（m5），此时活塞销为阶梯轴，如图 3.27b 所示。从加工的角度来看，由于活塞销中间部位与两端的尺寸差异较小，加工工艺性不好；从装配角度来看，由于连杆小头孔的衬套一般用较软的黄铜制成，用以提高耐磨性，当活塞销的端部以小间隙甚至过盈的状态先后穿过活塞孔和连杆小头衬套孔时很容易划伤衬套内表面，使衬套变形，所以这样的

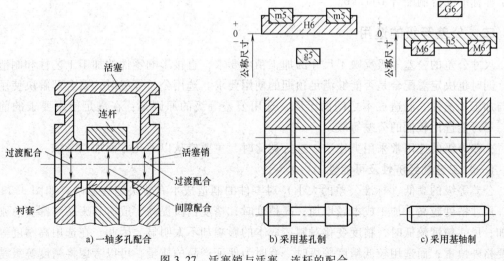

a) 一轴多孔配合   b) 采用基孔制   c) 采用基轴制

图 3.27　活塞销与活塞、连杆的配合

活塞销结构使得装配工艺性也不好。因此采用基孔制配合，轴为两头大中间小，既不便加工，也不便装配，这种情况选择基孔制配合是不合理的。

图 3.27c 所示为采用基轴制配合，将活塞销设计成 h5，将衬套孔、活塞孔的公差带分别设计成 G6 和 M6，则可使整个组件具有较合理的加工工艺性和装配工艺性。

4. 若与标准件（零件或部件）形成配合

标准件通常由专业厂家大量生产，有关尺寸的公差带已经标准化了，一般无需在使用前再对其进行重新设计，因为这样既不经济也不利于保证它们的质量。所以，与标准件形成的配合，一般应以标准件的公差带为基准选用配合制。也就是说，与标准件的内尺寸配合处选用基孔制，与标准件的外尺寸配合处则应选用基轴制。例如，滚动轴承内圈与轴的配合应采用基孔制配合，滚动轴承外圈与壳体孔的配合应采用基轴制配合。图 3.28 所示为滚动轴承与轴和壳体孔的配合情况，轴颈应按 $\phi40k6$ 制造，壳体孔应按 $\phi90J7$ 制造。

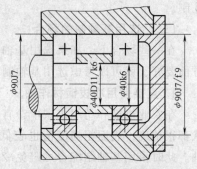

图 3.28 滚动轴承的配合

（三）选用非标准配合制的场合

非标准配合制指的是非基孔制也非基轴制、也不是与标准件形成的配合制度。在某些特殊的场合下，也允许选用非标准配合制。

如图 3.28 所示，轴承端盖与安装壳体孔的配合就属于非标准配合制配合。出于与外圈外径的配合性能要求，壳体孔的公差带选用了 J7。由于轴承端盖需要经常拆卸，因此端盖与壳体孔之间应选用间隙较大的间隙配合。此处配合制若选为基轴制，即将端盖外缘的公差带选为 h9，它与壳体孔公差带 J7 所形成的配合 J7/h9 就成了过渡配合，不能满足它们的配合要求；若选用基孔制，将壳体孔右端与端盖外缘配合处的公差带选为 H7，则壳体孔要加工成阶梯孔（左端直径小，右端直径大），加工工艺性不好。相比较而言，选用既能满足配合要求又能保证加工工艺性能的非标准配合制是最佳方案。根据端盖与壳体孔的配合间隙要求，最后将配合选为非标准配合制配合 J7/f9。出于类似的原因，轴颈与轴套处的配合也选用了非标准配合制配合 D11/k6。

二、公差等级的选用

尺寸公差的公差等级反映了尺寸的加工精度要求，直接影响零件的加工工艺性和制造成本，同时也决定着配合是否能够满足预期的使用要求。选用公差等级时，要合理解决使用要求与加工工艺性、制造成本之间的矛盾。选用公差等级的原则是：在满足使用要求的前提下，尽可能选用较低的公差等级。

公差等级的选用常采用类比法。进行类比时，主要应从以下几方面加以考虑。

（一）工艺的经济性及可能性

公差等级的高低（标准公差的大小）对零件的制造成本有着决定性影响，如图 3.29 所示。尺寸精度越高，加工成本越增加；高精度时，精度稍微提高，成本和废品率都要急剧地增加；尺寸精度较低时，精度变化对制造成本的影响却不太明显。因此，在选用高精度等级时要格外慎重；而选用较低精度等级时，有时为保证产品的质量，可以考虑将精度等级稍稍提高。

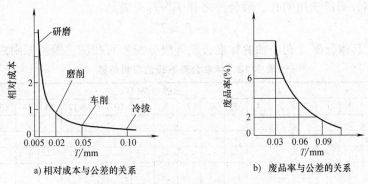

图 3.29 零件的相对成本、废品率与公差的关系

选用公差等级还要考虑本厂的加工设备、生产条件等情况，即工艺可能性问题。例如，IT6 级孔的加工需要有金刚石镗床或珩磨磨床，如果本厂没有这些设备而选用了 IT6 级的孔，势必要进行外协加工而导致成本的增加，因此在选用这些公差等级时必须要做变通考虑。此外，在满足产品使用要求的前提下，所选用的公差等级应尽可能使加工设备运行在加工经济精度（在正常的加工条件下，所能保证的加工精度和表面粗糙度）下。例如，用外圆磨床去加工 IT10 级的轴，显然是不经济的。各种加工方法（设备）所能达到的公差等级（加工经济精度）见表 3.12。

表 3.12 各种加工方法所能达到的标准公差等级

加工方法	公差等级（IT）																		
	01	0	1	2	3	4	5	6	7	8	9	10	11	12	13	14	15	16	17	18
研磨	—	—	—	—	—	—	—												
珩磨						—	—	—	—										
圆磨							—	—	—	—									
平磨							—	—	—	—									
金刚石车							—	—	—										
金刚石镗							—	—	—										
拉削							—	—	—	—									
铰孔								—	—	—	—	—							
车									—	—	—	—	—						
镗								—	—	—	—	—	—						
铣									—	—	—	—	—						
刨、插									—	—	—	—	—						
钻											—	—	—	—	—				
滚压、挤压											—	—	—						
冲压												—	—	—	—	—			
压铸												—	—	—	—				
粉末冶金成形								—	—	—									
粉末冶金烧结									—	—	—								
砂型铸造、气割																	—	—	—
锻造																—	—	—	

（二）公差等级的应用范围和应用条件

标准公差等级的应用范围见表 3.13。常用公差等级的基本应用场合见表 3.14。

（三）工艺等价性

若可由使用要求确定出配合间隙或过盈的允许变动范围 T'_f，那么所选配合的配合公差

71

不能超过此范围，即所选用的孔、轴公差之和 T_D+T_d 应满足

$$T_D+T_d \leqslant T'_f$$

T_D 和 T_d 的具体分配（孔、轴的标准公差等级分配）可按工艺等价原则来考虑。

表 3.13　标准公差等级的应用范围

应用	公差等级（IT）																		
	01	0	1	2	3	4	5	6	7	8	9	10	11	12	13	14	15	16	17	18
量块	—	—	—																	
量规			—	—	—	—	—	—	—											
配合尺寸							—	—	—	—	—	—	—	—						
特别精密零件的配合				—	—	—	—													
非配合尺寸（大制造公差）														—	—	—	—	—	—	—
原材料公差										—	—	—	—	—	—	—	—	—		

表 3.14　常用公差等级的基本应用场合

公差等级	主要应用范围
IT01、IT0、IT1	一般用于高精密量块和其他精密尺寸标准块的公差。IT1 也用于检验 IT6、IT7 级轴用量规的校对量规
IT2～IT5	用于特别精密零件的配合及精密量规
IT5（孔 IT6）	用于高精密和重要的配合。如机床主轴的轴颈、主轴箱体孔与精密滚动轴承的配合；车床尾座孔与顶尖套筒的配合；发动机活塞销与连杆衬套孔和活塞孔的配合 配合公差很小，对加工要求很高，应用较少
IT6（孔 IT7）	用于机床、发动机、仪表中的重要配合。如机床传动机构中齿轮与轴的配合、轴与轴承的配合；发动机中活塞与气缸、曲轴与轴套、气门杆与导套的配合等 配合公差较小，一般精密加工能够实现，在精密机床中广泛应用
IT7、IT8	用于机床、发动机中的次要配合，也用于重型机械、农业机械、纺织机械、机车车辆等的主要配合。如机床上操纵杆的支承配合、发动机活塞环与活塞环槽的配合、农业机械中齿轮与轴的配合等 配合公差中等，加工易实现，在一般机械中广泛应用
IT9、IT10	用于一般要求或精度要求较高的槽宽的配合
IT11、IT12	用于不重要的配合处，多用于各种没有严格要求，只要求便于联接的配合。如螺栓和螺孔、铆钉和孔的配合等
IT13～IT18	用于未注公差的尺寸和粗加工的工序尺寸上，包括冲压件、铸锻件的公差等。如手柄的直径、壳体的外形、壁厚尺寸、端面之间的距离等

1. 常用尺寸段内孔、轴的公差等级分配

对于公称尺寸至 500mm 的孔、轴，当公差等级等于或高于 IT8 时，由于孔比轴难加工，推荐按孔比轴低一级的方式分配，使孔、轴的加工难易程度大致相同，如 H8/f7、H7/g6 等；当公差等级等于 IT8 时，也可采用同级分配，如 H8/f8 等；当公差等级低于 IT8 时，一般按同级分配，如 H9/d9、H11/c11 等。

2. 大尺寸段内孔、轴的公差等级分配

对于公称尺寸>500mm 的孔、轴，一般按同级分配。

3. 小尺寸段内孔、轴的公差等级分配

对于公称尺寸≤3mm 的孔、轴，可根据不同的加工工艺，分别按孔与轴同级、孔比轴低一级、孔比轴高 1～3 级的方式进行分配。

（四）配合性质

对于过渡配合及过盈配合，由于对间隙或过盈的变化比较敏感，故要求间隙或过盈的允许变动量要小，也就是配合公差要小。因此，过渡配合及过盈配合中孔、轴的公差等级不能

太低，一般应保证孔的公差等级≤IT8、轴的公差等级≤IT7。对于间隙配合，则应按大间隙低等级、小间隙高等级的原则来选用公差等级。例如，选用 H6/g5 和 H11/a11 是合理的，而选用 H11/g11 和 H6/a5 是没有意义的。

（五）精度的匹配

某些尺寸的精度可能会对零件上其他要素或其他零部件的工作精度产生一定的影响，选用这些尺寸的公差等级时，要注意相互之间的精度匹配。例如，滚动轴承安装壳体孔及所支承轴颈的公差等级要与滚动轴承的精度相适应；齿轮孔的公差等级要与齿面的精度相适应等。

【例 3.6】 某配合的公称尺寸为 $\phi30\text{mm}$，根据使用要求，配合间隙应在 $+21\sim+56\mu\text{m}$ 范围内，试确定孔和轴的公差等级。

解 已知条件：配合允许的最大间隙 $X_{\max}=+56\mu\text{m}$，最小间隙 $X_{\min}=+21\mu\text{m}$。

（1）允许的配合公差 T_f' 根据式（3.14）可知

$$T_f'=\left|X_{\max}-X_{\min}\right|=\left|(+56)-(+21)\right|\mu\text{m}=35\mu\text{m}$$

（2）查表确定孔和轴的公差等级 根据式（3.17）可知孔和轴的配合公差 $T_f=T_D+T_d$。从满足使用要求考虑，所选的孔和轴应是 $T_D+T_d\leqslant T_f'$，为降低成本应选用公差等级最低的组合。

查表 3.2 可得，公称尺寸 $\phi30\text{mm}$ 的 $\text{IT6}=13\mu\text{m}$、$\text{IT7}=21\mu\text{m}$。考虑到工艺等价性，按孔的公差等级比轴低一级的原则，选取孔为 IT7，轴为 IT6。由此可得配合公差：

$$T_f=T_D+T_d=\text{IT7}+\text{IT6}=21\mu\text{m}+13\mu\text{m}=34\mu\text{m}$$

由于 $T_D+T_d\leqslant T_f'$，因此该设计满足使用要求。

三、配合种类的选用

选定配合制后，基准件的基本偏差已经确定（基孔制时孔为 H、基轴制时轴为 h），配合种类的选用实际上是选用另一非基准件的基本偏差，与所选用的公差等级一起，使所选配合能够得到符合使用要求的间隙或过盈。

（一）配合种类选用方法

机器的质量大多取决于对其零部件所规定的配合及其技术条件是否合理，许多零件的尺寸公差都是由配合的要求决定的，一般选用配合的方法有计算法、试验法和类比法三种。

1. 计算法

计算法就是根据一定的理论和公式，计算出所需的间隙或过盈。对间隙配合中的滑动轴承，可用流体润滑理论来计算保证滑动轴承处于液体摩擦状态所需的间隙，根据计算结果，选用合适的配合；对过盈配合，可按弹塑性变形理论，计算出必需的最小过盈，选用合适的过盈配合，并按此验算在最大过盈时是否会使工件材料损坏。由于影响配合间隙量和过盈量的因素很多，理论的计算也是近似的，所以在实际应用时还需经过试验来确定。

2. 试验法

试验法就是对产品性能影响很大的一些配合，往往用试验法来确定机器工作性能的最佳间隙或过盈。例如，风镐锤体与镐筒配合的间隙量对风镐工作性能有很大影响，一般采用试验法较为可靠，但这种方法，须进行大量试验，成本较高。

3. 类比法

类比法就是按同类型机器或机构中，经过生产实践验证的已用配合的使用情况，再考虑所设计机器的使用要求，作为参照确定需要的配合。此选择方法主要应用在一般、常见的配合中。在生产实际中，广泛应用的选择配合的方法是类比法。

（二）配合种类选择的任务

当基准配合制和孔、轴公差等级确定之后，配合选择的任务是确定非基准件（基孔制配合中的轴或基轴制配合中的孔）的基本偏差代号。

（三）配合选择的步骤

采用类比法选择配合时，可以按照下列步骤选择：

1. 确定配合的大致类别

根据使用要求、工作条件等确定配合的性质，即该配合应选为间隙配合、过渡配合及过盈配合中的哪一类。如果孔、轴之间有相对运动（移动或转动）要求，则必须选用间隙配合；如果配合需要依靠过盈量传递转矩，则必须选用过盈配合；如果不是依靠配合传递转矩，只是为了使孔、轴定心对中、装拆方便等目的，则可选用过渡配合，也可根据不同情况选用小间隙的间隙配合或小过盈的过盈配合。配合性质选择的确定见表 3.15。

表 3.15　配合性质选择的确定

		永久结合	过 盈 配 合
无相对运动	要传递转矩	要精确同轴	可拆结合	过渡配合或基本偏差为 H(h)[①] 的间隙配合加紧固件[②]
		不需要精确同轴	间隙配合加紧固件
		不需要传递转矩	过渡配合或小过盈配合
有相对运动		只有移动	基本偏差为 H(h)、G(g) 等间隙配合
		转动或转动和移动形成的复合运动	基本偏差为 A～F(a～f) 等间隙配合

① 指非基准件的基本偏差代号。
② 紧固件指键、销钉和螺钉等。

2. 确定非基准件的基本偏差代号

根据配合部位具体的功能要求，通过查表，比照配合的应用实例，参考各种配合的性能特征（见表 3.16 和表 3.17），选择较合适的配合，即确定非基准件的基本偏差代号。选用时，应首先考虑选用优先公差带及优先配合，其次考虑选用常用公差带及常用配合，再次考虑选用一般用途的公差带组成的配合。

表 3.16　各种基本偏差的特征和应用

配合性质	基本偏差	所对应配合的特征及应用
间隙配合	a(A) b(B)	可得到特别大的间隙，应用很少。主要用于工作温度高、热变形大的零件之间的配合，如发动机的活塞与缸套、轧钢机械中的某些配合等
	c(C)	可得到很大的间隙，一般用于工作条件较差（如农用机械）、工作时受力变形大、装配工艺性不好的零件的配合，也适用于高温下工作、有相对运动的配合
	d(D)	对应于 IT7～IT11，用于较松的间隙配合（如密封、滑轮、空转带轮与轴的配合），也适用于大直径滑动轴承配合以及重型机械中的一些滑动支承配合
	e(E)	对应于 IT7～IT9，用于要求有明显间隙、易于转动的支承配合，如大跨距支承、多支点支承等配合。高等级的 e 轴适用于大型、高速、重载支承，如内燃机主要轴承、大型电动机、涡轮发动机、凸轮轴承等的配合
	f(F)	对应于 IT6～IT8，用于普通转动配合。广泛应用于温度影响小，普通润滑油和润滑脂润滑的支承，如小电动机、主轴箱、泵等的转轴和滑动轴承的配合
	g(G)	多与 IT5～IT7 对应，形成间隙很小的配合，用于轻载装置的转动配合，也用于插销的定位配合，如滑阀、连杆销、精密连杆轴承等
	h(H)	对应 IT4～IT7，作为普通定位配合，多用于没有相对运动的零件。在温度、变形影响小的场合也用于精密滑动配合

74

配合性质	基本偏差	所对应配合的特征及应用
过渡配合	js(JS) j(J)	对应于IT4~IT7,用于平均间隙小的过渡配合和略有过盈的定位配合。如联轴器、齿圈和轮毂的配合。用木槌装配
	k(K)	对应于IT4~IT7,用于平均间隙接近零和稍有过盈的定位配合。用木槌装配
	m(M)	对应于IT4~IT7,用于平均间隙较小的配合和精密的定位配合。用木槌装配
	n(N)	对应于IT4~IT7,用于平均过盈较大和紧密组件的配合,一般得不到间隙。用木槌和压力机装配
过盈配合	p(P)	用于小的过盈配合,p轴与H6和H7形成过盈配合,与H8形成过渡配合,对非钢铁制零件为较轻的压入配合。当要求容易拆卸,对于钢、铸铁或铜、钢组件装配时为标准压入装配
	r(R)	对钢铁制零件是中等打入配合,对于非钢铁制零件是轻打入配合,可以较方便地进行拆卸。与H8配合时,公称尺寸>100mm为过盈配合,<100mm为过渡配合
	s(S)	用于钢制、铸铁零件的永久性和半永久性装配,能产生相当大的结合力。当用轻合金等弹性材料时,配合性质相当于钢铁制零件的p轴。为保护配合表面,需用热胀冷缩法进行装配
	t(T)	用于过盈量较大的配合,对钢铁零件适合作永久性结合,不需要键可传递力矩。用热胀冷缩法装配
	u(U)	过盈量很大,需验算在最大过盈量时工件是否损坏。用热胀冷缩法装配
	v(V) x(X) y(Y) z(Z)	一般不推荐使用

表 3.17　基孔制常用和优先配合的配合特性和应用

配合性质	配合特征	配合代号	主要应用场合
间隙配合	特大间隙	$\dfrac{H11}{a11}\ \dfrac{H11}{b11}\ \dfrac{H12}{b12}$	用于高温或工作时要求大间隙的配合
	很大间隙	$▼\dfrac{H11}{c11}\ \dfrac{H11}{d11}$	用于工作条件较差、受力变形、高温或为了便于装配而需要大间隙的配合
	较大间隙	$\dfrac{H9}{c9}\dfrac{H10}{c10}\dfrac{H8}{d8}\ ▼\dfrac{H9}{d9}\ \dfrac{H10}{d10}\ \dfrac{H8}{e7}\ \dfrac{H8}{e8}\dfrac{H9}{e9}$	用于高速重载的滑动轴承或大直径的滑动轴承,也可用于大跨距或多支点支承的配合
	一般间隙	$\dfrac{H6}{f5}\ \dfrac{H7}{f6}\ ▼\dfrac{H8}{f7}\ \dfrac{H8}{f8}\ \dfrac{H9}{f9}$	用于一般转速的动配合。当温度影响不大时,广泛应用于普通润滑油润滑的支承处
	较小间隙	$▼\dfrac{H7}{g6}\ \dfrac{H8}{g7}$	用于精密滑动零件或缓慢间歇回转的零件的配合
	很小间隙 和零间隙	$\dfrac{H6}{g5}\ \dfrac{H6}{h5}\ ▼\dfrac{H7}{h6}\ ▼\dfrac{H8}{h7}\ \dfrac{H8}{h8}$ $▼\dfrac{H9}{h9}\dfrac{H10}{h10}\ ▼\dfrac{H11}{h11}\ \dfrac{H12}{h12}$	用于不同精度要求的一般定位件的配合和缓慢移动、摆动零件的配合
过渡配合	绝大部分有微小间隙	$\dfrac{H6}{js5}\ \dfrac{H7}{js6}\ \dfrac{H8}{js7}$	用于易于装拆的定位配合或加紧固件后可传递一定静载荷的配合
	大部分有微小间隙	$\dfrac{H6}{k5}\ ▼\dfrac{H7}{k6}\ \dfrac{H8}{k7}$	用于稍有振动的定位配合或加紧固件后可传递一定载荷的配合。装拆方便,可用木槌敲入
	大部分有微小过盈	$\dfrac{H6}{m5}\ \dfrac{H7}{m6}\ \dfrac{H8}{m7}$	用于定位精度较高且能抗振的定位配合。加键可传递较大载荷。可用铜锤敲入或小压力压入
	绝大部分有微小过盈	$▼\dfrac{H7}{n6}\ \dfrac{H8}{n7}$	用于精确定位或紧密组合件的配合。加键可传递大转矩或冲击性载荷。只在大修时拆卸
	绝大部分有较小过盈	$\dfrac{H8}{p7}$	用于通过键传递很大转矩且承受冲击和振动的配合。装配后不再拆卸

配合性质	配合特征	配合代号	主要应用场合
过盈配合	轻型	$\dfrac{H6}{n5}$ $\dfrac{H6}{p5}$ ▸$\dfrac{H7}{p6}$ $\dfrac{H6}{r5}$ $\dfrac{H7}{r6}$ $\dfrac{H8}{r7}$	用于精确的定位配合。一般不能靠过盈传递转矩，要传递转矩需加紧固件
	中型	$\dfrac{H6}{s5}$ ▸$\dfrac{H7}{s6}$ $\dfrac{H8}{s7}$ $\dfrac{H6}{t5}$ $\dfrac{H7}{t6}$ $\dfrac{H8}{t7}$	不需加紧固件就可传递较小转矩和一定的轴向力。加紧固件后可承受较大载荷或动载荷
	重型	▸$\dfrac{H7}{u6}$ $\dfrac{H8}{u7}$ $\dfrac{H7}{v6}$	不需加紧固件就可传递和承受大的转矩和动载荷。要求结合件的材料具有高强度
	特重型	$\dfrac{H7}{x6}$ $\dfrac{H7}{y6}$ $\dfrac{H7}{z6}$	能传递和承受很大转矩和动载荷。需经试验后方可应用

注：左上角标注▸的配合为优先配合。

3. 工作条件对配合的影响

为了充分掌握零件的具体工作条件和使用要求，必须考虑下列问题：工作时结合件的相对位置状态（如运动速度、运动方向、停歇时间、运动精度等），承受负荷情况，润滑条件，温度变化，配合的重要性，装卸条件，以及材料的物理力学性能等。根据具体条件不同，对结合件配合的间隙量或过盈量必须进行适当的调整和修正。工作情况对过盈或间隙的影响见表 3.18。

表 3.18　工作情况对过盈或间隙的影响

具体情况	过盈增大或减小	间隙增大或减小
材料许用应力小	减小	—
经常拆卸	减小	—
工作时，孔温高于轴温	增大	减小
工作时，轴温高于孔温	减小	增大
有冲击载荷	增大	减小
配合长度较大	减小	增大
配合面形位误差较大	减小	增大
装配时，可能歪斜	减小	增大
旋转速度高	增大	增大
有轴向运动	—	增大
润滑油黏度较大	—	增大
装配精度高	减小	减小
表面粗糙度数值大	增大	减小

【例 3.7】　图 3.30 所示为某锥齿轮减速器。已知其所传递的功率 $P = 100\mathrm{kW}$，输入轴的转速 $n = 750\mathrm{r/min}$，稍有冲击，在中小型企业小批生产。试选择以下几处的公差等级与配合：①联轴器和输入端轴颈；②带轮和输出端轴颈；③小锥齿轮和轴颈；④套杯外径和箱体座孔。

解　由于几处配合均无特殊要求，因此都选用基孔制。

（1）联轴器是用精制螺栓联接的固定式刚性联轴器，为防止偏斜引起附加载荷，要求对中性好。联轴器是中速轴上重要配合件，无轴向附加定位装置，结构上采用紧固件，故选用过渡配合 $\phi40\mathrm{H7/m6}$ 或 $\phi40\mathrm{H7/n6}$。

（2）带轮和输出端轴颈配合与上述配合比较，因为是挠性件（皮带）传动，定心精度要求不高，且有轴向定位元件，为便于装拆选用 $\phi50\mathrm{H8/h7}$ 或 $\phi50\mathrm{H8/h8}$、$\phi50\mathrm{H8/j7}$、$\phi50\mathrm{H8/js8}$。本例选用 $\phi50\mathrm{H8/h8}$。

（3）小锥齿轮内孔和轴颈的配合是影响齿轮传动的重要配合，内孔公差等级由齿轮精度决定。一般减速器齿轮精度为 7 级，故基准孔选为 IT7。对于传递载荷的齿轮和轴的配合，为保证齿轮的工作精度和啮合性能，要求准确对中，一般选用过渡配合加紧固件。可供选用的配合有 $\phi45H7/js6$、$\phi45H7/k6$、$\phi45H7/m6$、$\phi45H7/n6$，甚至 $\phi45H7/p6$、$\phi45H7/r6$。至于具体采用哪种配合，主要应结合装拆要求、载荷大小、有无冲击振动、转速高低、生产批量等因素来综合考虑。此处为中速、中载、稍有冲击、小批量生产，故选用 $\phi45H7/k6$。

（4）套杯外径和箱体座孔的配合是影响齿轮传动性能的重要配合，该处的配合要求能准确定心。考虑到为调整锥齿轮间隙而需要轴向移动的要求，为便于调整，故选用最小间隙为零的定位间隙配合 $\phi130H7/h6$。

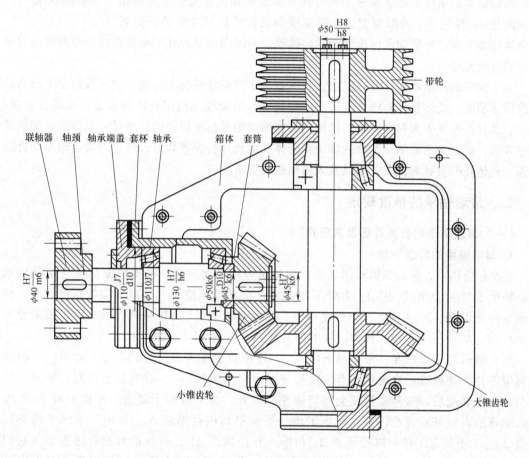

图 3.30　锥齿轮减速器

第四节　滚动轴承的互换性

一、滚动轴承的组成和形式

滚动轴承是精密的标准部件，它主要由套圈（包括内圈和外圈，薄壁套类零件）、滚动体、保持架等组成，如图 3.31 所示。

滚动轴承的类型很多。按照滚动体可分为：球轴承、滚子（圆柱、圆锥）轴承和滚针轴承；按照承受负荷方向，滚动轴承大致可分为向心轴承（主要承受径向负荷）、推力轴承（承受纯轴向负荷）和向心推力轴承（同时承受径向和轴向负荷的向心推力轴承）。

滚动轴承的内径 d 和外径 D 是配合的公称尺寸，滚动轴承就是用这两个尺寸分别与轴径和壳体孔相配合。

滚动轴承由专业工厂生产，它是具有两种互换性的部件。滚动轴承配合尺寸（内径 d 和外径 D）的互换性为完全互换性；组成滚动轴承零件之间的互换性为不完全互换性（采用分组装配法装配）。

图 3.31 滚动轴承的结构

滚动轴承的精度由滚动轴承的尺寸精度和旋转精度决定。前者是指轴承内径 d、外径 D、内圈宽度、外圈宽度和装配后的尺寸公差；后者是指成套轴承内、外圈的径向跳动和轴向跳动、内圈端面对内孔的垂直度以及外圈外表面对端面的垂直度等。

为了实现滚动轴承互换性的要求，我国制定了滚动轴承公差标准，它不仅规定了滚动轴承的尺寸精度、旋转精度和测量方法，还规定了与滚动轴承相配合的轴和壳体孔的公差带、配合、几何公差及表面粗糙度等。机械产品中滚动轴承精度设计的任务是：选择滚动轴承的公差等级；确定与滚动轴承配合的轴颈和壳体孔的尺寸公差带代号；确定与滚动轴承配合的轴颈、壳体孔的形状和位置公差以及表面粗糙度要求。

二、滚动轴承的精度规定

（一）滚动轴承的公差等级及其应用

1. 滚动轴承的公差等级

在实际应用中，深沟球轴承比其他类型轴承应用更为广泛。根据国家标准《滚动轴承 向心轴承 公差》（GB/T 307.1—2005）的规定，滚动轴承按尺寸公差与旋转精度分级。向心轴承分为 0、6、5、4 和 2 五个精度等级，其中 0 级最低，2 级最高；圆锥滚子轴承分为 0、6X、5、4、2 五个等级；推力球轴承分为 0、6、5、4 四个等级。

滚动轴承的尺寸精度，是指轴承内径 d、外径 D 和宽度 B 尺寸的公差。轴承内、外圈为薄壁零件，在制造后自由状态存放时易变形（常呈椭圆形），但当轴承内圈与轴颈，外圈与外壳孔装配后，这种变形又会得到矫正。因此，为了有利于制造，标准中对 2、4 级向心轴承的内、外圈直径，不仅规定了单一平面平均内径偏差 Δ_{dmp} 和单一平面平均外径偏差 Δ_{Dmp}，还规定了单一内径偏差 Δ_{ds} 和单一外径偏差 Δ_{Ds}，在制造和验收过程中，它们的单一内径和单一外径也不能超过其极限尺寸；而对 5、6、0 级轴承仅用单一平面内径变动量 V_{dsp}、单一平面外径变动量 V_{Dsp} 来限制其单一内径和单一外径。对于轴承宽度尺寸精度，规定了内圈单一宽度偏差 Δ_{Bs}、外圈单一宽度偏差 Δ_{Cs} 及外圈凸缘单一宽度偏差 Δ_{C1s}。

滚动轴承的旋转精度是指成套轴承内圈径向跳动 K_{ia}、内圈端面对内孔的垂直度 S_d、成套轴承内圈轴向跳动 S_{ia}，以及成套轴承外圈径向跳动 K_{ea}、外径外表面对端面的垂直度 S_D、外圈外表面对凸缘背面的垂直度 S_{D1}、成套轴承外圈轴向跳动 S_{ea} 和成套轴承外圈凸缘背面轴向跳动 S_{ea1}。对于 6 级和 0 级深沟球轴承，标准仅规定了成套轴承内圈径向跳动 K_{ia} 和外圈径向跳动 K_{ea}。

GB/T 307.1—2005 规定的向心轴承内圈单一平面平均内径偏差和向心轴承外圈单一平面平均外径偏差，分别见表 3.19 和表 3.20。

表 3.19　向心轴承内圈单一平面平均内径偏差（摘自 GB/T 307.1—2005）

直径/mm	公差等级	平均内径的极限偏差/μm		直径/mm	公差等级	平均内径的极限偏差/μm	
		上极限偏差	下极限偏差			上极限偏差	下极限偏差
>2.5 ~18	0	0	-8	>30 ~50	0	0	-12
	6	0	-7		6	0	-10
	5	0	-5		5	0	-8
	4	0	-4		4	0	-6
	2	0	-2.5		2	0	-2.5
>18 ~30	0	0	-10	>50 ~80	0	0	-15
	6	0	-8		6	0	-12
	5	0	-6		5	0	-9
	4	0	-5		4	0	-7
	2	0	-2.5		2	0	-4

表 3.20　向心轴承外圈单一平面平均外径偏差（摘自 GB/T 307.1—2005）

直径/mm	公差等级	平均内径的极限偏差/μm		直径/mm	公差等级	平均内径的极限偏差/μm	
		上极限偏差	下极限偏差			上极限偏差	下极限偏差
>30 ~50	0	0	-11	>80 ~120	0	0	-15
	6	0	-9		6	0	-13
	5	0	-7		5	0	-10
	4	0	-6		4	0	-8
	2	0	-4		2	0	-5
>50 ~80	0	0	-13	>120 ~150	0	0	-18
	6	0	-11		6	0	-15
	5	0	-9		5	0	-11
	4	0	-7		4	0	-9
	2	0	-4		2	0	-5

2. 各公差等级滚动轴承的应用

轴承精度等级的选择主要依据有两点：

1）对轴承部件提出的旋转精度要求，如径向跳动和轴向跳动值。例如，若机床主轴径向跳动要求为 0.01mm，可选用 5 级轴承；径向跳动要求为 0.001～0.005mm 时，可选用 4 级轴承。

2）转速的高低。转速高时，由于与轴承结合的旋转轴（或壳体孔）可能随轴承的跳动而跳动，势必造成旋转不平稳，产生振动和噪声。因此，转速高的应选用精度等级高的滚动轴承。此外，为保证主轴部件有较高的精度，可以采用不同等级的搭配方式。例如，机床主轴的后支承比前支承用的滚动轴承低一级，即后轴内圈的径向跳动值要比前轴承的稍大些。

滚动轴承的各级精度的应用大致如下：

0 级通常称为普通级，在机械工程中应用最广。它应用于旋转精度要求不高、中等负荷、中等转速的一般机构中，如普通电动机、水泵、压缩机、减速器的旋转机构，普通机床、汽车、拖拉机的变速机构等。

6、6X 级轴承应用于旋转精度和转速较高的旋转机构中，如普通机床的主轴轴承，精密机床传动轴使用的轴承等。

5、4级轴承应用于旋转精度高、转速高的旋转机构中，如精密机床、精密丝杠车床的主轴轴承，精密仪器和机械使用的轴承等。

2级轴承应用于旋转精度和转速很高的旋转机构中。如精密坐标镗床和高精度齿轮磨床的主轴轴承等。各种金属切削机床主轴轴承的公差等级见表3.21。

表3.21 机床主轴轴承公差等级

轴承类型	公差等级	应 用 情 况
深沟球轴承	4	高精度磨床、丝锥磨床、螺纹磨床、磨齿机、插齿刀磨床
角接触球轴承	5	精密镗床、内圆磨床、齿轮加工机床
	6	卧式车床、铣床
单列圆柱滚子轴承	4	精密丝杠车床、高精度车床、高精度外圆磨床
	5	精密车床、精密磨床、转塔车床、普通外圆磨床、多轴车床、镗床
	6	卧式车床、自动车床、铣床、立式车床
向心短圆柱滚子轴承、调心滚子轴承	6	精密车床及铣床的后轴承
圆锥滚子轴承	4	磨齿机
	5	精密车床、精密铣床、镗床、精密转塔车床、滚齿机
	6X	铣床、车床
推力球轴承	6	一般精度车床

（二）滚动轴承内径、外径公差带及其特点

按照GB/T 307.1—2005的规定，滚动轴承的内、外径公差带有如下特点：

1）轴承的内圈内径与轴颈虽然采用基孔制配合，但其公差带位于零线的下方，即上极限偏差为零，如图3.32所示。这种布置主要是为了满足轴承配合的特殊要求。在多数情况下，由于内圈与轴一起转动，为了防止内圈与轴颈的配合面之间相对滑动而产生磨损，影响轴承的使用寿命和工作性能，同时也为了传递一定的转矩，两者的配合应有适当的过盈。当采用这种特殊规定时，轴承内圈与轴的配合比GB/T 1800.1—

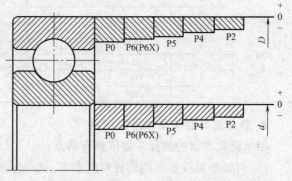

图3.32 轴承内、外圈公差带图

2009中的同名配合要紧很多，这样就能从GB/T 1800.1—2009的基本偏差系列中选取轴的基本偏差，从而实现完全互换。

2）轴承的外圈外径与壳体孔采用基轴制配合。轴承外圈安装在壳体孔中，通常不随轴旋转。工作时温度升高，会使轴热膨胀而产生轴向移动，因此，两端轴承中有一端应是游动支承。外圈外径与壳体孔的配合应稍微松一点，使之能补偿轴的热胀伸长量，避免轴发生弯曲变形导致轴承内部卡死。国标规定，轴承外圈单一平面平均外径偏差 Δ_{Dmp} 的公差带位置分布于零线的下方，即上极限偏差为零，下极限偏差为负。

（三）轴颈和壳体孔的公差带

国家标准《滚动轴承 配合》（GB/T 275—2015）对与0级和6级轴承配合的轴颈、壳体孔规定的公差带分别如图3.33、图3.34所示。图中 Δ_{dmp} 为轴承内圈单一平面平均内径偏差，Δ_{Dmp} 为轴承外圈单一平面平均外径偏差。其适用范围为：对轴承的旋转精度、运转平稳性和工作温度无特殊要求；轴为实心或厚壁钢管制作；外壳为铸钢或铸铁制作；轴承游隙为 0 组。

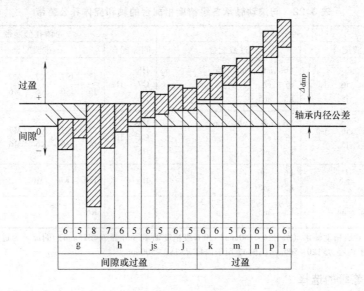

图 3.33　轴承与轴颈配合常用公差带关系图

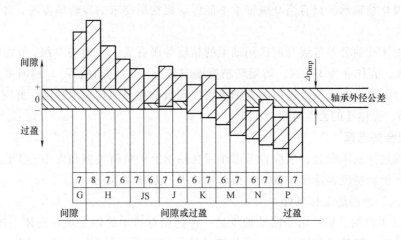

图 3.34　轴承与壳体孔配合常用公差带关系图

由图 3.33、图 3.34 可知，轴承内圈内径与轴颈的基孔制配合，虽然在概念上和一般圆柱体的基孔制配合相同，但由于轴承内、外径的公差带都采用上极限偏差为 0 的单向布置，并且其公差值也无特殊规定，所以同样一根轴，与轴承内径形成的配合，要比与一般基孔制配合下的孔形成的配合紧很多。同理，同样的孔与轴承外径的配合和与一般圆柱体基准轴的配合也不完全相同。

滚动轴承配合的国家标准推荐了与 0、6、5、4 级滚动轴承配合的轴和壳体孔的公差带，见表 3.22。

三、滚动轴承的精度设计

滚动轴承为标准件，滚动轴承与孔、轴结合的精度设计主要包括公差等级的选择、配合的选择、几何公差和表面粗糙度的选择三个方面。正确地选择与轴承配合的轴颈和壳体孔公差带，对于保证滚动轴承的正常运转及旋转精度，延长其使用寿命关系极大。

表 3.22　与滚动轴承各级精度相配合的轴和壳体孔公差带

轴承精度	轴公差带			壳体孔公差带		
	过渡配合	过盈配合	间隙配合	过渡配合		过渡配合
0	g8　h7 g6　h6　j6　js6 g5　h5　j5	k6　m6　n6　p6 r6　r7 k5　m5	H8 G7　H7 H6	J7　JS7　K7　M7　N7 J6　JS6　K6　M6　N6		P7 P6
6	g6　h6　j6　js6 g5　h5　j5	k6　m6　n6　p6 r6　r7 k5　m5	H8 G7　H7 H6	J7　JS7　K7　M7　N7 J6　JS6　K6　M6　N6		P7 P6
5	h5　j5　js6	k6　m6 k5　m5	H6	JS6　K6　M6		—
4	h5　js6　h4	k5　m5		K6		—

注：1. 孔 N6 与 0 级精度轴承（外径 $D<150\text{mm}$）和 6 级精度轴承（外径 $D<315\text{mm}$）的配合为过盈配合。
　　2. 轴 r6 用于内径 $d>120\sim500\text{mm}$；轴 r7 用于内径 $d>180\sim500\text{mm}$。

（一）公差等级的选择

选择轴承公差等级的主要依据是对轴承部件提出的旋转精度和转速高低的要求。一般情况下选择使用 0 级轴承。只有当 0 级轴承不能保证机构所要求的旋转精度时，才选择较高精度的轴承。

轴颈、壳体孔的公差等级与所选用轴承的精度等级有关。一般与 0 级、6 级轴承配合的轴颈为 IT6 级，壳体孔为 IT7 级。若旋转精度要求较高（如电动机等），同时要求运转平稳时，则轴颈、壳体孔的公差等级应随着轴承精度等级的提高而相应地提高，此时轴的公差等级一般选 IT5，壳体孔的公差等级选 IT6。

（二）配合的选择

为了正确选择轴承配合，应综合考虑作用在轴承上的负荷类型和大小、工作温度、轴承的工作条件、旋转精度和速度、轴承类型和尺寸等一系列因素。

1. 轴承内、外圈的工作条件

（1）承受负荷的类型　由于滚动轴承是一种把相对转动的轴支承在壳体上的标准部件，机械构件中的轴一般都可传递动力，因此滚动轴承的内圈和外圈（统称套圈）都要受到力（负荷）的作用。负荷类型是指轴承套圈承受负荷的形式，分为局部负荷、循环负荷、摆动负荷。

1）局部负荷。当套圈与作用在套圈上的径向负荷相对静止时，套圈始终是局部承受负荷，这种负荷称为局部负荷。如图 3.35a 所示静止的外圈和图 3.35b 所示静止的内圈皆受到方向始终不变的径向力 F_r（如齿轮传动力、传动带作用力、车削时的径向切削力等）的作用，则图 3.35a 中的外圈和图 3.35b 中的内圈相对径向负荷静止，故承受局部负荷。另外，当轴承套圈承受与之同速、同方向旋转的径向负荷时，套圈承受局部负荷。当套圈承受局部负荷时，应选择间隙配合。

2）循环负荷。当套圈与作用在套圈上的径向负荷相对转动时，套圈在 360° 方向上依次承受负荷，称套圈承受循环负荷。如图 3.35a 所示旋转的内圈和图 3.35b 所示旋转的外圈皆受到方向始终不变的径向力 F_r 的作用，则套圈相对负荷方向旋转，为循环负荷。

同理，当径向负荷旋转，而轴承套圈静止不动，则轴承套圈也是承受循环负荷。当套圈

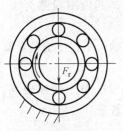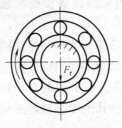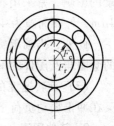

a) 内圈承受循环负荷
外圈承受局部负荷

b) 内圈承受局部负荷
外圈承受循环负荷

c) 内圈承受循环负荷
外圈承受摆动负荷

d) 内圈承受摆动负荷
外圈承受循环负荷

图 3.35 轴承套圈承受的负荷类型

承受循环负荷时，应选择过盈配合或过渡配合。

3）摆动负荷。当套圈在<360°方向的范围内依次承受径向负荷时，套圈承受摆动的径向负荷。当套圈静止，作用在套圈上的径向负荷在<360°的范围来回摆动；或者当作用在套圈上的径向负荷静止，套圈则在<360°的范围来回摆动。这两种情况表明，套圈承受摆动负荷。如图 3.35c 所示固定的外圈和图 3.35d 所示固定的内圈皆受到摆动径向力 F_c 的作用，故承受摆动负荷。当套圈承受摆动负荷时，应选择过盈配合或过渡配合。

（2）承受负荷的大小 负荷大小有轻、正常和重负荷 3 种负荷类型。GB/T 275—2015 根据当量径向动负荷 P_r 与轴承产品样本中规定的基本额定动负荷 C_r 的比值大小进行分类，见表 3.23。

表 3.23 负荷大小的类型

负荷大小	P_r 值的大小
轻载荷	$P_r \leqslant 0.07C_r$
正常载荷	$0.07C_r < P_r \leqslant 0.15C_r$
重载荷	$P_r > 0.15C_r$

选择配合时，负荷越大，配合应选择越紧。因为在重负荷和冲击负荷作用下，要防止轴承产生变形和受力不均而引起配合松动。因此，随着负荷的增大，过盈量应选得越大，承受变化负荷应比承受平稳负荷的配合选得较紧一些。

（3）游隙 国家标准规定，轴承的径向游隙共分为五组，即 2 组、0 组、3 组、4 组、5 组，游隙的大小依次由小到大。游隙过大，会使轴承产生较大的振动和噪声；游隙过小，会使轴承中的滚动体与套圈之间产生较大的接触应力，并引起轴承摩擦发热，降低轴承使用寿命。因此，轴承游隙的大小应适度。

2. 轴承的工作条件

主要应考虑轴承的工作温度以及旋转精度和旋转速度对配合的影响。

（1）工作温度的影响 轴承运转时，由于摩擦发热和其他热源影响，使轴承套圈的温度经常高于与其相结合零件的温度，因此轴承内圈因热膨胀而与轴的配合可能松动，外圈因热膨胀而与壳体孔的配合可能变紧。所以在选择配合时，必须考虑温度的影响，并加以修正。

（2）旋转精度的影响 当机器要求有较高的旋转精度时，相应地要选用较高精度等级的轴承，因此，与轴承相配合的轴和壳体孔，也要选择较高精度的标准公差等级。

对于承受负荷较大且要求较高旋转精度的轴承，为了消除弹性变形和振动的影响，应该避免采用间隙配合。而对一些精密机床的轻负荷轴承，为了避免孔和轴的形状误差对轴承精度的影响，常采用有较小间隙的配合。例如，内圆磨床磨头处的轴承，其内圈间隙为 1～4μm，外圈间隙为 4～10μm。

此外，当轴承旋转精度要求较高时，为了消除弹性变形和振动的影响，不仅受旋转负荷的套圈与互配件的配合应选得紧些，就是受定向负荷的套圈也应紧些。

（3）旋转速度的影响　轴承的旋转速度越高，要求的配合应该越紧。对于转速较高，又在冲击振动负荷下工作的轴承，它与轴颈和壳体孔的配合最好选用过盈配合。

3. 其他因素

空心轴颈比实心轴颈、薄壁壳体比厚壁壳体、轻合金壳体比钢或铸铁壳体采用的配合要紧些；而剖分式壳体比整体式壳体采用的配合要松些，以避免过盈将轴承外圈夹扁，甚至将轴卡住。对紧于 k7（包括 k7）的配合或壳体孔的标准公差<IT6 时，应选用整体式壳体。

为了便于安装、拆卸，特别是对于重型机械，宜采用较松的配合。如果要求拆卸，而又要用较紧配合时，可采用分离型轴承或内圈带锥孔和紧定套或退卸套的轴承。

当要求轴承的内圈或外圈能沿轴向游动时，该内圈与轴或外圈与壳体孔的配合，应选较松的配合。

由于过盈配合使轴承径向游隙减小，如果轴承的两个套圈之一须采用过盈量特别大的过盈配合时，应选择具有大于基本组的径向游隙的轴承。

除上述条件外，还应考虑：当要求轴承的内圈或外圈能沿轴向移动时，该内圈与轴或外圈与壳体孔的配合，应选较松的配合。滚动轴承的尺寸越大，选取的配合应越紧。滚动轴承的工作温度高于 100℃，应对所选的配合进行适当修正。

对于初学者来说，滚动轴承的配合尺寸公差选择方法常综合考虑上述因素，采用类比法选择，即通过查表 3.24～表 3.27 确定轴颈和壳体孔的尺寸公差带、几何公差和表面粗糙度。表中轴承的适用情况为：轴承公差等级为 0 级、6 级；轴为实体或厚壁空心件；轴颈材料为钢，壳体孔为铸铁；轴承应是具有基本组的径向游隙。

表 3.24　向心轴承和轴配合中的轴公差带代号（摘自 GB/T 275—2015）

运行状态		负荷状态	深沟球轴承，调心轴承和角接触轴承	圆柱滚子轴承和圆锥滚子轴承	调心滚子轴承	公差带
说明	举例		轴承公称内径/mm			
旋转的内圈负荷及摆动负荷	一般通用机械、电动机、机床主轴、泵、内燃机、直正齿轮传动装置、铁路机车车辆轴箱、破碎机等	轻负荷	≤18	—	—	h5
			—	≤40	≤40	j6[①]
			>18～100	>40～140	>40～140	k6[①]
			>100～200	>140～200	>140～200	m6[①]
		正常负荷	≤18	—	—	j5,js5
			>18～100	≤40	≤40	k5[②]
			>100～140	>40～100	>40～65	m5[②]
			>140～200	>100～140	>65～100	m6
			>200～280	>140～200	>100～140	n6
			—	>200～400	>140～280	p6
			—	—	>280～500	r6
		重负荷	—	>50～140	>50～100	n6[③]
			—	>140～200	>100～140	p6[③]
			—	>200	>140～200	r6[③]
			—	—	>200	r7[③]

圆柱孔轴承					
运行状态		负荷状态	深沟球轴承,调心轴承和角接触轴承	圆柱滚子轴承和圆锥滚子轴承	调心滚子轴承	公差带
说明	举例		轴承公称内径/mm			
固定的内圈负荷	静止轴上的各种轮子、张紧轮、绳轮、振动筛、惯性振动器等	所有载荷	所有尺寸			f6
						g6
						h6
						j6
	仅有轴向负荷		所有尺寸			j6,js6
圆锥孔轴承					
所有负荷	铁路机车车辆轴箱等		装在退卸套上的所有尺寸			h8(IT6)④⑤
	一般机械传动		装在紧定套上的所有尺寸			h9(IT7)④⑤

① 对精度有较高要求的场合,应选用 j5、k5 等分别代替 j6、k6 等。
② 圆锥滚子轴承和单列角接触轴承配合对游隙影响不大,可用 k6、m6 分别代替 k5、m5。
③ 重负荷下轴承游隙应选大于 0 组。
④ 凡有较高精度或转速要求的场合,应选 h7（IT5）代替 h8（IT6）等。
⑤ IT6、IT7 表示圆柱度公差数值。

表 3.25　向心轴承和壳体孔配合中的孔公差带代号（摘自 GB/T 275—2015）

外圈工作条件			应用举例	孔公差带①	
负荷类型	负荷大小	其他情况		球轴承	滚子轴承
局部负荷	轻、正常、重负荷	轴向易移动,可采用剖分式壳体	一般机械、铁路机车车辆、电动机、泵、曲轴主轴承	G7②,H7	
	冲击负荷	轴向能够移动,可采用整体或剖分式壳体		J7,JS7	
摆动负荷	轻、正常负荷				
	正常、重负荷			K7	
	冲击负荷			M7	
循环负荷	轻负荷	轴向不移动,整体式壳体	张紧滑轮、轮毂轴承	J7	K7
	正常和重负荷			K7,M7	M7,N7
	重、冲击负荷			—	N7,P7

① 并列公差带随尺寸的增大从左至右选择;对旋转精度有较高要求时,可相应提高一个公差等级。
② 不适用于剖分式壳体。

表 3.26　推力轴承和轴配合中的轴公差带代号（摘自 GB/T 275—2015）

负荷类型	负荷状态	推力球轴承和推力滚子轴承	推力调心滚子轴承①	轴公差带
		轴承公称内径/mm		
仅有轴向负荷		所有尺寸		j6,js6
套圈承受局部负荷	径向和轴向联合负荷	—	≤ 250	j6
		—	> 250	js6
套圈承受循环负荷或摆动负荷		—	≤ 200	k6②
		—	> 200～400	m6
		—	> 400	n6

① 也包括推力圆锥滚子轴承、推力角接触球轴承。
② 要求较小过盈时,可分别用 j6、k6、m6 代替 k6、m6、n6。

（三）孔、轴几何公差和表面粗糙度轮廓参数值的选用

为了保证轴承正常运转,除了正确地选择轴承与轴颈和壳体孔的尺寸公差带以外,还应对轴颈及壳体孔的配合表面几何公差及表面粗糙度提出要求。

表 3.27　推力轴承和壳体孔配合中的孔公差带代号（摘自 GB/T 275—2015）

旋转状态	负荷状态	轴承类型	孔公差带	备　注
仅有轴向负荷		推力轴承	H8	—
		推力轴承、圆锥滚子轴承	H7	—
		推力调心滚子轴承	—	壳体孔与外圈之间间隙为 0.001D（D 为轴承公称外径）
外圈相对负荷静止 外圈相对负荷旋转或摆动	径向和轴向联合负荷	推力角接触球轴承	H7	—
		推力调心滚子轴承	K7	普遍使用条件
		推力圆锥滚子轴承	M7	有较大径向负荷时

形状公差：轴承套圈为薄壁件易变形，但其形状误差可在装配后靠轴颈和壳体孔的正确形状得到矫正。为保证轴承安装正确、转动平稳，轴颈和壳体孔应分别采用包容要求，并对表面提出圆柱度要求，其公差值见表 3.28。

跳动公差：为了保证轴承工作时有较高的旋转精度，应限制与套圈端面接触的轴肩及壳体孔肩的倾斜，从而避免轴承装配后滚道位置不正，旋转不平稳，因此，应规定轴肩和壳体孔肩的端面对基准轴线的轴向圆跳动公差，其公差值见表 3.28。

孔、轴表面存在的表面粗糙度，会使有效过盈量减小，使接触刚度下降而导致支承不良，因此，孔、轴的配合表面还应规定严格的表面粗糙度轮廓参数值，其参数值见表 3.29。

表 3.28　轴和壳体孔的几何公差（摘自 GB/T 275—2015）

公称尺寸 /mm		圆柱度 t				轴向圆跳动 t_1			
		轴颈		壳体孔		轴肩		壳体孔肩	
		轴承公差等级							
		0	6(6X)	0	6(6X)	0	6(6X)	0	6(6X)
超过	到	公差值/μm							
—	6	2.5	1.5	4	2.5	5	3	8	5
6	10	2.5	1.5	4	2.5	6	4	10	6
10	18	3.0	2.0	5	3.0	8	5	12	8
18	30	4.0	2.5	6	4.0	10	6	15	10
30	50	4.0	2.5	7	4.0	12	8	20	12
50	80	5.0	3.0	8	5.0	15	10	25	15
80	120	6.0	4.0	10	6.0	15	10	25	15
120	180	8.0	5.0	12	8.0	20	12	30	20
180	250	10.0	7.0	14	10.0	20	12	30	20

表 3.29　配合面的表面粗糙度（摘自 GB/T 275—2015）

轴或轴承座直径 /mm		轴或外壳配合表面直径公差等级								
		IT7			IT6			IT5		
		表面粗糙度/μm								
超过	到	Rz	Ra		Rz	Ra		Rz	Ra	
			磨	车		磨	车		磨	车
—	80	10	1.6	3.2	6.3	0.8	1.6	4	0.4	0.8
80	500	16	1.6	3.2	10	1.6	3.2	6.3	0.8	1.6
端面		25	3.2	6.3	25	3.2	6.3	10	1.6	3.2

【例 3.8】　如图 3.36 所示，有 0 级 6211 深沟球轴承（内径 ϕ55mm，外径 ϕ100mm，基本额定动负荷 $C_r = 19700$N）应用于闭式传动的减速器中。其工作情况为：外圈固定不动，内圈随轴旋转，承受的固定径向当量动负荷 $P_r = 1200$N。试确定轴颈和壳体孔的公差带、几何公差、表面粗糙度，并在图样上标出。

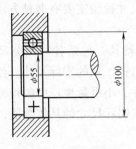

图 3.36 轴承装配图

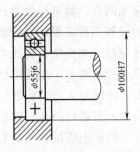

图 3.37 轴承装配图上标注示例

解 （1）减速器选用的是 0 级 6211 深沟球轴承，基本额定动负荷 $C_r = 19700N$，径向当量动负荷 $P_r = 1200N$，由于 $P_r \leq 0.07C_r$，所以轴承承受轻负荷。

由表 3.24、表 3.25 查得：轴颈公差带为 $\phi 55j6$，壳体孔公差带为 $\phi 100H7$，装配图上的标注如图 3.37 所示。

（2）由表 3.2 查得：轴颈 $\phi 55j6$ 的标准公差 IT6 = 19μm，壳体孔 $\phi 100H7$ 的标准公差为 IT7 = 35μm。

查表 3.4 并经计算可得：轴颈 $\phi 55j6$ 的基本偏差（下极限偏差）ei = −7μm，上极限偏差 es = +12μm，即 $\phi 55j6^{+0.012}_{-0.007}$mm。

查表 3.5 并经计算可得：轴颈 $\phi 100H7$ 的基本偏差（下极限偏差）ei = 0，上极限偏差 es = +35μm，即 $\phi 100H7^{+0.035}_{0}$mm。

（3）由 3.28 查得：轴颈的圆柱度公差值为 0.005mm，轴肩的圆跳动公差为 0.015mm，壳体孔的圆柱度公差值为 0.010mm，孔肩的圆跳动公差为 0.025mm。

由表 3.29 查得：轴颈 $Ra \leq 0.8$μm，壳体孔 $Ra \leq 1.6$μm，轴肩端面 $Ra \leq 3.2$μm，孔肩端面 $Ra \leq 3.2$μm。

标注如图 3.38 和图 3.39 所示。

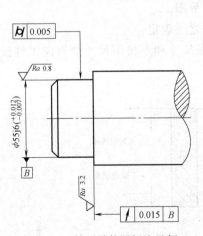

图 3.38 轴颈零件图标注示例

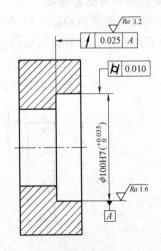

图 3.39 壳体零件图标注示例

第五节　光滑圆柱工件的检测

为了保证孔、轴的互换性，除了在设计时按其使用要求规定相应的几何参数公差以外，还必须对完工的孔、轴进行检测；在生产中，对孔、轴的尺寸检验主要有两种方法：即通用计量器具检验和光滑极限量规检验。

通用计量器具主要是指在生产车间中工人使用的计量器具，包括各种千分尺、游标卡尺、比较仪和指示表等。用通用计量器具检验，可以测量出孔、轴的实际尺寸，便于了解产品质量情况，并能对生产过程进行分析和控制，多用于单件、小批量生产中的检测；用光滑极限量规检验，只能判断孔、轴尺寸的合格性，不能测出其实际尺寸的具体数值，该方法简便、高效，一般用于成批、大量生产中的质量控制。

一、通用计量器具的选择

在生产现场，利用普通测量仪器测量工件时，对工件尺寸一般不进行多次重复测量，因此，不可能采用多次测量取平均值的办法减小随机误差的影响，且对温度、湿度等环境因素引起的误差一般不进行修正。因此，当以工件实际组成要素在极限尺寸范围内作为验收的依据时，由于测量误差的存在，有可能将本来处于零件公差带内的合格品判为废品（称为误废），或将本来处于零件公差带以外的废品误判为合格品（称为误收）。误收会影响零件原定的配合性能，满足不了设计的功能要求；误废将导致提高加工精度，造成经济损失。

为了保证产品质量，GB/T 3177—2009 对验收原则、验收极限和测量仪器的选择等作了规定。该标准适用于车间使用的普通测量仪器，主要用以检测公称尺寸至 500mm、公差等级为 IT6~IT18 的光滑工件尺寸，也适用于对一般公称尺寸的检验。

（一）验收原则、安全裕度与验收极限

1. 验收原则

国家标准规定：所用验收方法应只验收位于规定尺寸极限之内的工件。为了保证这个验收原则的实现，保证零件达到互换性要求，规定了验收极限。

2. 验收极限与安全裕度

验收极限：判断所检验工件尺寸合格与否的尺寸界限。

国家标准规定，验收极限可以按照下列两种方法之一确定。

（1）内缩方式　验收极限从图样上标定的上极限尺寸和下极限尺寸分别向工件公差带内移动一个安全裕度 A 来确定，如图 3.40 所示。

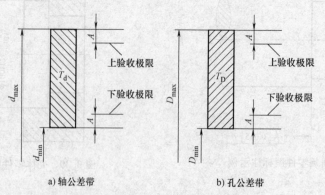

a）轴公差带　　　　　　b）孔公差带

图 3.40　验收极限与安全裕度

即：
$$上验收极限尺寸 = 上极限尺寸 - A$$
$$下验收极限尺寸 = 下极限尺寸 + A$$

安全裕度 A 由工件公差 T 确定，A 的数值一般取工件公差的 1/10，其数值可由表 3.30 查得。

由于验收极限向工件的公差带之内移动，为了保证验收时合格，在生产时不能按原有的极限尺寸加工，应按由验收极限所确定的范围生产，这个范围称为生产公差。

显然，采用这种方式可以减少误收，但会增加误废，从保证产品质量的角度考虑是必要的。

（2）不内缩方式　验收极限等于图样上标定的上极限尺寸和下极限尺寸，即安全裕度 $A = 0$。

上述两种验收方式的选择要结合工件的尺寸、功能要求及其重要程度、尺寸公差等级、测量不确定度和工艺能力等因素综合考虑。具体原则如下：

1）对要求符合包容要求的尺寸、公差等级高的尺寸，验收极限按方法（1）确定。

2）当工艺能力指数 $C_p \geq 1$ 时，验收极限可以按方法（2）确定。但采用包容要求时，在最大实体尺寸一侧仍应按方法（1）确定验收极限。这里，工艺能力指数 $C_p = T/(C\sigma)$，其中 T 是工件公差，σ 是加工设备的标准偏差，C 是常数（工件尺寸遵循正态分布时 $C = 6$）。

3）当工件的实际尺寸服从偏态分布时（如用试切加工，轴尺寸多偏大，孔尺寸多偏小，以免出现不可修复废品），可只对尺寸偏向的一侧按方法（1）确定验收极限，如图 3.41 所示。

4）对非配合处和一般公差的尺寸，其验收极限按方法（2）确定。

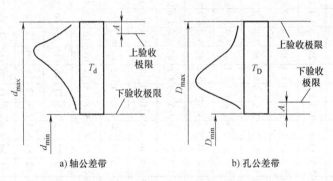

图 3.41　偏态分布尺寸的验收极限

（二）测置仪器的选择
1. 选择测量仪器时应考虑的因素

（1）测量精度　所选的测量仪器的精度指标必须满足被测对象的精度要求，这样才能保证测量的准确度。被测对象的精度要求主要由其公差值的大小来体现。公差值越大，对测量的精度要求越低；公差值越小，对测量的精度要求越高。一般情况下，所选测量仪器的测量不确定度只能占被测零件尺寸公差的 1/10～1/3，精度低时取 1/10，精度高时取 1/3。

（2）测量成本　在保证测量准确度的前提下，应考虑测量仪器的价格、使用寿命、检测及修理时间、对操作人员技术熟练程度的要求等，应选用价格较低、操作方便、维护保养容易、操作培训费用少的测量仪器，尽量降低测量成本。

（3）被测件的结构特点及检测数量　所选测量仪器的测量范围必须大于被测尺寸。对硬度低、材质软、刚度低的零件，一般选用非接触测量，如用基于光学投影放大、气动、光

表3.30 安全裕度（A）与计量器具的测量不确定度允许值（u_1）

（单位：μm）

公称尺寸/mm 大于	至	IT6 T	A	Ⅰ	Ⅱ	Ⅲ	IT7 T	A	Ⅰ	Ⅱ	Ⅲ	IT8 T	A	Ⅰ	Ⅱ	Ⅲ	IT9 T	A	Ⅰ	Ⅱ	Ⅲ	IT10 T	A	Ⅰ	Ⅱ	Ⅲ	IT11 T	A	Ⅰ	Ⅱ	Ⅲ	IT12 T	A	Ⅰ	Ⅱ	IT13 T	A	Ⅰ	Ⅱ
+	3	6	0.6	0.54	0.9	1.4	10	1.0	0.9	1.5	2.3	14	1.4	1.3	2.1	3.2	25	2.5	2.3	3.8	5.6	40	4.0	3.6	6.0	9.0	60	6.0	5.4	9.0	14	100	10	9.0	15	140	14	13	21
3	6	8	0.8	0.72	1.2	1.8	12	1.2	1.1	1.8	2.7	18	1.8	1.6	2.7	4.1	30	3.0	2.7	4.5	6.8	48	4.8	4.3	7.2	11	75	7.5	6.8	11	17	120	12	11	18	180	18	16	27
6	10	9	0.9	0.8	1.4	2.0	15	1.5	1.4	2.3	3.4	22	2.2	2.0	3.3	5.0	36	3.6	3.3	5.4	8.1	58	5.8	5.2	8.7	13	90	9.0	8.1	14	20	150	15	14	23	220	22	20	33
10	18	11	1.1	1.0	1.7	2.5	18	1.8	1.7	2.7	4.1	27	2.7	2.4	4.1	6.1	43	4.3	3.9	6.5	9.7	70	7.0	6.3	11	16	110	11	10	17	25	180	18	16	27	270	27	24	41
18	30	13	1.3	1.2	2	2.9	21	2.1	1.9	3.2	4.7	33	3.3	3.0	5.0	7.4	52	5.2	4.7	7.8	12	84	8.4	7.6	13	19	130	13	12	20	29	210	21	19	32	330	33	30	50
30	50	16	1.6	1.4	2.4	3.6	25	2.5	2.3	3.8	5.6	39	3.9	3.5	5.9	8.8	62	6.2	5.6	9.3	14	100	10	9.0	15	23	160	16	14	24	36	250	25	23	38	390	39	35	59
50	80	19	1.9	1.7	2.9	4.3	30	3.0	2.7	4.5	6.8	46	4.6	4.1	6.9	10	74	7.4	6.7	11	17	120	12	11	18	27	190	19	17	29	43	300	30	27	45	460	46	41	69
80	120	22	2.2	2.0	3.3	5.0	35	3.5	3.2	5.3	7.9	54	5.4	4.9	8.1	12	87	8.7	7.8	13	20	140	14	13	21	32	220	22	20	33	50	350	35	32	53	540	54	49	81
120	180	25	2.5	2.3	3.8	5.6	40	4.0	3.6	6.0	9.0	63	6.3	5.7	9.5	14	100	10	9.0	15	23	160	16	15	24	36	250	25	23	38	56	400	40	36	60	630	63	57	95
180	250	29	2.9	2.6	4.4	6.5	46	4.6	4.1	6.9	10	72	7.2	6.5	11	16	115	11	10	17	26	185	18	17	28	42	290	29	26	44	65	460	46	41	69	720	72	65	110
250	315	32	3.2	2.9	4.8	7.2	52	5.2	4.7	7.8	12	81	8.1	7.3	12	18	130	13	12	19	29	210	21	19	32	47	320	32	29	48	72	520	52	47	78	810	81	73	120
315	400	36	3.6	3.2	5.4	8.1	57	5.7	5.1	8.4	13	89	8.9	8.0	13	20	140	14	13	21	32	230	23	21	35	52	360	36	32	54	81	570	57	51	80	890	89	80	130
400	500	40	4.0	3.6	6.0	9.0	63	6.3	5.7	9.5	14	97	9.7	8.7	15	22	155	16	14	23	35	250	25	23	38	56	400	40	36	60	90	630	63	57	95	970	97	87	150

注：1. u_1分Ⅰ、Ⅱ、Ⅲ档，一般情况下应优先选用Ⅰ档，其次选用Ⅱ档、Ⅲ档。
2. 除公称尺寸单位为 mm 外，其余单位均为 μm。

电等原理的测量仪器进行测量。当测量件数较多（大批量）时，应选用专用测量仪器或自动检验装置；对于单件或小批量零件的测量，可选用通用测量仪器。

2. 测量仪器不确定度的选择

安全裕度 A 是测量中总不确定度 u 的允许值，即 $A \geqslant u$，而测量总不确定度 u 主要由测量仪器的不确定度允许值 u_1 及测量条件引起的测量不确定度允许值 u_2 这两部分组成，即 $u = \sqrt{u_1^2 + u_2^2}$。

u_1、u_2 对 u 的影响程度是不同的，其中，u_1 的影响较大，$u_1 \approx 0.9u$，u_2 的影响较小，$u_2 \approx 0.45u$。u_1 是产生误收与误废的主要原因，所以选择测量仪器时主要根据 u_1 来进行。

为了保证测量的可靠性和量值的统一，国家标准规定：按照测量仪器的测量不确定度 u_1' 选择测量仪器，要求所选择的测量仪器的不确定度 u_1' 不得大于允许值 u_1。考虑到测量仪器的经济性，要求所选测量仪器的不确定度 u_1' 要尽可能地接近 u_1。各种普通测量仪器不确定度 u_1' 见表 3.31 ~ 表 3.33。

表 3.31　测量仪器的不确定度　　　　　　　　　　（单位：mm）

尺寸范围		所使用的测量仪器			
		分度值为 0.001 的千分表（0 级在全程范围内，1 级在 0.2mm 内）分度值为 0.002 的千分表（在 1 转范围内）	分度值为 0.001、0.002、0.005 的千分表（1 级在全程范围内）分度值为 0.01 的百分表（0 级在任意 1 mm 内）	分度值为 0.01 百分表（0 级在全程范围内，1 级在任意 1mm 内）	分度值为 0.01 的百分表（1 级在全程范围内）
大于	至	不确定度 u_1'			
0	25				
25	40				
40	65	0.005			
65	90				
90	115		0.010	0.018	0.030
115	165				
165	215	0.006			
215	265				
265	315				

表 3.32　千分尺和游标卡尺的不确定度　　　　　　（单位：mm）

尺寸范围		测量仪器类型			
		分度值为 0.01 外径千分尺	分度值为 0.01 内径千分尺	分度值为 0.02 游标卡尺	分度值为 0.05 游标卡尺
大于	至	不确定度 u_1'			
0	50	0.004			
50	100	0.005	0.008		0.050
100	150	0.006			
150	200	0.007		0.020	
200	250	0.008	0.013		
250	300	0.009			
300	350	0.010			
350	400	0.011	0.020	—	0.100
400	450	0.012			
450	500	0.013	0.025		

注：当采用比较测量时，千分尺的不确定度可小于本表规定的数值，约为 60%。

表 3.33　比较仪的不确定度　　　　　　　　　　　　　　（单位：mm）

尺寸范围		所使用的测量仪器			
大于	至	分度值为 0.0005（相当于放大倍数 2 000 倍）的比较仪	分度值为 0.001（相当于放大倍数 1000 倍）的比较仪	分度值为 0.002（相当于放大倍数 400 倍）的比较仪	分度值为 0.005（相当于放大倍数 250 倍）的比较仪
		不确定度 u_1'			
0	25	0.0006	0.0010	0.0017	0.0030
25	40	0.0007	0.0010	0.0017	0.0030
40	65	0.0008	0.0011	0.0018	0.0030
65	90	0.0008	0.0011	0.0018	0.0030
90	115	0.0009	0.0012	0.0019	0.0030
115	165	0.0010	0.0013	0.0019	0.0030
165	215	0.0012	0.0014	0.0020	0.0035
215	265	0.0014	0.0016	0.0021	0.0035
265	315	0.0016	0.0017	0.0022	0.0035

注：测量时，使用的标准器具由 4 块 1 级（或 4 等）量块组成。

二、光滑极限量规的设计

在机械制造中，一般使用通用测量仪器对工件进行测量，直接测取工件的实际组成要素以判定工件是否满足设计要求。但是，对成批大量生产的工件，为提高检测效率，常常使用专用量具进行检验，判断其是否合格。光滑极限量规就是用于检验某一孔、轴的专用量具，简称量规。

（一）光滑极限量规的作用与分类

1. 量规的作用

光滑极限量规是一种没有刻线的专用测量器具。它不能测得工件实际尺寸的大小，而只能确定被测工件的尺寸是否在它的极限尺寸范围内，从而对工件做出合格性判断。用量规检验只能判断零件是否合格，不能得出零件的实际组成要素、几何误差的具体数值。光滑极限量规的公称尺寸就是工件的公称尺寸，通常把检验工件孔径的光滑极限量规称为塞规，检验工件轴径的光滑极限量规称为环规或卡规。量规因其结构简单、使用方便、省时可靠，并能保证互换性，在成批大量生产中得到了广泛的应用。

（1）塞规　塞规有通规和止规两部分，应成对使用。通规按被测孔的 D_{min}（孔的下极限尺寸，也称最大实体尺寸，用 MMS 表示）制造，止规按被测孔的 D_{max}（孔的上极限尺寸，也称最小实体尺寸，用 LMS 表示）制造。使用量规检验孔径时，合格孔的判定条件是：通规能通过、止规通不过，如图 3.42a 所示。

（2）卡规　同样，检验轴用的卡规也有通规和止规两部分。通规按被测轴的 d_{max}（轴的上极限尺寸，也称最大实体尺寸，用 MMS 表示）制造，止规按被测轴的 d_{min}（轴的下极限尺寸，也称最小实体尺寸，用 LMS 表示）制造。使用卡规检验轴径时，合格轴的判定条件是：通规能通过、止规通不过，如图 3.42b 所示。

2. 量规的种类

量规按其用途不同分为工作量规、验收量规和校对量规三种。

（1）工作量规　生产过程中操作者检验工件时所使用的量规。工作量规的通规用代号"T"表示，止规用代号"Z"表示。

（2）验收量规　验收工件时，检验人员或用户代表所使用的量规。验收量规一般不需

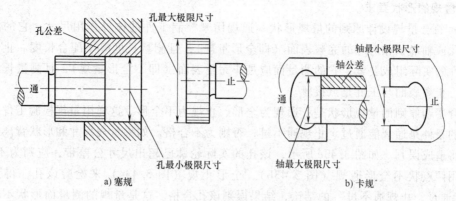

a) 塞规

b) 卡规

图 3.42　光滑极限量规

要专门制造，它是从通规磨损较多，但未超过磨损极限的工作量规中挑选出来的，验收量规的止规应接近工件的最小实体尺寸 LMS（轴是 d_{min}，孔是 D_{max}）。这样，操作者用工作量规检验合格的工件，检验人员用验收量规验收时也一定合格。

（3）校对量规　检验轴用工作量规的量规。实际上，轴用工作量规就是孔，测量比较困难，使用过程中这种量规又容易磨损和变形，所以必须用校对量规对其进行检验和校对。孔用工作量规就是轴，便于用通用测量仪器进行检验，故国标未规定校对量规。

校对量规有三种：

1）"校通-通"量规（代号为 TT）：检验轴用量规通规的校对量规。

2）"校止-通"量规（代号为 ZT）：检验轴用量规止规的校对量规。

3）"校通-损"量规（代号为 TS）：检验轴用量规通规磨损极限的校对量规。

三种校对量规的名称、代号、功能等见表 3.34。

表 3.34　校对量规

量规形状	检验对象	量规名称	量规代号	功能	判断合格的标志
塞规	轴用工作量规	校通-通	TT	防止通规制造时尺寸过小	通过
		校止-通	ZT	防止止规制造时尺寸过小	通过
		校通-损	TS	防止通规使用中磨损过大	通不过

（二）量规的设计原则

对于有配合要求的零件，为保证配合性质，不仅实际组成要素要合格，而且零件的形状误差和实际组成要素综合作用形成的作用尺寸也必须合格。因此，设计量规时应遵循泰勒原则（也称极限尺寸判断原则）。泰勒原则是指遵守包容要求的单一要素（孔或轴）的体外作用尺寸不允许超越最大实体尺寸，在孔或轴的任何位置上的实际组成要素都不允许超越最小实体尺寸。设计的量规要符合泰勒原则，必须符合以下两个要求。

1. 量规的尺寸要求

通规的设计尺寸应等于工件的最大实体尺寸 MMS（孔 $MMS = D_{min}$、轴 $MMS = d_{max}$）；止规的设计尺寸应等于工件的最小实体尺寸 LMS（孔 $LMS = D_{max}$、轴 $LMS = d_{min}$）。

2. 量规的形状要求

（1）符合量规设计原则的量规形状　通规用来控制工件的体外作用尺寸，它的测量面应是与孔或轴形状相对应的完整表面（即全形量规），且测量长度等于配合长度。止规用来控制工件的实际组成要素，它的测量面应是非完整表面（即不全形量规），且测量长度应尽可能短。止规表面与工件是点接触。

符合泰勒原则的量规形状是：通规为全形、止规为不全形。这样用量规检验工件时，工件合格的条件是通规能通过、止规通不过，否则为不合格。如果量规尺寸和形状背离了泰勒原则，将造成误判。如图 3.43c 所示，该孔的实际轮廓已超出尺寸公差带，应判为不合格。如果使用两点状不全形通规（图 3.43b）、全形止规（图 3.43e）来检验该孔，得到的是"通规能通过、止规通不过"的结论，结果误判该孔合格。这是量规的测量面形状不符合泰勒原则导致的。

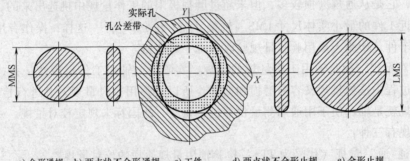

a) 全形通规　b) 两点状不全形通规　c) 工件　　d) 两点状不全形止规　e) 全形止规

图 3.43　量规形状对检验结果的影响

（2）实际生产中量规的形状　在实际应用中，由于量规制造和使用方面的原因，要求量规形状完全符合泰勒原则是有一定困难的，因此国家标准规定，在被检验工件的形状误差不影响配合性质的条件下，允许使用偏离泰勒原则的量规。例如，对于尺寸>100mm 的孔，为了不让量规过于笨重，通规很少制成全形环规。同样，为了提高检验效率，检验大尺寸轴的通规也很少制成全形环规。当采用不符合泰勒原则的量规检验工件时，为了尽量避免误判，操作时一定要注意。例如，使用非全形的通规时，检验孔时，应在被检孔的全长上沿圆周的几个位置上检验；检验轴时，应在被检轴的配合长度内围绕被检轴的圆周的几个位置上检验。

（三）量规公差带

虽然量规是一种精密的检验工具，量规的制造精度比被检验工件的精度要求更高，但在制造时也不可避免地会产生误差，不可能将量规的工作尺寸正好加工到某一规定值，因此对量规也必须规定制造公差。

为了保证验收质量，防止误收，量规的公差带采用了内缩方式，如图 3.44 所示。由于通规在使用过程中经常通过工件，因而会逐渐磨损。为了使通规具有一定的使用寿命，应当留出适当的磨损储备量，因此对通规应规定磨损极限，即将通规公差带从最大实体尺寸 MMS（轴是 d_{max}、孔是 D_{min}）向工件公差带内缩一个距离；而止规通常不通过工件，所以不需要留磨损储备量，故将止规公差带放在工件公差带内紧靠最小实体尺寸 LMS 处（轴是 d_{min}、孔是 D_{max}）。校对量规也不需要留磨损储备量。

国家标准《光滑极限量规　技术条件》（GB/T 1957—2006）按被检工件的公称尺寸和

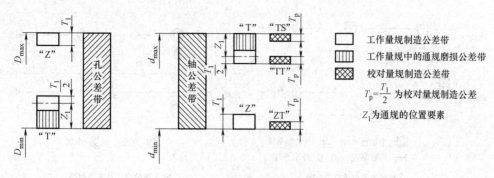

图 3.44　量规的公差带图解

公差等级规定了工作量规的尺寸公差 T_1 和通规公差带的中心线至工件最大实体尺寸之间的距离（以下简称位置要素）Z_1 的数值，见表 3.35。

表 3.35　量规制造公差 T_1 值和位置要素 Z_1 值（摘自 GB/T 1957—2006）

（单位：μm）

工件公称尺寸/mm	IT6			IT7			IT8			IT9			IT10			IT11			IT12		
	IT6	T_1	Z_1	IT7	T_1	Z_1	IT8	T_1	Z_1	IT9	T_1	Z_1	IT10	T_1	Z_1	IT11	T_1	Z_1	IT12	T_1	Z_1
≤3	6	1	1	10	1.2	1.6	14	1.6	2	25	2	3	40	2.4	4	60	3	6	100	4	9
>3~6	8	1.2	1.4	12	1.4	2	18	2	2.6	30	2.4	4	48	3	5	75	4	8	120	5	11
>6~10	9	1.4	1.6	15	1.8	2.4	22	2.4	3.2	36	2.8	5	58	3.6	6	90	5	9	150	6	13
>10~18	11	1.6	2	18	2	2.8	27	2.8	4	43	3.4	6	70	4	8	110	6	11	180	7	15
>18~30	13	2	2.4	21	2.4	3.4	33	3.4	5	52	4	7	84	5	9	130	7	13	210	8	18
>30~50	16	2.4	2.8	25	3	4	39	4	6	62	5	8	100	6	11	160	8	16	250	10	22
>50~80	19	2.8	3.4	30	3.6	4.6	46	4.6	7	74	6	9	120	7	13	190	9	19	300	12	26
>80~120	22	3.2	3.8	35	4.2	5.4	54	5.4	8	87	7	10	140	8	15	220	10	22	350	14	30
>120~180	25	3.8	4.4	40	4.8	6	63	6	9	100	8	12	160	9	18	250	12	25	400	16	35
>180~250	29	4.4	5	46	5.4	7	72	7	10	115	9	14	185	10	20	290	14	29	460	18	40
>250~315	32	4.8	5.6	52	6	8	81	8	11	130	10	16	210	12	22	320	16	32	520	20	45
>315~400	36	5.4	6.2	57	7	9	89	9	12	140	11	18	230	14	25	360	18	36	570	22	50
>400~500	40	6	7	63	8	10	97	10	14	155	12	20	250	16	28	400	20	40	630	24	55

（四）工作量规的设计

1. 工作量规的设计步骤

1）根据被检工件的尺寸大小和结构特点等因素选择量规的结构形式。

2）根据被检工件的公称尺寸和公差等级，查出量规的制造公差 T_1 值和位置要素 Z_1 值，画出量规公差带图，计算量规工作尺寸的上、下极限偏差。

3）确定量规结构尺寸，计算量规工作尺寸，绘制量规工作图，标注尺寸及技术要求。

2. 量规形式的选择

光滑极限量规的结构形式很多，量规的选择和使用对测量结果影响很大。国家标准推荐，检验孔用的塞规按图 3.45a 选用，检验轴用的卡规按图 3.45b 选用。它们的具体结构可参看国家标准《螺纹量规和光滑极限量规　型式与尺寸》（GB/T 10920—2008）。

3. 量规的技术要求

（1）量规材料　量规测量面的材料与硬度对量规的使用寿命有一定的影响。量规可用合金工具钢（如 CrMn、CrMnW、CrMoV 等）、碳素工具钢（如 T10A、T12A 等）、渗碳钢（如 15 钢、20 钢等）及其他耐磨材料（如硬质合金等）制造。对量规测量面通常进行淬硬

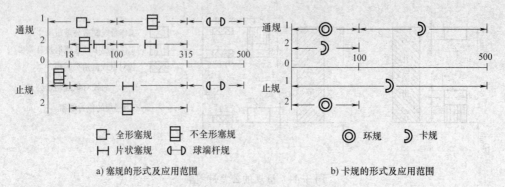

通规 1 2 0 18 100 315 500
止规 1 2

通规 1 2 0 100 500
止规 1 2

□ 全形塞规   ▯ 不全形塞规
Ⱶ 片状塞规   ⊂▷ 球端杆规

◎ 环规   ▷ 卡规

a) 塞规的形式及应用范围   b) 卡规的形式及应用范围

图 3.45　量规的形式及应用范围

处理，其测量面硬度为 58~65HRC。也可在测量面上镀以厚度大于磨损量的镀铬层、氮化层等耐磨材料。手柄一般用 Q235 钢、2A11 铝等材料制造。

（2）几何公差　国家标准规定工作量规的几何公差一般为量规制造公差的 50%。考虑到制造和测量的困难，当工作量规的制造公差≤0.002mm 时，其几何公差仍取 0.001mm。

（3）表面粗糙度　量规测量面的表面粗糙度，取决于被检验零件的公称尺寸、公差等级以及量规的制造工艺水平。量规测量面的表面粗糙度值的大小，随上述因素和量规结构形式的变化而异，一般不低于光滑极限量规国标推荐的表面粗糙度数值。量规测量面的表面粗糙度 Ra 值见表 3.36。

表 3.36　量规测量面的表面粗糙度 Ra 值（摘自 GB/T 1957—2006）

光滑极限量规	量规测量面的尺寸/mm		
	≤120	>120~315	>315~500
	Ra 值/μm		
IT6 级孔用工作塞规	≤0.05	≤0.10	≤0.20
IT7~IT9 级孔用工作塞规	≤0.10	≤0.20	≤0.40
IT10~IT12 级孔用工作塞规	≤0.20	≤0.40	≤0.80
IT13~IT16 级孔用工作塞规	≤0.40	≤0.80	
IT6~IT9 级轴用工作环规	≤0.10	≤0.20	≤0.40
IT10~IT12 级轴用工作环规	≤0.20	≤0.40	≤0.80
IT13~IT16 级轴用工作环规	≤0.40	≤0.80	
IT6~IT9 级轴用工作量规的校对塞规	≤0.05	≤0.10	≤0.20
IT10~IT12 级轴用工作量规的校对塞规	≤0.10	≤0.20	≤0.40
IT13~IT16 级轴用工作量规的校对塞规	≤0.20	≤0.40	

注：校对量规测量面的表面粗糙度数值比被校对的轴用量规测量面的表面粗糙度数值略小一些。

4. 光滑极限量规的设计

光滑极限量规工作部分极限尺寸的设计步骤如下：

1）查出被检验工件的极限偏差。

2）查出工作量规的尺寸公差 T_1 值和位置要素 Z_1 值，并确定量规的几何公差。

3）画出工件和量规的公差带图。

4）计算量规的极限偏差。

5）计算量规的极限尺寸及磨损极限尺寸。

【例 3.9】　设计 $\phi18H8/f7$ 孔与轴用的量规。

解　（1）根据表 3.2、表 3.4、表 3.5 查得，并计算出孔与轴的上、下极限偏差。

$\phi18H8$：ES $= +0.027$ mm， EI $= 0$ mm

$\phi18f7$： es $= -0.016$ mm， ei $= -0.034$ mm

（2）查表 3.35 得光滑极限量规尺寸公差 T_1 和 Z_1 值，并确定量规的形状公差和校对量规的制造公差。

孔用光滑极限量规（塞规）：尺寸公差 $T_1 = 0.0028$mm；位置要素 $Z_1 = 0.004$mm；形状公差为 $T_1/2 = 0.0014$ mm。

轴用光滑极限量规（卡规）：尺寸公差 $T_2 = 0.002$mm；位置要素 $Z_2 = 0.0028$mm；形状公差为 $T_2/2 = 0.001$mm。

工作量规的校对量规的尺寸公差：$T_p = T_2/2 = 0.001$mm。

（3）计算量规的极限偏差及工作部分的极限尺寸。

① $\phi18H8$ 孔用光滑极限量规（塞规）

通规（T）：上极限偏差 $= EI + Z_1 + T_1/2 = +0.0054$mm

下极限偏差 $= EI + Z_1 - T_1/2 = +0.0026$mm

磨损极限 $= EI = 0$

故通规工作部分的极限尺寸为 $\phi18^{+0.0054}_{+0.0026}$ mm。

止规（Z）：上极限偏差 $= ES = +0.027$mm。

下极限偏差 $= ES - T_1 = +0.0242$mm

故止规工作部分的极限尺寸为 $\phi18^{+0.0270}_{+0.0242}$ mm。

② $\phi18f7$ 轴用光滑极限量规（卡规）

通规（T）：上极限偏差 $= es - Z_2 + T_2/2 = -0.0178$mm

下极限偏差 $= es - Z_2 - T_2/2 = -0.0198$mm

磨损极限 $= es = -0.016$mm

故通规工作部分的极限尺寸为 $\phi18^{-0.0178}_{-0.0198}$ mm。

止规（Z）：上极限偏差 $= ei + T_2 = -0.032$mm

下极限偏差 $= ei = -0.034$mm

故止规工作部分的极限尺寸为 $\phi18^{-0.0320}_{-0.0340}$mm。

③ 轴用光滑极限量规（卡规）的校对量规

"校通-通"量规（TT）：上极限偏差 $= es - Z_2 - T_2/2 + T_p = -0.0188$mm

下极限偏差 $= es - Z_2 - T_2/2 = -0.0198$mm

故"校通-通"量规工作部分的极限尺寸为 $\phi18^{-0.0188}_{-0.0198}$ mm。

"校通-损"量规（TS）：上极限偏差 $= es = -0.0160$mm

下极限偏差 $= es - T_p = -0.0170$mm

故"校通-损"量规工作部分的极限尺寸为 $\phi18^{-0.0160}_{-0.0170}$mm。

"校止-通"量规（ZT）：上极限偏差 $= ei + T_p = -0.0330$mm

下极限偏差 $= ei = -0.0340$mm

故"校止-通"量规工作部分的极限尺寸为 $\phi18^{-0.0330}_{-0.0340}$ mm。

（4）绘制 $\phi18H8/f7$ 孔与轴量规公差示意图，如图 3.46 所示。

光滑极限量规宜采用合金工具钢、碳素工具钢、渗碳钢及其他耐磨材料制造，测量面硬度不应小于 60HRC。其测量面的表面粗糙度 Ra（见表 3.36）及量规的形式详见 GB/T 1957—2006。

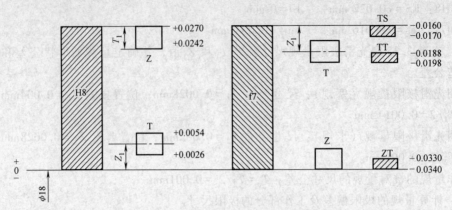

图 3.46 量规公差带示意图

习 题

3-1 已知一孔、轴配合，图样上标注为孔 $\phi 50^{+0.039}_{0}$、轴 $\phi 50^{+0.002}_{-0.023}$，试计算：（1）孔、轴的极限尺寸，并画出此配合的公差带图；（2）配合的极限间隙或极限过盈，并判断配合性质。

3-2 已知孔、轴配合，公称尺寸为 $\phi 25$mm，极限间隙 $X_{max} = +0.086$mm，$X_{min} = +0.020$mm，试确定孔、轴的公差等级，并分别按基孔制和基轴制选择适当的配合。

3-3 计算出表 3.37 中空格处数值，并按规定填写在表中。

表 3.37 习题 3-3 的表　　　　　　　　　　　　　　（单位：mm）

公称尺寸	最大极限尺寸	最小极限尺寸	上极限偏差	下极限偏差	公差	尺寸标注
孔 $\phi 30$	30.053	30.020				
轴 $\phi 60$				-0.030	0.030	
孔 $\phi 80$	80.009				0.030	
轴 $\phi 100$			-0.036	-0.071		
孔 $\phi 300$		300.017	+0.098			
轴 $\phi 500$						$\phi 500^{-0.110}_{-0.360}$

3-4 表 3.38 中的各公称尺寸相同的孔、轴形成配合，根据已知数据计算出其他数据，并将其填入空格内。

表 3.38 习题 3-4 的表　　　　　　　　　　　　　　（单位：mm）

公称尺寸	孔			轴			X_{max} 或 Y_{min}	X_{min} 或 Y_{max}	X_{av} 或 Y_{av}	T_f
	ES	EI	T_h	es	ei	T_s				
$\phi 45$		0				0.025	+0.089		+0.057	
$\phi 80$		0				0.010		-0.021	+0.0035	
$\phi 180$		0.025		0				-0.068		0.065

3-5 计算孔的基本偏差为什么有通用规则和特殊规则之分？它们分别是如何规定的？

3-6 间隙配合、过盈配合与过渡配合各适用于什么场合？每类配合在选定松紧程度时应考虑哪些因素？

3-7 查表确定下列各孔、轴公差带的极限偏差，画出公差带图，说明配合性质及基准制，并计算极限间隙（或极限过盈）。

（1）$\phi 85H7/g6$　　　　（2）$\phi 45N7/h6$　　　　（3）$\phi 65H7/u6$

（4）$\phi 110P7/h6$　　　（5）$\phi 50H8/js7$　　　（6）$\phi 40H8/h8$

3-8 根据孔、轴基本偏差的确定原则和方法，判断下列各对配合性质是否相同？为什么？

(1) $\phi40H8/f7$ 与 $\phi40F8/h7$ (2) $\phi120H8/t7$ 与 $\phi120T8/h7$

(3) $\phi55H7/k6$ 与 $\phi55K7/h6$ (4) $\phi110H7/k7$ 与 $\phi110K7/h7$

(5) $\phi45H8/f8$ 与 $\phi45F8/h8$ (6) $\phi90H8/t8$ 与 $\phi90T8/h8$

3-9 试计算孔 $\phi35^{+0.025}_{0}$ mm 与轴 $\phi35^{+0.033}_{+0.017}$ mm 配合中的极限间隙（或极限过盈），并指明配合性质。

3-10 $\phi18M8/h7$ 和 $\phi18H8/js7$ 中孔、轴的公差 IT7 = 0.018mm，IT8 = 0.027mm，$\phi18M8$ 孔的基本偏差为+0.002，试分别计算这两个配合的极限间隙或极限过盈，并分别绘制出它们的孔、轴公差带示意图。

3-11 孔与轴的公称尺寸为 $\phi30$mm，要求配合的过盈量在 $-48\sim-14\mu$m 之间。请确定孔、轴公差等级，按基孔制选定适当的配合，并绘出尺寸公差带图和配合公差带图。

3-12 孔与轴的公称尺寸为 $\phi30$mm，根据设计要求，配合时的间隙应在 $0\sim66\mu$m 之间。采用基轴制，确定孔、轴公差等级，按标准选择适当的配合，并绘出尺寸公差带图和配合公差带图。

3-13 光滑极限量规的设计原则是什么？

3-14 试设计 $\phi25H7/n6$ 配合的孔、轴工作量规的极限偏差，并画出尺寸公差带图。

第四章 几何公差

第一节 概　述

零件经过加工后，由于加工中机床、夹具、刀具和工件所组成的工艺系统本身存在各种误差，以及加工过程中存在受力变形、振动、磨损等各种干扰，原材料的内应力、切削力等因素的影响，致使加工后的零件表面、轴线、中心对称平面等的实际几何形状和相互位置，与理想几何体的规定形状和线、面相互位置存在差异，这种形状上的差异就是形状误差，而相互位置的差异就是位置误差，统称为几何形位误差，简称几何误差或形位误差。

如图 4.1 所示的圆柱体，即使在尺寸合格时，也有可能出现一端大、另一端小或中间细两端粗等情况，其截面也有可能不圆，这属于形状方面的误差。

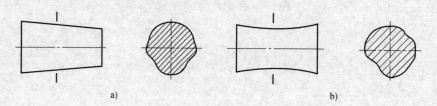

图 4.1　圆柱体的形状误差

再如图 4.2 所示的阶梯轴，加工后可能出现各轴段不同轴线的情况，这属于位置方面的误差。

零件的形位误差对机械产品的工作精度、配合性质、密封性、运动平稳性、耐磨性和使用寿命等都有很大影响。一个零件的形位误差越大，其形位精度越低；反之，则越高。为了保证机械产品的质量和零件的互换性，必须将形位误差控制在一个经济、合理的范围内。这一允许形状和位置误差变动的范围，称为几何体的形状和位置公差，简称几何公差。

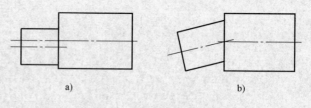

图 4.2　阶梯轴的位置误差

为了保证机械产品的质量和零件的互换性，实现对形位误差的控制，国标对几何公差做出了详细的规定。我国关于几何公差的标准有：GB/T 1182—2008《几何公差：形状、方向、位置和跳动公差标注》、GB/T 1184—1996《形状和位置公差：未注公差值》、GB/T 4249—2009《公差原则》、GB/T 16671—2009《几何公差：最大实体要求、最小实体要求和可逆要求》等。

一、零件的几何要素

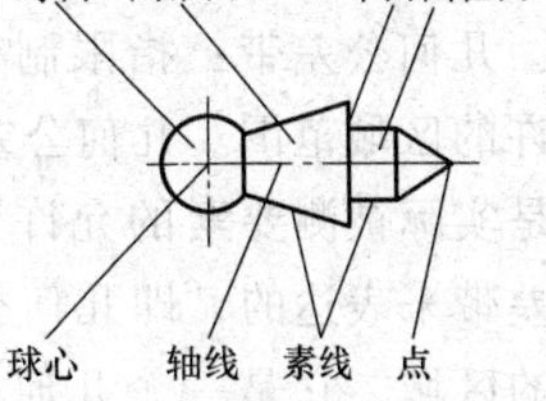

几何公差是用来限制形位误差的，其研究的对象是零件的几何要素。构成零件几何特征的点、线、面称为零件的几何要素，简称要素，如图 4.3 所示的零件就是由多种要素组成的。零件的几何要素可按不同的方式来分类。

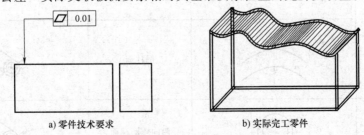

图 4.3 零件几何要素示例

（一）按结构特征分类

（1）组成要素 组成零件轮廓的点、线和面，能为人们直接感觉到的要素称为组成要素（旧称轮廓要素）。如机械图样中表达零件形状的圆柱面、平面、直线、曲线和曲面等。

（2）导出要素 导出要素是指组成要素对称中心所表示的点、线、面各中心要素。零件上的轴线、球心、圆心、两平行平面的中心平面等，虽然不能被人们直接所感受到，但却随着相应的组成要素的存在能模拟地确定其位置的要素。

（二）按存在状态分类

（1）理想要素 指具有几何意义的要素，即几何的点、线、面。它们不存在任何误差。

（2）实际要素 指零件上实际存在的要素。零件加工时，由于种种原因会产生几何误差，在评定形位误差时，通常以测得的要素值来代替实际要素。

（三）按检测关系分类

（1）被测要素 图样上给出了形状和位置公差要求的要素。

（2）基准要素 图样上用来确定被测要素方向和位置的要素。理想的基准要素简称为基准。

（四）按功能关系分类

（1）单一要素 对要素本身提出形状公差要求的被测要素。

（2）关联要素 相对基准要素有方向或位置功能要求而给出位置公差要求的被测要素。

二、几何公差和几何公差带

（一）几何公差和几何公差带的概念

1. 几何公差

几何公差（t）：实际被测要素的允许变动量。如图 4.4a 所示，零件上表面允许不平整的变化量大小即为 0.01。

几何公差包括形状公差和位置公差：

（1）形状公差 实际单一被测要素形状的允许变动量。

（2）位置公差 实际关联被测要素相对其基准要素位置的允许变动量。

0.01

a) 零件技术要求   b) 实际完工零件

图 4.4 几何公差

101

2. 几何公差带

几何公差带：指限制被测实际要素形状或位置变化允许的区域范围。几何公差是用来限制零件几何误差的，它是实际被测要素的允许变动量。而几何公差是用几何公差带来表达的，即几何公差带是限制被测实际要素变动的区域，它是一个几何图形。零件的实际要素如果在该区域之内、就表示该要素的形状和位置符合设计要求。

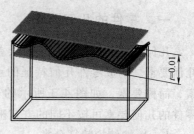

图 4.5　几何公差带

实际完工的零件，如图 4.4b 所示，其上表面允许变化的空间区域范围如图 4.5 所示，为上下两个理想平面之间的区域。几何公差带包括形状公差带和位置公差带。

（1）形状公差带　实际单一被测要素形状的允许变动区域。

（2）位置公差带　实际关联被测要素相对其基准要素位置的允许变动区域。

（二）几何公差带的特点

几何公差带是实际被测要素对图样上给定的理想形状、理想位置的允许变动范围。几何公差带与尺寸公差带不同，尺寸公差带用来限制零件实际尺寸的大小，而几何公差带则用来限制被测实际要素变动的区域。若被测实际要素全部位于给定的公差带内，则表示被测实际要素符合设计要求；反之，则不合格。

几何公差带具有形状、大小、方向和位置 4 个要素，这些要素将在标注中体现出来：

（1）公差带的形状　公差带的形状取决于被测要素的几何特征和设计要求。为满足不同的设计要求，国家标准规定了 9 种主要的公差带形状，见表 4.1。

（2）公差带的大小　公差带的大小一般是指公差带的宽度或直径，由图样上给出的几何公差值决定。见表 4.1 中的 T、ϕt 或 $S\phi t$。

（3）公差带的方向　公差带的方向是指组成公差带几何要素的延伸方向。从图样上看，公差带的方向理论上应与图样上公差带符号的指引线箭头方向垂直。

（4）公差带的位置　几何公差带的位置可分为固定和浮动两种。所谓固定是指公差带的位置由图样上给定的基准和理论正确尺寸确定；所谓浮动是指几何公差带在尺寸公差带内，因实际尺寸的不同而变动，其实际位置与实际尺寸有关。

表 4.1　主要的几何公差带形状

平面区域		空间区域	
两行直线	T	球	$S\phi t$
两等距曲线	T	圆柱面	ϕt
两同心圆	T	两同轴圆柱面	t

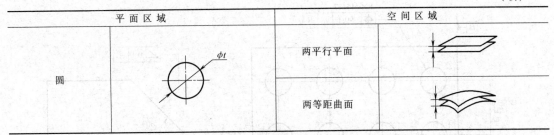

平 面 区 域	空 间 区 域	
圆 （图：ϕt）	两平行平面	（图示）
	两等距曲面	（图示）

形状公差带只是用来限制被测要素的形状误差，本身不作位置要求；而定向位置公差带强调的是相对于基准的方向关系，其对实际要素的位置不作控制，实际要素的位置由相对于基准的尺寸公差或理论正确尺寸控制；定位位置公差带强调的是相对于基准的位置（其必包含方向）关系，公差带的位置由相对于基准的理论正确尺寸确定，公差带是完全固定位置的。

三、几何误差和几何误差最小包容区域

几何公差（t）指的是实际被测要素的允许变动量。而几何误差（f）则是被测要素的实际变动量。允许变动量 t 用区域——几何公差带的大小表示，变动量 f 也用区域——几何误差最小包容区域的大小表示。

最小包容区域是指包容实际被测要素且具有最小宽度或直径的区域，如图 4.6 所示。几何误差最小包容区域（简称最小区域）与相应的几何公差带形状、方向、位置相同，紧包被测要素且最小。最小包容区域分为单一要素的最小包容区域和相关联要素的最小包容区域，而关联要素的最小包容区域又分为定向最小包容区域和定位最小包容区域。最小包容区域的形式与被测要素几何公差的公差带形式相同。如圆度公差的公差带形式为两同心圆之间的区域，则其被测实际要素的包容区域的形式也为两同心圆之间的区域。关联要素的最小包容区域应与基准保持图样上由理论正确尺寸给定的方向和（或）位置关系。

最小包容区域是最小条件的体现，其宽度或直径就是按最小条件评定的实际被测要素的几何误差值。单一要素的最小包容区域、关联要素的定向最小包容区域和定位最小包容区域分别被用来评定被测实际要素的形状、定向和定位误差值。最小包容区域在几何公差带内，零件则为合格；反之，零件则为不合格。

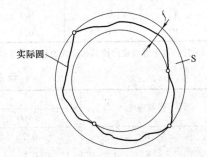

图 4.6　实际圆周 S 的最小包容区域

四、理论正确尺寸

理论正确尺寸是指确定理想被测要素位置的尺寸。对于要素的位置度、轮廓度或倾斜度，其尺寸由不带公差的理论正确位置、轮廓或倾斜度确定，这种尺寸称为理论正确尺寸。理想被测要素是不存在任何误差的要素，所以理论正确尺寸不附带公差，并标注在方框中，如图 4.7 所示。

五、注出几何公差和未注几何公差

前面所述几何公差，一般都在图样上标注出几何公差代号及框格以作要求，称之为注出

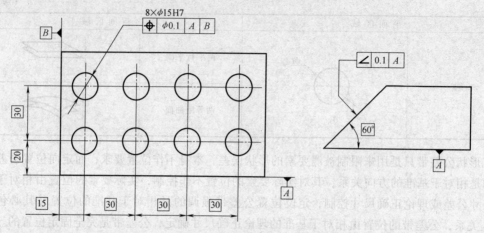

图 4.7　理论正确尺寸

几何公差，简称几何公差。但是，如同第 3 章孔、轴结合的公差与配合中的"未注公差的线性和角度尺寸的公差"一样，在工程图样中还有一类不在图样中注出几何公差代号及框格的几何公差要求。这是在各工厂正常加工和工艺条件下，代表车间常规加工精度可完全保证的几何公差等级（精度）。国标 GB/T 1182—2008 称这种不标注的几何公差为未注公差，并做出相关的基本规定、未注公差等级划分和说明。下面就主要部分介绍如下。

（一）几何公差的未注公差等级及公差值

国标 GB/T 1184—1996 将未注公差划分为 H、K、L 三个公差等级，见表 4.2~表 4.5。

表 4.2　直线度和平面度的未注公差值　　　　　　（单位：mm）

公差等级	基本长度范围					
	≤10	>10~30	>30~100	>100~300	>300~1000	>1000~3000
H	0.02	0.05	0.1	0.2	0.3	0.4
K	0.05	0.1	0.2	0.4	0.6	0.8
L	0.1	0.2	0.4	0.8	1.2	1.6

注：对于直线度应按其相应线的长度选择；对于平面度应按其表面较长一侧圆表面的直径选择。

表 4.3　垂直度的未注公差值　　　　　　（单位：mm）

公差等级	基本长度范围			
	≤100	>100~300	>300~1000	>1000~3000
H	0.2	0.3	0.4	0.5
K	0.1	0.6	0.8	1
L	0.6	1	1.5	2

注：选取形成直角的两边中，较短的一边作为被测要素，若两边等长，则任选一边。

表 4.4　对称度的未注公差值　　　　　　（单位：mm）

公差等级	基本长度范围			
	≤100	>100~300	>300~1000	>1000~3000
H	0.5			
K	0.6		0.8	1
L	0.6	1	1.5	2

注：应取两要素中较长者作为基准，较短者（边长）作为被测要素；若两要素长度相等，则任取一边。

表 4.5　圆跳动的未注公差值　　　　　　　　　　　　（单位：mm）

公差等级	圆跳动公差
H	0.1
K	0.2
L	0.5

对未列表规定的几何公差未注公差值，国标 GB/T 1184—1996 做了文字说明性规定：

1）圆度：圆度的未注公差值等于标准的直径公差值，但不能大于表 4.5 中所列对应公差等级的径向圆跳动值。

2）圆柱度：圆柱度的未注公差值不做规定（附注：圆柱度误差由圆度、直线度和相对素线的平行度误差三个部分组成，其中每一项的误差均由其单独注出的公差或者未注公差来控制）。

3）线轮廓度、面轮廓度：标准的通则规定，要素的线轮廓度、面轮廓度未注公差由各被测要素的注出或未注几何公差、线性尺寸公差或角度公差控制。有权威资料注释为：未注轮廓度要求可由图样上给定的尺寸及公差（包括未注尺寸公差）来控制。

4）平行度（位置公差的未注公差值）：平行度的未注公差值等于给出的尺寸公差值，或是直线度和平面度未注公差值中的相应公差值的较大者。平行度两要素中的较长者作为基准，若两要素等长则任选一要素为基准。

5）同轴度：同轴度的未注公差值未作规定。在极限状况下，同轴度的未注公差值可以和表 4.5 中规定的径向圆跳动的未注公差值相等。应取两要素中的较长者为基准，若等长，则任选一要素为基准。

6）倾斜度、位置度和全跳动：标准的通则规定，倾斜度、位置度和全跳动未注公差由各被测要素的注出或未注几何公差、线性尺寸公差或角度公差控制。权威资料的解释同未注线、面轮廓度公差。根据圆跳动和全跳动的定义，若工程图样中需要明确未注全跳动公差值，则可按表 4.5 的未注圆跳动公差值来控制。

（二）未注公差应用规则与在图样中的表示法

1）工厂应保证车间常规加工精度是在国标 GB/T 1184—1996 规定的未注公差值之内。

2）经常抽样检查以保证工厂常用精度不被破坏。

3）若采用国标 GB/T 1184—1996 规定的未注公差值，则应在标题附近或在技术要求、技术文件（如企业标准）中注出标准及公差等级代号。例如：国标 GB/T 1184—H。

图样上被测要素的未注几何公差与相应的尺寸公差一般遵守独立原则。根据公差原则，由各几何公差的特征项目及其相互关系来确定未注公差项目、公差等级和公差值。

在图样上采用几何公差的未注公差，具有使图样简明、设计省时、检验方便、重点明确等优点，可给设计、加工带来极大方便和效益。

第二节　几何公差的评定与检测

一、几何公差的特征项目及符号

形状与位置公差特征项目共有 14 种，公差特征项目和符号见表 4.6。形状公差是对单一要素提出的要求，因此没有基准要求；位置公差是对关联要素提出的要求，因此，在大多数情况下都是有基准要求的。当公差特征项目为线轮廓度和面轮廓度时，若无基准要求，则为形状公差；若有基准要求，则为位置公差。

几何公差标注时，使用表4.6中的特征项目符号，使用的其他符号见表4.7。

二、几何公差的标注

在技术图样中，几何公差采用符号标注。进行几何公差标注时，应绘制公差框格，注明几何公差数值，并使用表4.6和表4.7中的有关符号。

（一）公差框格

公差框格为矩形框，其中形状公差框为两格，位置公差框为3~5格组成，在图样中只能水平或垂直绘制。框格中的内容从左到右或从下到上按以下次序填写（图4.8）：公差特征项目符号；公差值（用线性值，如公差带形状是圆形或圆柱形时则在公差值前加"ϕ"，如是球形时则加"$S\phi$"）；基准代号（如需要，用一个或多个字母表示基准要素或基准体系）。

表 4.6　几何公差特征项目与符号（GB/T 1182—2008）

公差类型	特征项目	符号	有或无基准要求
形状公差	直线度	—	无
	平面度	▱	无
	圆度	○	无
	圆柱度	⌀	无
形状公差、位置公差	线轮廓度	⌒	有或无（形状公差无）
	面轮廓度	⌓	
方向公差	平行度	//	有
	垂直度	⊥	有
	倾斜度	∠	有
位置公差	位置度	⊕	有或无
	同轴（同心）度	◎	有
	对称度	=	有
跳动公差	圆跳动	↗	有
	全跳动	⌿	有

表 4.7　几何公差标注要求及相关符号（GB/T 1182—2008）

说　明		符　号	说　明	符　号
被测要素的标注	直接	⊥⊥⊥⊥	最大实体要求	Ⓜ
	用字母	A ⊥⊥⊥⊥	最小实体要求	Ⓛ
基准要素的标注		A A	可逆要求	Ⓡ
基准目标的标注		$\frac{\phi2}{A1}$	延伸公差带	Ⓟ
理论正确尺寸		50	自由状态(非刚性零件)条件	Ⓕ
包容要求		Ⓔ	全周(轮廓)	⌀

　　若一个以上要素为被测要素，应在框格上方标明数量，如"6 槽"，"6×φ30"（图 4.8e）。如对同一要素有一个以上的公差特征项目要求，为方便起见，可将一个框格放在另一框格的下面（图 4.8f）。

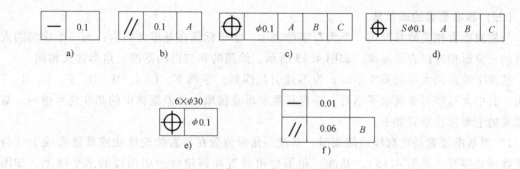

a)　　　　　b)　　　　　c)　　　　　d)

e)　　　　　f)

图 4.8　几何公差框格标注示例

　　若要求在公差带内进一步限定被测要素的形状，则应在公差值后面加注有关符号。几何公差标注中的有关符号见表 4.8。

表 4.8　几何公差标注中的有关符号

含义	符号	举例	含义	符号	举例
只许中间向材料内凹下	(−)	⏤ $t(-)$	只许误差从左至右减小	(▷)	⟋ $t(▷)$
只许中间向材料外凸起	(+)	⏥ $t(+)$	只许误差从右至左减小	(◁)	⟋ $t(◁)$

（二）被测要素的表示法

　　用带箭头的指引线连接框格与被测要素。具体的标注方法是：当公差涉及轮廓线或表面时，将箭头置于被测要素的轮廓线或轮廓线的延长线上（但必须与尺寸线明显地分开），如图 4.9 和图 4.10 所示。

当指向实际表面时，箭头可置于被测带点的参考线上，该点指在实际表面上，如图4.11所示。

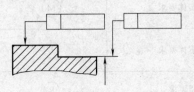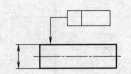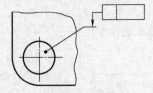

图 4.9　箭头置于轮廓延长线上　　图 4.10　箭头置于轮廓线上　　图 4.11　箭头置于带点的参考线上

当公差涉及轴线、中心平面或由带尺寸要素确定的点时，则带箭头的指引线应与尺寸线的延长线重合，如图 4.12 所示。

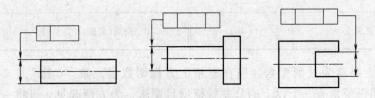

图 4.12　指引线与尺寸线的延长线重合

（三）基准要素的表示法

与被测要素相关的基准用一个大写字母表示。字母标注在基准方格内，与一个涂黑的或空白的三角形相连以表示基准，如图 4.13 所示。涂黑的和空白的基准三角形含义相同。

基准字母采用大写的英文字母，为不致引起误解，字母 E、I、J、M、O、P、L、R、F 不用。其中大写字母必须水平书写，并且基准字母直接填入公差框格中的基准代号格内。基准要素的主要标注形式如下：

1）当基准要素是轮廓线或端面时，基准三角形放置在要素的轮廓线或其延长线上（与尺寸线明显错开，见图 4.13），基准三角形也可放置在该轮廓面引出线的水平线上，如图 4.14 所示。若基准代号标注在轮廓线的延长线上，则可放置在延长线的任意一侧。

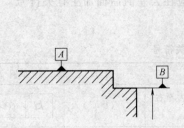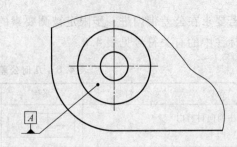

图 4.13　基准要素的表示　　　　图 4.14　基准代号在轮廓面引出线上的标注

2）当基准是尺寸要素确定的轴线、中心平面或中心点时，基准三角形应放置在该尺寸线的延长线上。如果没有足够的位置标注基准要素尺寸的两个尺寸箭头，则其中一个箭头可用基准三角形代替，如图 4.15 所示。

3）如果只以要素的某一局部作基准，则应用粗点画线示出该部分并加注尺寸，如图 4.16 所示。

108

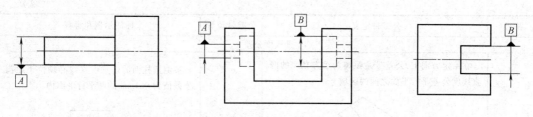

图 4.15 基准为中心要素的标注

三、形状公差

（一）形状公差及其公差带

形状公差是指单一实际要素的形状所允许的变动全量。形状公差用形状公差带来表达，形状公差带是限制单一实际要素变动的区域。实际要素在该区域内者为合格；反之，则为不合格。

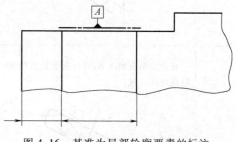

图 4.16 基准为局部轮廓要素的标注

（二）形状公差示例及其公差带含义

表 4.6 列出了国标规定的 4 种形状公差项目和两种形状或位置公差带，这 4 种形状公差特征项目、公差带及图例见表 4.9。

四、形状或位置公差及公差带

（一）形状或位置公差及其公差带

形状或位置公差（或轮廓度公差）包含两项，即线轮廓度和面轮廓度。线轮廓度公差用于限制实际曲线对理想曲线的变动量；面轮廓度公差用于限制实际曲面对理想曲面的变动量。

线轮廓度和面轮廓度涉及的被测要素是曲线和曲面。轮廓度无基准要求时为形状公差，其公差带形状由理论尺寸决定，公差带的方位可以浮动，用以控制被测要素的轮廓形状；轮廓度有基准要求时为位置公差，其公差带的位置需由理论正确尺寸相对于基准来决定。

（二）形状或位置公差示例及其公差带含义

两种形状或位置公差特征项目、公差带及图例见表 4.10。

表 4.9　形状公差特征项目、公差带及图例

符号	公差带定义	公差带位置	标注示例和解释
	直线度公差		
一	在给定平面内,公差带是距离为公差值 t 的两平行直线之间的区域	浮动	被测表面的素线必须位于图示投影面且距离公差值为 0.1mm 的两平行直线内 ⎯ 0.1

符号	公差带定义	公差带位置	标注示例和解释
	直线度公差		
	在给定方向上,公差带是距离为公差值 t 的两直线度公差平行平面之间的区域 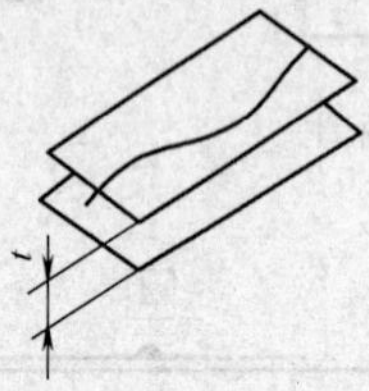	浮动	被测圆柱面的任意一素线必须位于距离公差值为 0.1mm 的两平行平面内 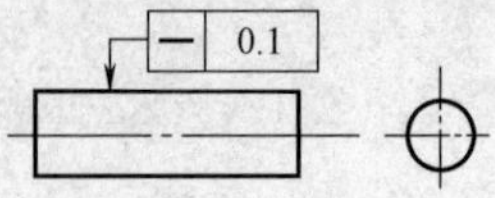
—	在公差值前加注 ϕ,则公差带是直径为 t 的圆柱面内的区域 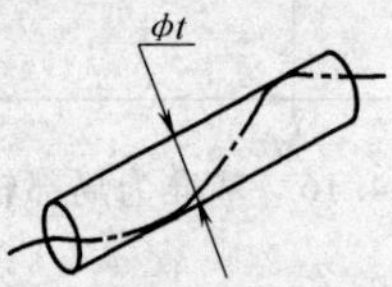	浮动	被测圆柱面的轴线必须位于直径公差值为 0.08mm 的圆柱内 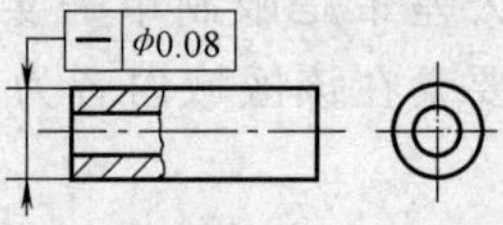
	平面度公差		
▱	公差带是距离为公差值 t 的两平行平面之间的区域 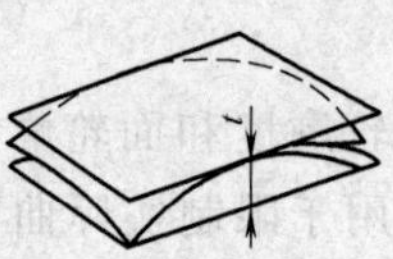	浮动	被测表面必须位于距离为公差值 0.08mm 的两平行平面之间 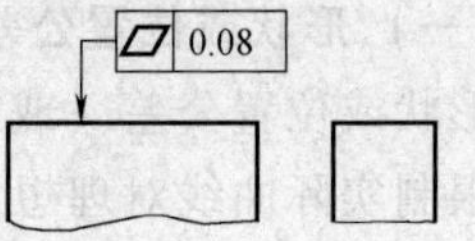
	圆度公差		
○	公差带是在同一正截面上,半径差为公差值 t 的两同心圆之间的区域 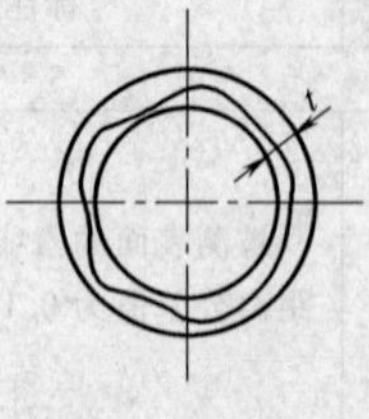	浮动	被测圆柱面任意一正截面上的圆周必须位于半径差公差值为 0.03mm 的两同心圆之间 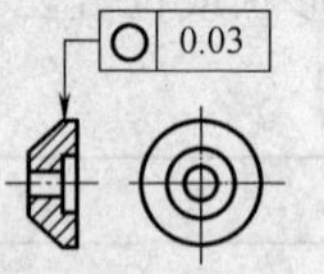 被测圆锥面任意一正截面上的圆周必须位于半径差公差值为 0.1mm 的两同心圆之间 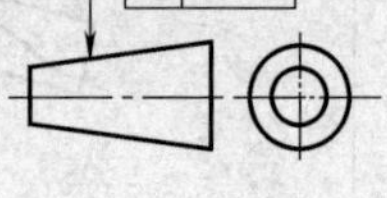

符号	公差带定义		公差带位置	标注示例和解释
	圆柱度公差			
⌭	公差带是半径差为公差值 t 的两同轴圆柱面之间的区域 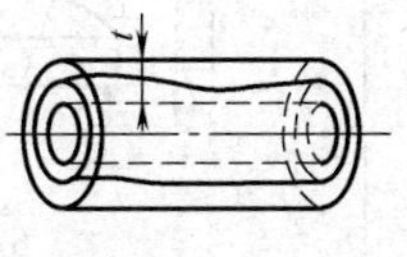		浮动	被测圆柱面必须位于半径差公差值为 0.1mm 的两同轴圆柱面之间 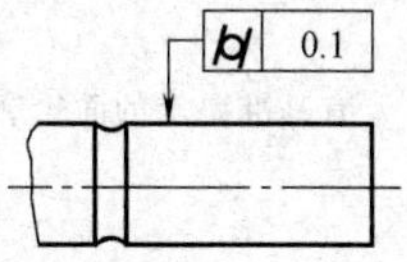

表 4.10　形状或位置公差特征项目、公差带及图例

符号	公差带定义		公差带位置	标注示例和解释
	线轮廓度公差:线轮廓度公差值是限制实际曲线对理想曲线变动量的指标			
⌒	公差带是包络一系列直径为公差值 t 的圆的两包络线之间的区域。诸圆的圆心位于具有理论正确几何形状的线上 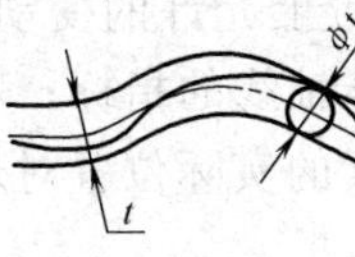 $d=t$ 无基准要求的线轮廓度公差如图 a) 所示 有基准要求的线轮廓度公差如图 b) 所示		浮动	在平行于图样所示投影面的任意一截面上,被测轮廓线必须位于包络一系列直径为公差值 0.04mm,且圆心位于具有理论正确几何形状的曲线上的两包络线之间 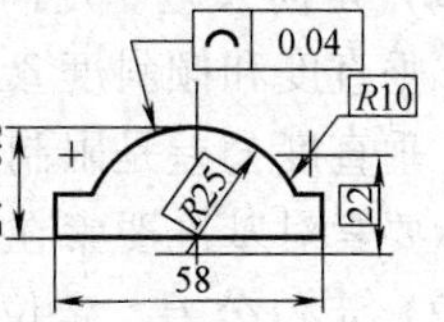 a) 线轮廓度公差无基准要求时,属于形状公差
			固定	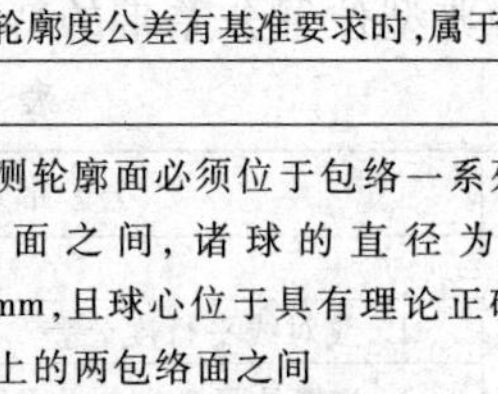 b) 线轮廓度公差有基准要求时,属于位置公差
	面轮廓度公差			
⌓	公差带是包络一系列直径为公差值 t 的球的两包络面之间的区域。诸球心位于具有理论正确几何形状的面上 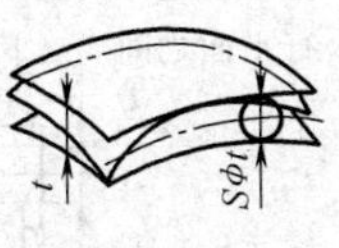 无基准要求的面轮廓度公差如图 a) 所示		浮动	被测轮廓面必须位于包络一系列球的两包络面之间,诸球的直径为公差值 0.02mm,且球心位于具有理论正确几何形状面上的两包络面之间 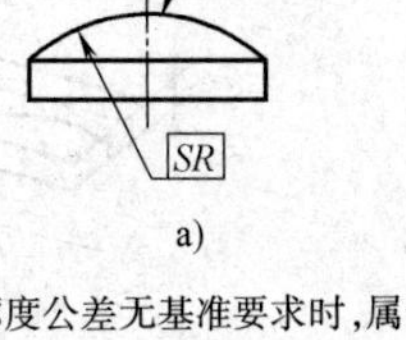 a) 面轮廓度公差无基准要求时,属于形状公差

符号	公差带定义	公差带位置	标注示例和解释
	面轮廓度公差		
⌒	有基准要求的面轮廓度公差如图 b)所示	固定	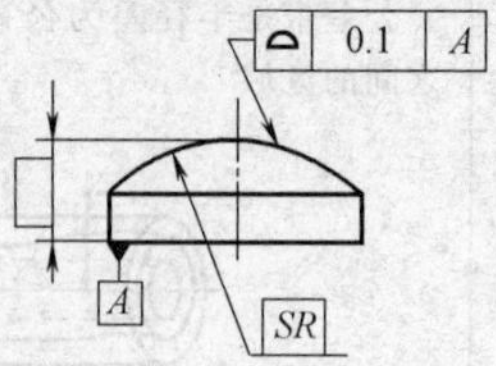 b) 面轮廓度公差有基准要求时,属于位置公差

五、位置公差

（一）位置公差

位置公差是指关联实际要素的方向或位置对基准要素所允许的变动量。位置公差又分为定向公差、定位公差和跳动公差 3 类。

（1）定向公差　定向公差是关联实际要素对基准要素在方向上允许的变动量，包括平行度、垂直度和倾斜度 3 项。平行度公差是限制实际要素对基准要素在水平方向上变动量的指标；垂直度公差是限制实际要素对基准要素在垂直方向上变动量的指标；倾斜度公差是限制实际要素对基准要素在倾斜方向的变动量指标。

（2）定位公差　定位公差是关联实际要素对基准在位置上允许的变动量，包括同轴度、对称度和位置度 3 项。同轴度公差是限制被测轴线偏离基准轴线的指标；对称度公差是限制被测要素偏离基准要素的指标；位置度公差是限制被测要素的实际位置对理想位置变动量的指标，它的定位尺寸为理论正确尺寸。

（3）跳动公差　跳动公差是关联实际要素绕基准轴线回转一周或连续回转时所允许的最大跳动量，包括圆跳动和全跳动两项。当关联实际要素绕轴线回转一周时为圆跳动，绕基准轴线连续回转时，为全跳动。

（二）位置公差带示例及公差带定义

位置公差用位置公差带表示。位置公差带是限制关联实际要素变动的区域，合格零件的实际要素应位于此区域内。

8 种典型位置公差带的特征项目、公差带定义、标注示例和解释见表 4.11~表 4.13。

表 4.11　定向公差特征项目、公差带及图例

符号	公差带定义	公差带位置	标注示例和解释
	平行度公差		
	1. 线对线平行度公差		
∥	公差带是距离为公差值 t 且平行于基准线,位于给定方向上的两平行平面之间的区域 A 基准轴线	浮动	被测轴线必须位于距离为公差值 0.1mm 且在给定方向上平行于基准轴线的两组平行平面之间 ∥ | 0.1 | A A

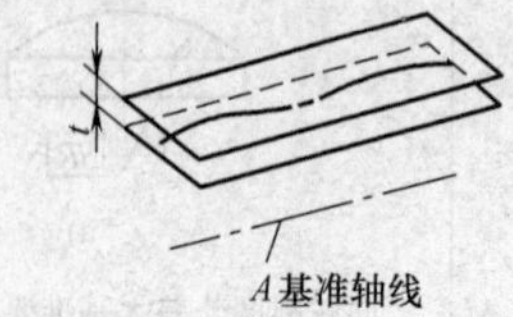

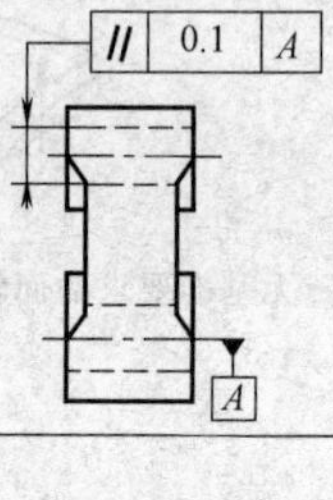

(续)

符号	公差带定义	公差带位置	标注示例和解释

平行度公差

1. 线对线平行度公差

公差带是两对互相垂直的距离为 t_1 和 t_2 且平行于基准线的两平行平面之间的区域

被测轴线必须位于水平方向距离为公差值 0.2mm,垂直方向距离为公差值 0.1mm 且平行于基准轴线的两组平行平面内

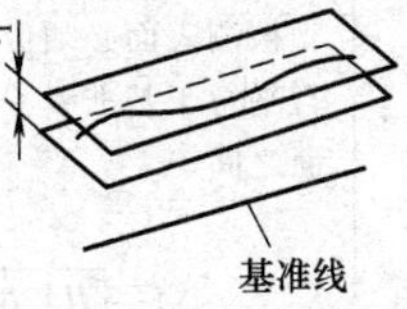

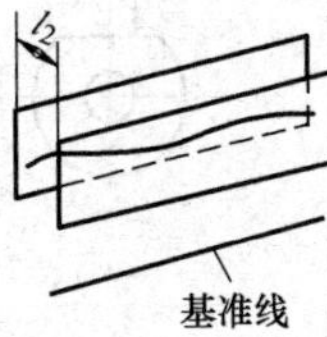

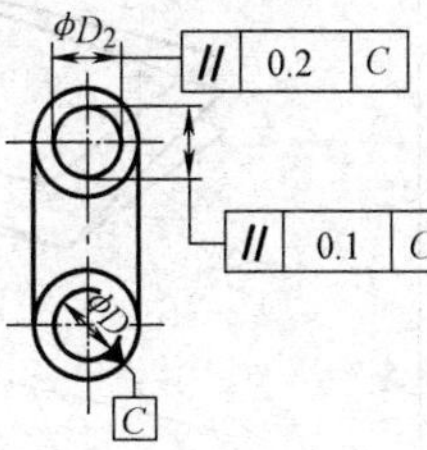

浮动

如在公差值前加注 ϕ,公差带是直径为公差值 t 且平行于基准线的圆柱面内的区域

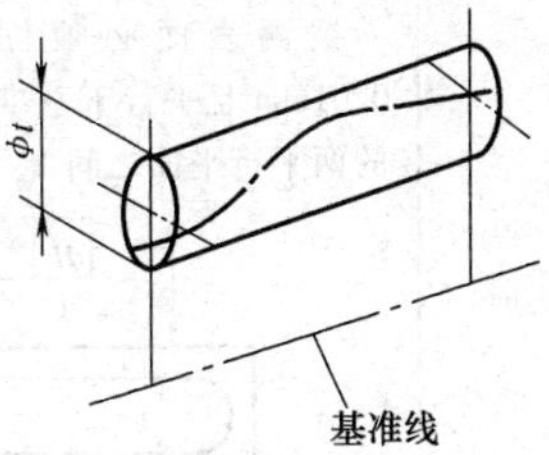

被测轴线必须位于直径为公差值 $\phi0.03$mm 且平行于基准轴线 A 的圆柱面内

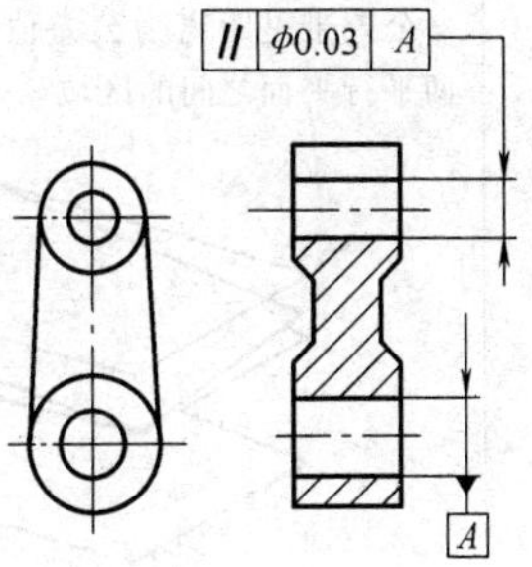

浮动

2. 线对面平行度公差

公差带是距离为公差值 t 且平行于基准平面的两平行平面之间的区域

被测轴线必须位于距离为公差值 0.01mm 且平行于基准表面 B(基准平面)的两平行平面之间

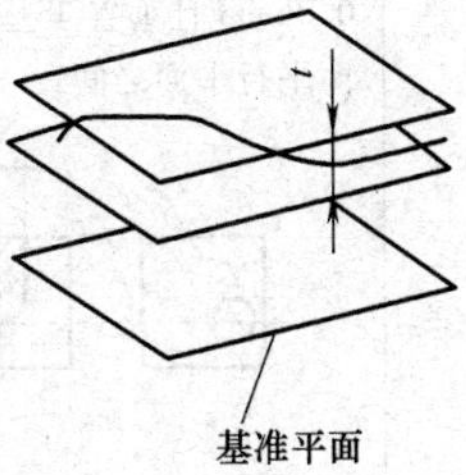

浮动

113

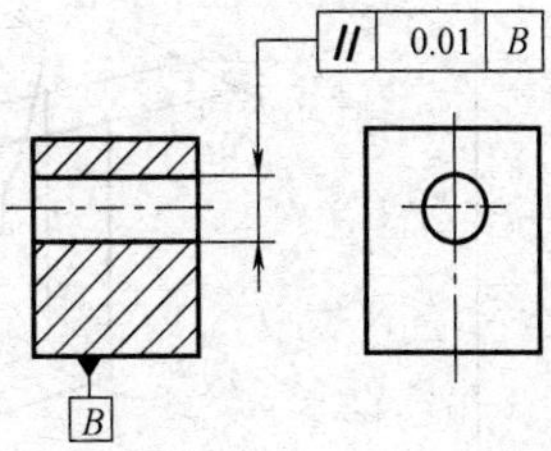

符号	公差带定义		公差带位置	标注示例和解释
		平行度公差		
	3. 面对线平行度公差			
	公差带是距离为公差值 t 且平行于基准面的两平行平面之间的区域 基准线		浮动	被测表面必须位于距离为公差值 0.1mm 且平行于基准线 C（基准轴线）的两平行平面之间
$\parallel$	4. 面对面平行度公差			
	公差带是距离为公差值 t 且平行于基准面的两平行平面之间的区域 基准平面		浮动	被测表面必须位于距离为公差值 0.01mm 且平行于基准表面 D（基准平面）的两平行平面之间
		垂直度公差		
	1. 线对线垂直度公差			
$\perp$	公差带是距离为公差值 t 且垂直于基准线的两平行平面之间的区域 基准线		浮动	被测轴线必须位于距离为公差值 0.06mm 且垂直于基准线 A（基准轴线）的两平行平面之间

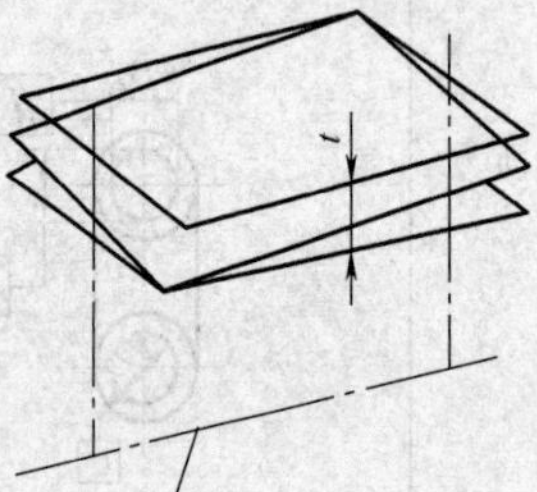

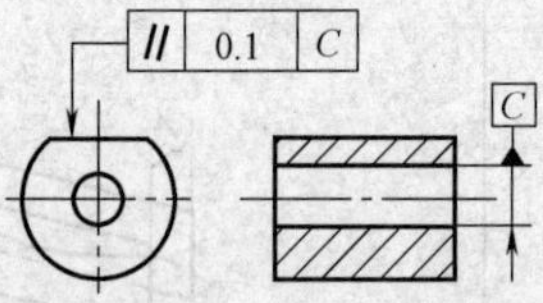

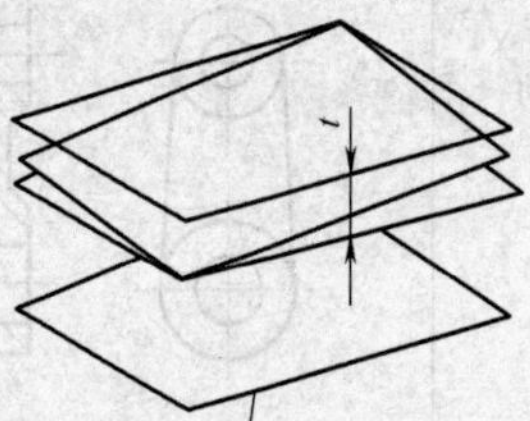

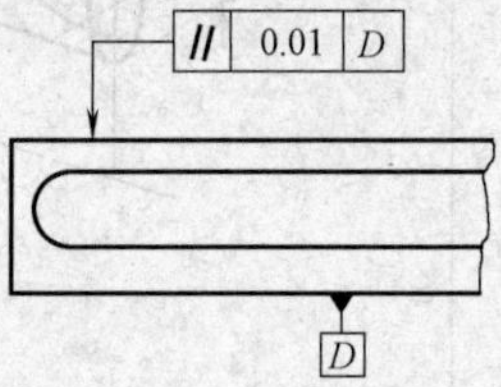

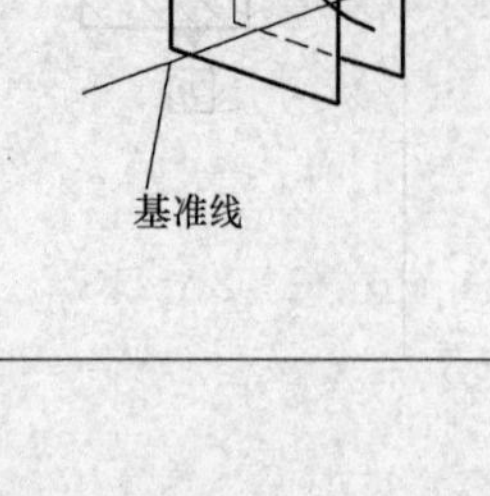

符号	公差带定义	公差带位置	标注示例和解释
	垂直度公差		

<table>
<tr><td rowspan="6">⊥</td><td colspan="3">1. 线对线垂直度公差</td></tr>
<tr>
<td>在给定方向上，公差带是距离为公差值 t 且垂直于基准面的两平行平面之间的区域 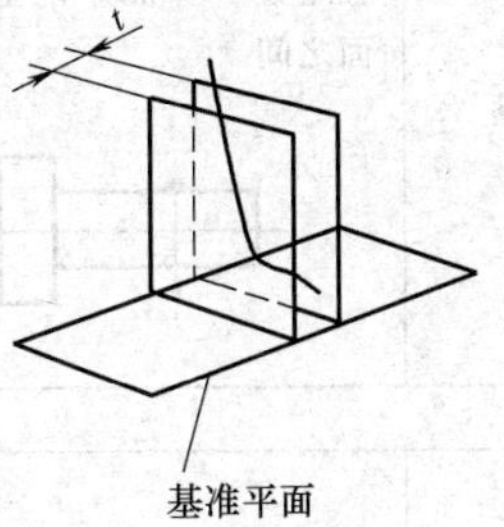

基准平面</td>
<td>浮动</td>
<td>在给定方向上被测轴线必须位于距离为公差值 0.02mm 且垂直于基准表面 A 的两平行平面之间 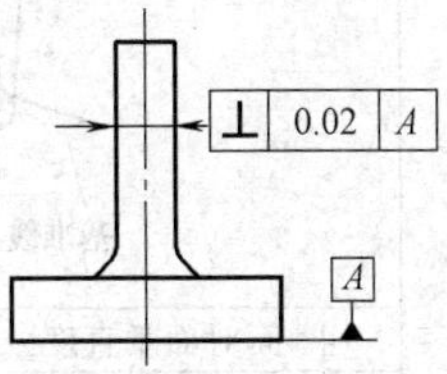

</td>
</tr>
<tr><td colspan="3">2. 线对面垂直度公差</td></tr>
<tr>
<td>公差带是互相垂直的距离分别为 t_1 和 t_2 且垂直于基准面的两对平行平面之间的区域 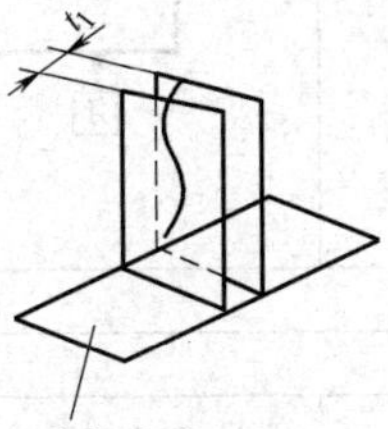

基准平面 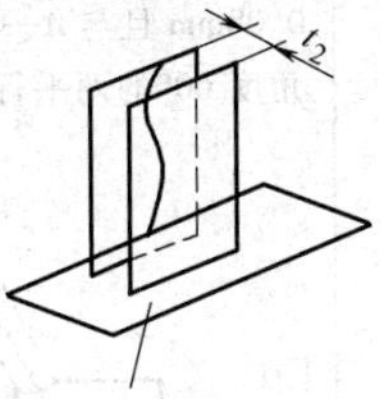

基准平面</td>
<td>浮动</td>
<td>被测轴线必须位于距离分别为公差值 0.2mm 和 0.1mm 的互相垂直且垂直于基准平面的两对平行平面之间 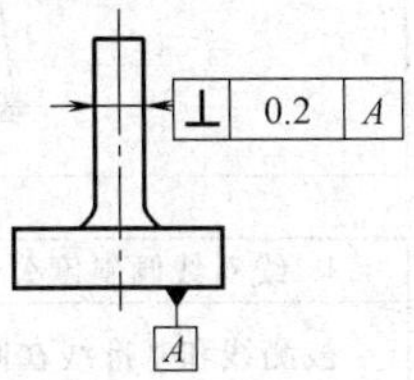 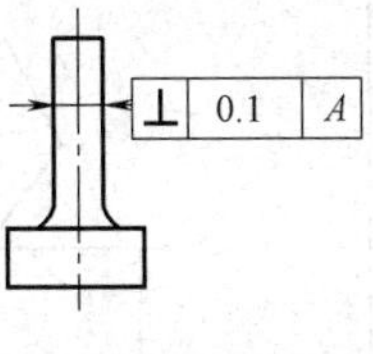

</td>
</tr>
<tr>
<td>如公差值前加注 ϕ，则公差带是直径为公差值 t 且垂直于基准面的圆柱面内的区域 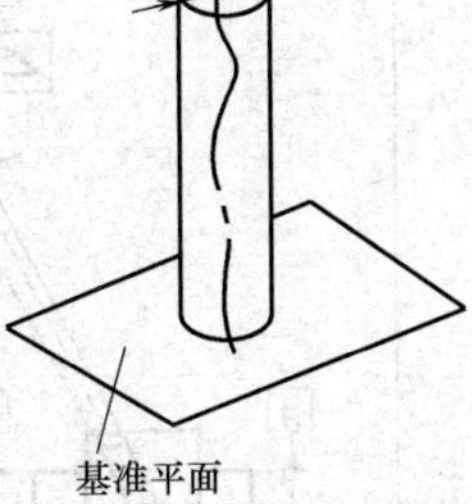

基准平面</td>
<td>浮动</td>
<td>被测轴线必须位于直径为公差值 0.01mm 且垂直于基准面 A（基准平面）的圆柱面内 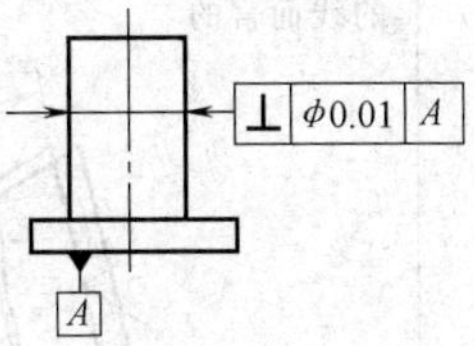

</td>
</tr>
</table>

115

符号	公差带定义	公差带位置	标注示例和解释
	垂直度公差		

3. 面对线垂直度公差

公差带是距离为公差值 t 且垂直于基准线的两平行平面之间的区域

基准线

浮动

被测面必须位于距离为公差值 0.08mm 且垂直于基准线 A（基准轴线）的两平行平面之间

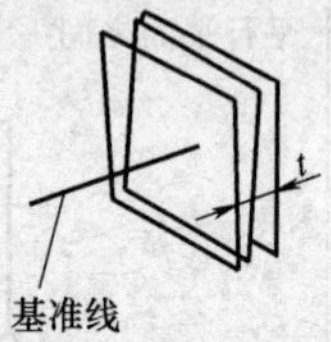

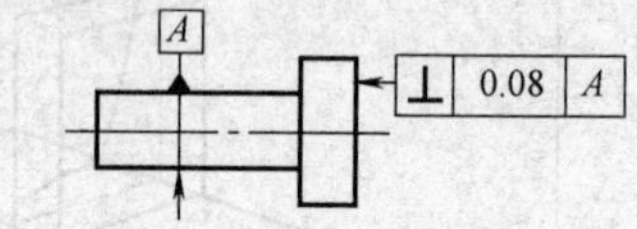

$\perp$ | 0.08 | A

4. 面对面垂直度公差

公差带是距离为公差值 t 且垂直于基准面的两平行平面之间的区域

基准平面

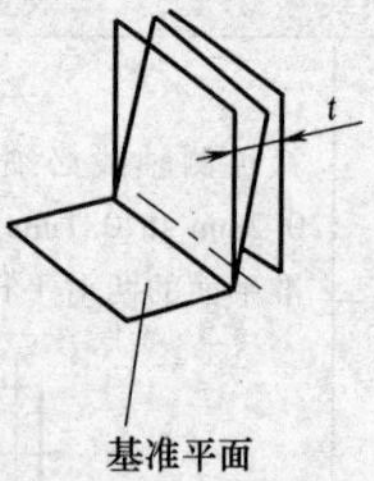

浮动

被测面必须位于距离为公差值 0.08mm 且垂直于基准平面 A 的两平行平面之间

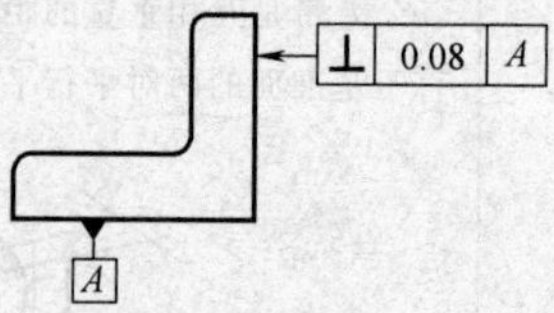

$\perp$ | 0.08 | A

| | 倾斜度公差 | | |

1. 线对线倾斜度公差

被测线和基准线在同一平面内，公差带是距离为公差值 t 且与基准线成一给定角度的两平行平面之间的区域

基准线

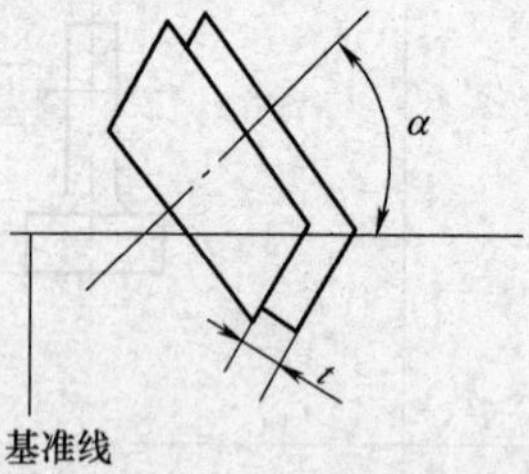

浮动

被测轴线必须位于距离为公差值 0.08mm 且与 A—B 公共基准线成理论正确角度 60° 的两平行平面之间

$\angle$ | 0.08 | A—B

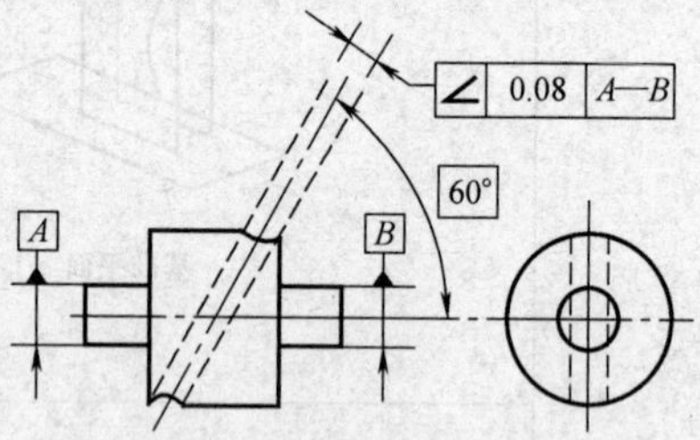

被测线与基准线在同一平面内，公差带是距离为公差值 t 且与基准成一给定角度的两平行平面之间的区域。如被测线与基准不在同一平面内，则被测线应投影到包含基准轴线并平行于被测轴线的平面上，公差带是相对于投影到该平面的线而言的

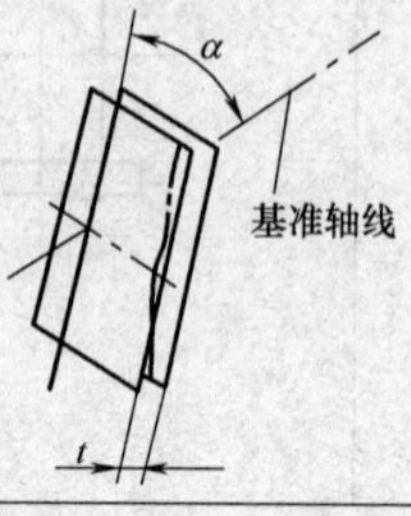

基准轴线

浮动

被测轴线投影到包含基准轴线的平面上，它必须位于距离为公差值 0.08mm，并与 A—B 公共基准线成理论正确角度 60° 的两平行平面之间

$\angle$ | 0.08 | A—B

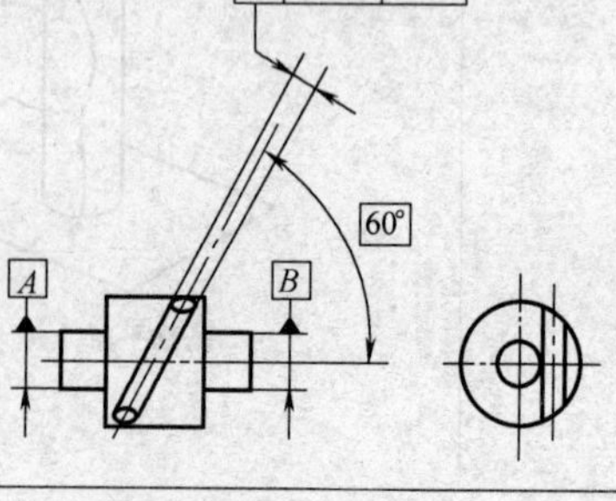

符号	公差带定义	公差带位置	标注示例和解释
	倾斜度公差		

	2. 线对面倾斜度公差		
	公差带是距离为公差值 t 且与基准成一给定角度的两平行平面之间的区域 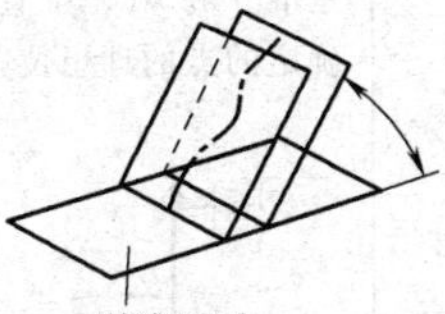	浮动	被测轴线必须位于距离为公差值 0.08mm 且与基准面 A（基准平面）成理论正确角度 60° 的两平行平面之间 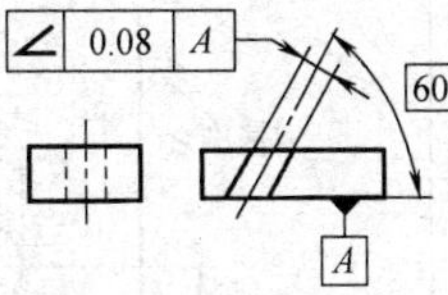
	如在公差值前加注 ϕ，则公差带是直径为公差值 t 的圆柱面内的区域，该圆柱面的轴线应与基准平面成一给定的角度并平行于另一基准平面 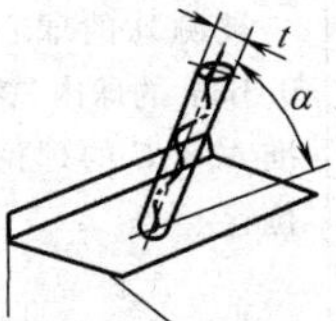	浮动	被测轴线必须位于直径为公差值 0.1mm 的圆柱面公差带内，该公差带的轴线应与基准表面 A（基准平面）成理论正确角度 60° 并平行于基准平面 B 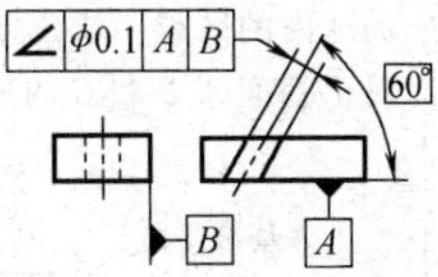
∠	3. 面对线倾斜度公差		
	公差带是距离为公差值 t 且与基准线成一给定角度的两平行平面之间的区域 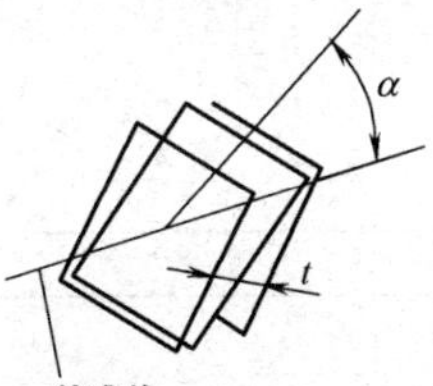	浮动	被测表面必须位于距离为公差值 0.1mm 且与基准线 A（基准轴线）成理论正确角度 75° 的两平行平面之间 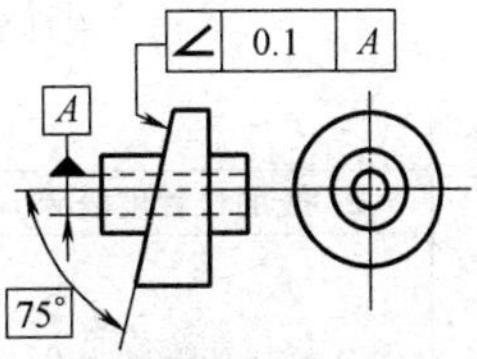
	4. 面对面倾斜度公差		
	公差带是距离为公差值 t，且与基准面成一给定角度的两平行平面之间的区域 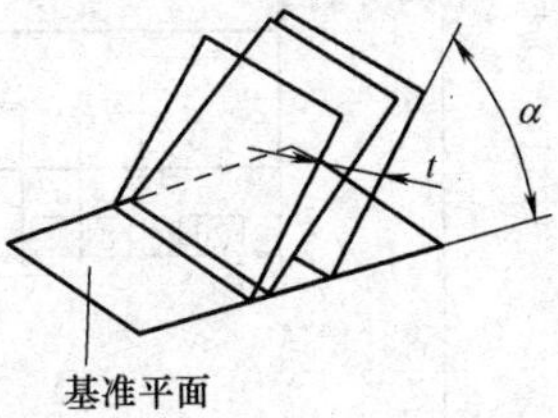	浮动	被测表面必须位于距离为公差值 0.08mm 且与基准面 A（基准平面）成理论正确角度 40° 的两平行平面之间 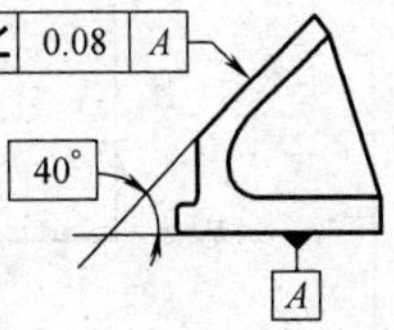

117

表 4.12　定位公差特征项目、公差带及图例

符号	公差带定义	公差带位置	标注示例和解释
	位置度公差		
	1. 点的位置度公差		
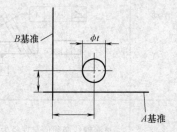	如公差值前加注 ϕ,公差带是直径为公差值 t 的圆内的区域。圆公差带的中心点的位置由相对于基准 A 和 B 的理论正确尺寸确定	固定	两个中心线的交点必须位于直径为公差值 0.3mm 的圆内,该圆的圆心位于由相对基准 A 和 B(基准直线)的理论正确尺寸所确定的点的理想位置 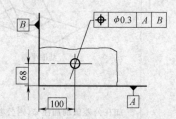
	如公差值前加注 $S\phi$,公差带是直径为公差值 t 的球内的区域。球公差带的中心点的位置由相对于基准 A,B 和 C 的理论正确尺寸确定 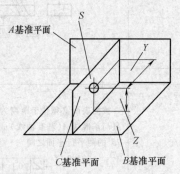	固定	被测球的球心必须位于直径为公差值 0.3mm 的球内,该球的球心位于由相对基准 A、B、C 的理论正确尺寸所确定的理想位置 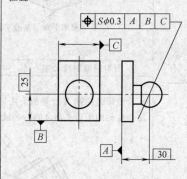
	2. 线的位置度公差		
	公差带是距离为公差值 t 且以线的理想位置为中心线对称配置的两平行直线之间的区域。中心线的位置由相对于基准 A 的理论正确尺寸确定,此位置度公差仅给定一个方向 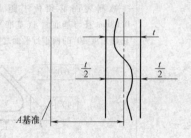	固定	每根刻线的中心线必须位于距离为公差值 0.05mm 且由相对于基准 A 的理论正确尺寸所确定的理想位置对称的两平行直线之间 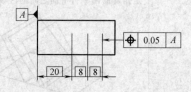

符号	公差带定义	公差带位置	标注示例和解释

位置度公差

2. 线的位置度公差

公差带是两对互相垂直的距离为 t_1 和 t_2 且以轴线的理想位置为中心对称配置的两平行平面之间的区域。轴线的理想位置是由相对于三基面体系的理论正确尺寸确定的,此位置度公差相对于基准给定互相垂直的两个方向

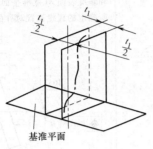

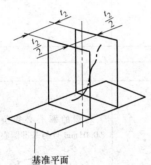

固定

各个被测孔的轴线必须分别位于两对互相垂直的距离为公差值 0.05mm 和 0.02mm 且相对于 C、A、B 基准表面的,理论正确尺寸所确定的,理想位置对称配置的两平行平面之间

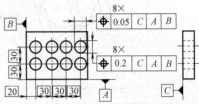

3. 线对面位置度公差

若在公差值前加注 ϕ,则公差带是直径为 t 的圆柱面内的区域。公差带的轴线的位置由相对于三基面体系的理论正确尺寸确定

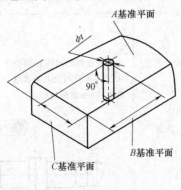

固定

被测轴线必须位于直径为公差值 0.08mm,且以相对于 C、A、B 基准表面(基准平面)的理论正确尺寸所确定的理想位置为轴线的圆柱面内

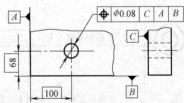

每个被测轴线必须位于直径为公差值 0.1mm,且以相对于 C、A、B 基准表面(基准平面)的理论正确尺寸所确定的理想位置为轴线的圆柱面内

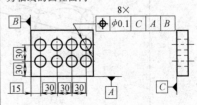

119

符号	公差带定义	公差带位置	标注示例和解释

位置度公差

4. 平面或中心平面的位置度公差

公差带是距离为公差值 t 且以面的理想位置为中心对称配置的两平行平面之间的区域。面的理想位置是由相对于三基面体系的理论正确尺寸确定的

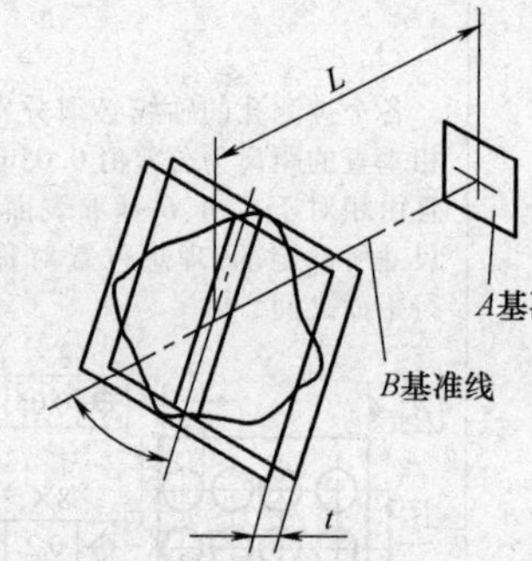

符号: ⊕

公差带位置: 固定

被测表面必须位于距离为公差值 0.05mm，且以相对于基准线 B（基准轴线）和基准表面 A（基准平面）的理论正确尺寸所确定的理想位置对称配置的两平行平面之间

⊕ $\phi0.05$ | B | A

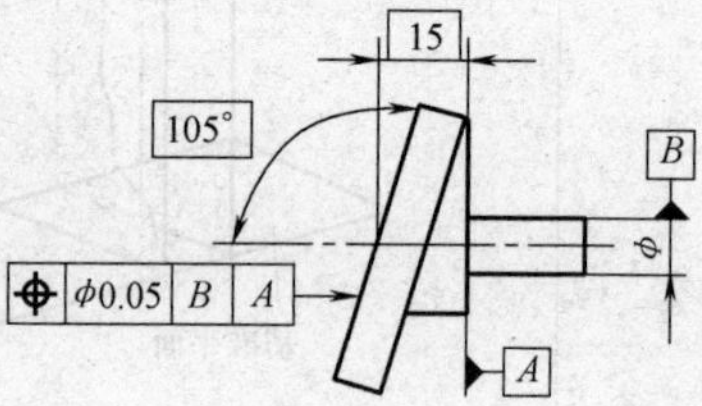

同轴度公差

1. 点的同轴度公差

公差带是直径为公差值 t 且与基准圆心同心的圆内的区域

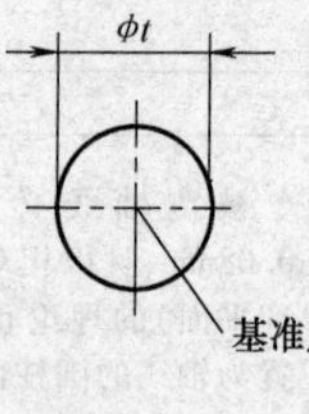

公差带位置: 固定

外圆的圆心必须位于直径为公差值 $\phi0.01$mm 且与基准圆心同心的圆内

◎ $\phi0.01$ | A

2. 轴的同轴度公差

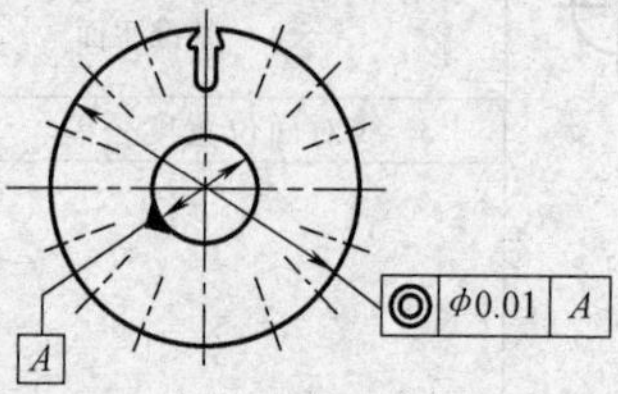

符号: ◎

公差带是直径为公差值 t 的圆柱面内的区域，该圆柱面的轴线与基准轴线同轴

公差带位置: 固定

大圆柱面的轴线必须位于直径为公差值 $\phi0.08$mm 且与公共基准线 $A—B$（公共基准轴线）同轴的圆柱面内

◎ $\phi0.08$ | $A—B$

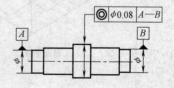

符号	公差带定义	公差带位置	标注示例和解释
	对称度公差		
	面对面的对称度公差		
=	公差带是距离为公差值 t 且相对基准的中心平面对称配置的两平行平面之间的区域 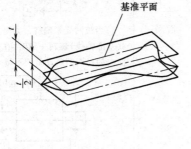 基准平面	固定	被测中心平面必须位于距离为公差值 0.08mm，且相对于基准中心平面 A 对称配置的两平行平面之间 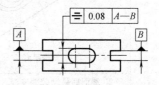 被测中心平面必须位于距离为公差值 0.08mm 且相对于公共基准中心平面 $A—B$ 对称配置的两平行平面之间

表 4.13　跳动公差特征项目、公差带及图例

符号	公差带定义	公差带位置	标注示例和解释
	圆跳动公差		
	1. 径向圆跳动公差		
↗	公差带是在垂直于基准轴线的任意一测量平面内、半径差为公差值 t 且圆心在基准轴线上的两同心圆之间的区域 圆跳动通常是围绕轴线旋转一整周，也可对部分圆周进行控制 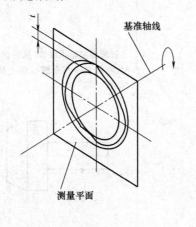 基准轴线　测量平面	浮动	1）当被测要素围绕基准线 A（基准轴线）并同时受基准表面 B（基准平面）的约束旋转一周时，在任意一测量平面内的径向圆跳动量均不得>0.1mm 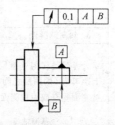 2）被测要素绕基准线 A（基准轴线）旋转一个给定的部分圆周时，在任意一测量平面内的径向圆跳动量均不得>0.2mm 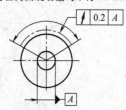

符号	公差带定义	公差带位置	标注示例和解释
	圆跳动公差		

1. 径向圆跳动公差

公差带是在垂直于基准轴线的任意一测量平面内、半径差为公差值 t 且圆心在基准轴线上的两同心圆之间的区域

圆跳动通常是围绕轴线旋转一整周，也可对部分圆周进行控制

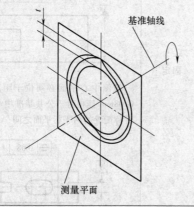

基准轴线
测量平面

公差带位置：浮动

解释见 2)

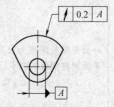

3) 当被测要素围绕公共基准线 A—B（公共基准轴线）旋转一周时，在任意一测量平面内的径向圆跳动量均不得 >0.1mm

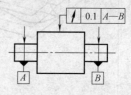

2. 端面圆跳动公差

公差带是在与基准同轴的任意一半径位置的测量圆柱面上距离为 t 的两圆之间的区域

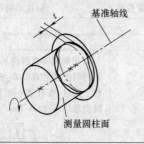

基准轴线
测量圆柱面

浮动

被测面围绕基准线 D（基准轴线）旋转一周时，在任意一测量圆柱面内轴向的跳动量均不得 >0.1mm

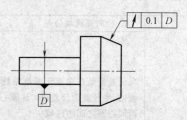

3. 斜向圆跳动公差

公差带是在与基准同轴的任意一测量圆锥面上距离为 t 的两圆之间的区域，其测量方向应与被测面垂直或为被测面的轮廓线的法线方向

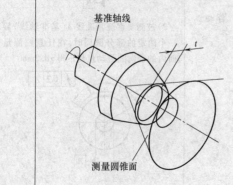

基准轴线
测量圆锥面

浮动

被测面绕基准线 C（基准轴线）旋转一周时，在任意一测量圆锥面上的跳动量均不得 >0.1mm

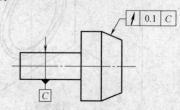

符号	公差带定义	公差带位置	标注示例和解释

圆跳动公差

4. 斜向圆跳动公差

公差带是在与基准同轴的任意一给定角度的测量圆锥面上，距离为公差值 t 的两圆之间的区域

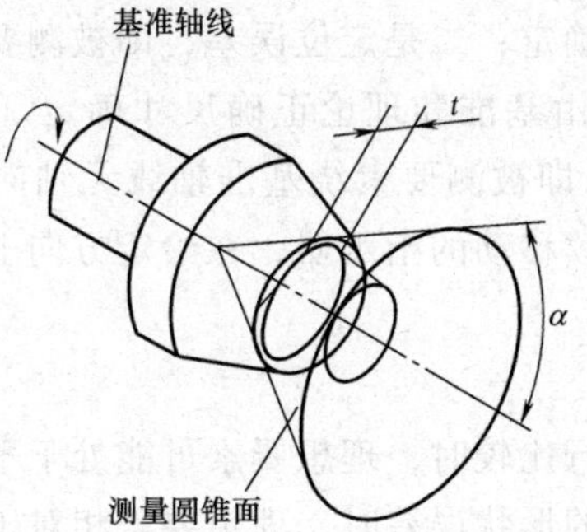

浮动

被测面绕基准线 A（基准轴线）旋转一周时，在给定角度为 $60°$ 的任意一测量圆锥面上的跳动量均不得 $>0.1mm$

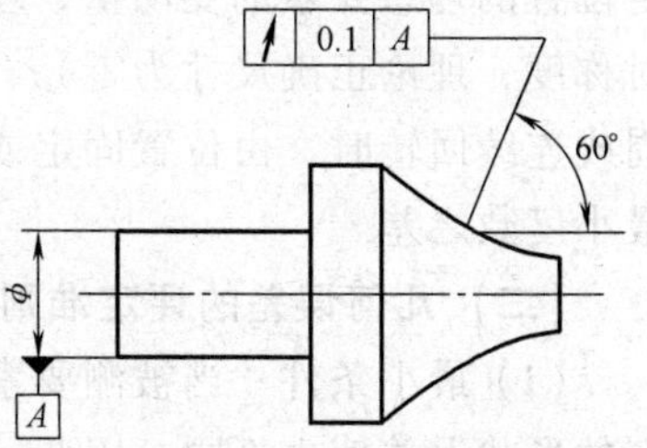

全跳动公差

1. 径向全跳动公差

公差带是半径差为公差值 t 且与基准同轴的两圆柱面之间的区域

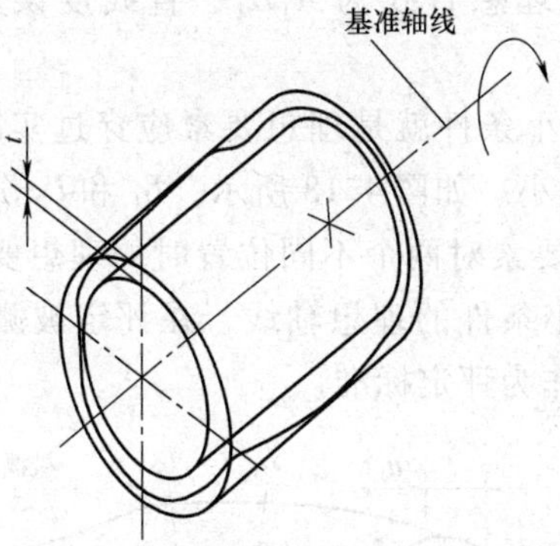

浮动

被测要素围绕公共基准线 $A—B$ 作若干次旋转，并在测量仪器与工件间同时作轴向的相对移动时，被测要素上各点间的示值差均不得 $>0.1mm$；测量仪器或工件必须沿着基准线方向并相对于公共基准轴线 $A—B$ 移动

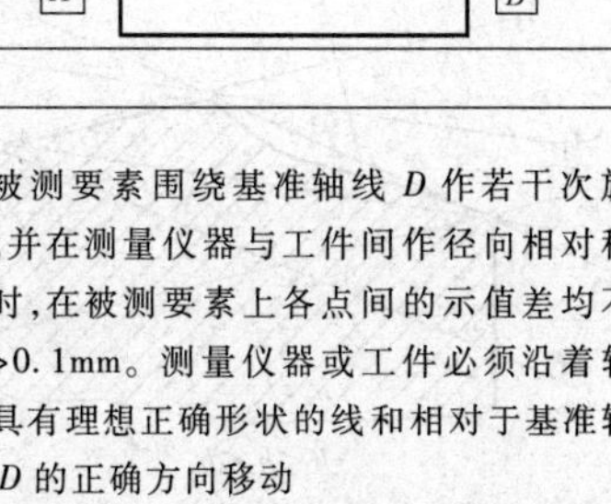

2. 端面全跳动公差

公差带是距离为公差值 t 且与基准垂直的两平行平面之间的区域

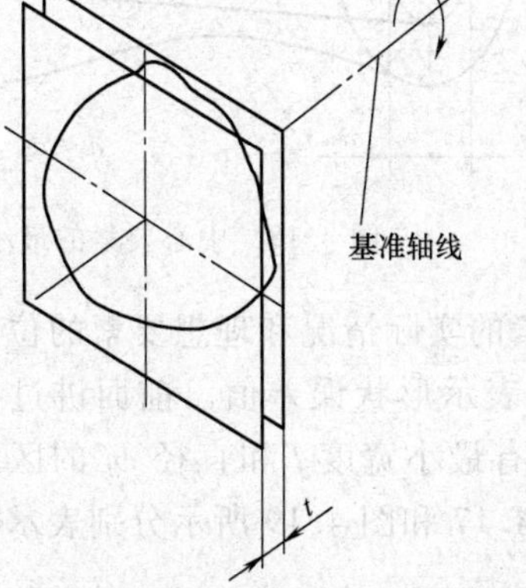

浮动

被测要素围绕基准轴线 D 作若干次旋转，并在测量仪器与工件间作径向相对移动时，在被测要素上各点间的示值差均不得 $>0.1mm$。测量仪器或工件必须沿着轮廓具有理想正确形状的线和相对于基准轴线 D 的正确方向移动

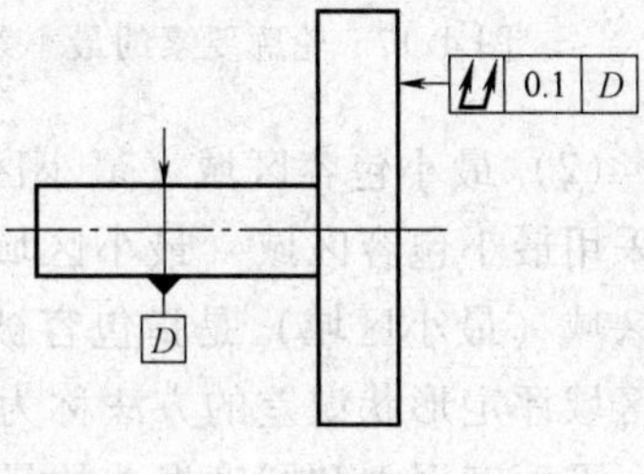

六、几何误差的评定与检测

（一）几何误差的概念

（1）形状误差　形状误差是指被测要素对其理想要素的变动量。评定形状误差时，理想要素的位置应符合最小条件。

（2）位置误差　位置误差有三种；一是定向误差，即被测实际要素对一具有确定方向的理想要素的变动量，理想要素的方向由基准确定；二是定位误差，即被测要素对一具有确定位置的理想要素的变动量，理想要素的位置由基准和理论正确尺寸确定（对于同轴度和对称度，理论正确尺寸为零）；三是跳动误差，即被测要素绕基准轴线无轴向移动地回转一周或连续回转时，由位置固定或沿理想轴线连续移动的指示器，在给定方向上测得的最大与最小度数之差。

（二）几何误差的评定准则

（1）最小条件　当被测要素与理想要素进行比较时，理想要素可能处于不同的位置，评定的形状误差值也不同。因此，评定实际要素的形状误差时，理想要素相对于实际要素的位置，必须有一个统一的评定准则，这个准则称为最小条件准则。所谓最小条件就是被测要素对其理想要素的变动量最小。

对于单一轮廓要素（如表面、轮廓线），最小条件就是理想要素位于实体之外与实际要素接触，并使被测要素对理想要素的最大变动量为最小。如图 4.17 所示，若满足 $h_1 < h_2 < h_3 < \cdots < h_n$ 且 h_1 最小，则符合最小条件的理想直线为 A_1B_1，直线度误差也应以 h_1 为准。

对于实际单一中心要素（如实际轴线），最小条件就是理想要素应穿过实际中心要素，并使实际中心要素对理想要素的最大变动量为最小。如图 4.18 所示，L_1 和 L_2 分别是处于不同位置时的理想要素，d_1 和 d_2 分别是被测实际要素对两个不同位置时的理想要素的最大变动量。从图中可看出 $d_1 < d_2$，因此 L_1 为符合最小条件的理想轴线，在评定被测实际轴线的任意一方向的直线度误差时，应以理想轴线 L_1 作为评定标准。

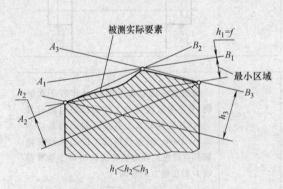

图 4.17　轮廓要素的最小条件

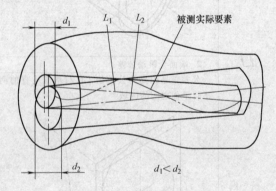

图 4.18　中心要素的最小条件

（2）最小包容区域（最小区域）　当被测要素的实际情况和理想要素的位置确定后，一般采用最小包容区域（最小区域）的宽度或直径表示形状误差值。前面讲过，所谓最小包容区域（最小区域）是指包容被测实际要素所具有最小宽度 f 和直径 ϕf 的区域。按最小包容区域评定形状误差的方法称为最小区域法。图 4.17 和图 4.19 所示分别表示轴线直线度误差、平面度误差和圆度误差的最小区域。

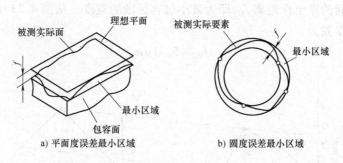

a) 平面度误差最小区域　　　　　b) 圆度误差最小区域

图 4.19　最小包容区域

（三）几何误差的评定

1. 形状误差的评定

（1）直线度误差的评定　在约定平面内，直线度误差可以用符合最小条件准则的最小包容区域法来评定，也可采用两端点法来评定。

采用最小包容区域法时，在给定平面内，由两平行直线包容被测直线，当被测直线与两平行直线呈低—高—低（或高—低—高）相间三点接触时，则两平行直线之间的区域为最小包容区域。如图 4.20 所示。

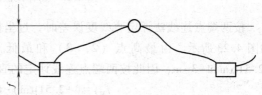

图 4.20　直线度的最小区域
注：圆圈代表最高点，方框代表最低点。

当采用两端点法时，以被测直线首尾两点的连线为评定直线度误差的基准线，各测点相对于它的最大偏离值 Δh_{max} 与最小偏离值 Δh_{min} 之差即为直线度误差值，如图 4.21 所示。测点在被测直线上方时，偏离值取正值，反之，取负值。

【例 4.1】　如图 4.22 所示，以平板为测量基准，对被测要素用指示表做等距布点测量。在各测点上，指示表的示值见表 4.14。

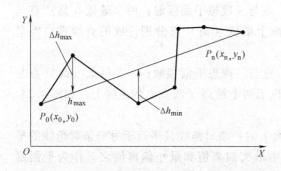

图 4.21　用两端点法评定直线度误差值

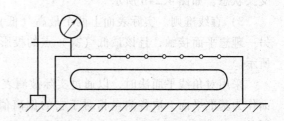

图 4.22　用平板测量直线度误差

表 4.14　【例 4.1】测量到的数据

测量点序号	0	1	2	3	4	5	6	7	8
指示表示值	0	+2	+3	−1	−2	0	+2	+4	+2

解　作图如图 4.23 所示，按最小包容区域法评定直线度误差时，过坐标（2，+3）和（7，+4）两个最高点作一条直线，再过最低点坐标（4，−2）作一条平行于该直线的平行线，

则这两条平行线间的纵坐标距离f_{MZ}即为最小包容区域的宽度。从图 4.23 中量得按最小区域法评定的直线度误差为

$$f_{MZ} = 5.41\mu m$$

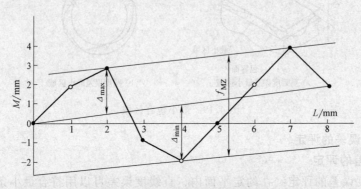

图 4.23　用作图法求解直线度误差值

按两端点连线法评定直线度误差时，过坐标（0,0）和（8,+2）两个端点连一条直线，如图 4.23 所示。由最高点（2,+3）和最低点（4,-2）至该直线的纵坐标距离分别为 +2.51μm和-3μm，因此按两端点连线评定的直线度误差值为

$$f_{MZ} = (+2.51\mu m) - (-3\mu m) = 5.51\mu m$$

（2）平面度误差的评定　平面度误差的评定一般采用最小包容区域法，也可用对角线平面法或三远点平面法等来评定。

采用最小包容区域法时，以两平行平面包容被测实际表面，当两平行平面与被测表面至少有三点或四点接触，且满足下列接触形式之一时，即为最小区域。该区域的宽度即为平面度误差。

1）三角形准则。实际表面上有 3 个最高（低）点与理想平面接触；一个最低（高）点与另一理想平面接触，且最低（高）点的投影落在由 3 个最高（低）点连成的三角形内，或位于三角形的一条边线上，如图 4.24a 所示。

2）交叉准则。实际表面上两个最高（低）点与一理想平面接触；两个最低（高）点与另一理想平面接触，且由两个最高（低）点和两上最低（高）点分别连成的直线在空间呈交叉状态，如图 4.24b 所示。

3）直线准则。实际表面上两个最高（低）点与一理想平面接触；一个最低（高）点与另一理想平面接触，且该最低（高）点的投影位于两个最高（低）点的连线上，如图 4.24c 所示。

采用对角线平面法时，以通过实际被测表面上的一条对角线且平行于另一条对角线的平面作为基准平面，取各测点相对于它的偏离值中最大偏离值和最小偏离值之差作为平面度误差。

采用三远点平面法时，以通过实际被测表面上相距最远的 3 个点构成的平面作为基准平面，取各测点相对于它的偏离值中最大偏离值和最小偏离值之差作为平面度误差。

（3）圆度误差的评定　圆度误差的评定一般采用最小区域法，也可用近似的方法，如最小外接圆法、最大内接圆法和最小二乘圆法等。

当采用最小区域法时，以两同心圆包容被测圆，当两同心圆与被测圆至少有内外交替的 4 点接触时，则此两同心圆之间的区域就是实际圆的最小包容区域，如图 4.25 所示。该同

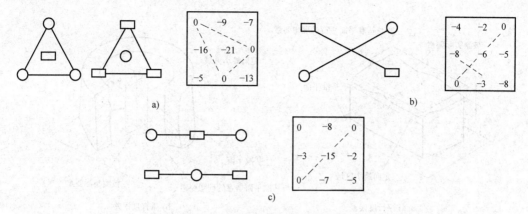

图 4.24 平面度误差最小区域判别准则

注：左图中圆圈代表最高点，方框代表最低点；右图中数值为被测平面相对于基准平面的坐标值。

心圆的半径差即为圆度误差值。

当采用最小外接圆法时，作测得的截面轮廓曲线的最小外接圆以及和该最小外接圆同心的最大内切圆，二者的半径差值为该截面的圆度误差，此法适用于外圆表面。

当采用最大内接圆法时，所测得的截面轮廓曲线的最大内接圆以及和该最大内接圆同

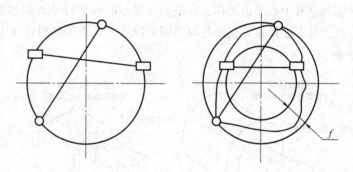

图 4.25 圆度误差最小区域判别准则

心的最小外接圆，二者的半径差值为该截面的圆度误差，此法适用于内圆表面。

当采用最小二乘圆法时，所测得的截面轮廓曲线的最小二乘圆以及和最小二乘圆同心的最小外接圆、最大内切圆，二者的半径差值即为该截面的圆度误差，此法应用较多，更便于在计算机上使用。

2. 位置误差的评定

（1）定向误差的评定 评定定向误差时，理想要素的方向由基准和理想角度确定。定向误差值用定向最小包容区域（简称定向最小区域）的宽度或直径表示。定向最小区域是指与定向公差带形状相同，按理想被测要素的方向来包容被测实际要素，且具有最小宽度或直径的包容区域。如图 4.26a 所示，面对面的平行度误差，就是包容被测实际面平行于基准平面，且距离为最小的两平行平面之间的距离；如图 4.26b 所示的轴线对平面的垂直度误差，就是包容被测实际直线，垂直于基准平面，且直径为最小的圆柱面的直径。

（2）定位误差的评定 评定定位误差时，理想要素的位置由基准和理论正确尺寸确定。定位误差值用定位最小包容区域（简称定位最小区域）的宽度或直径表示。定位最小区域值与定位公差带形状相同，以理想被测要素的位置来包容被测实际要素，且具有最小宽度或直径的包容区域。如图 4.27a 所示的同轴度误差，就是包容被测实际轴线与基准轴线同轴，且直径为最小的圆柱面的直径 ϕf；如图 4.27b 所示的对称度误差，就是包容被测实际中心

127

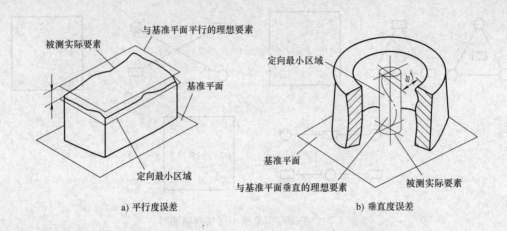

a) 平行度误差   b) 垂直度误差

图 4.26 定向最小区域

平面与基准中心平面对称，且距离为最小的两平行平面间的距离 f；如图 4.27c 所示的平面上点的位置度误差，就是包容被测实际点，以点的理想位置为圆心，且直径为最小的圆的直径 ϕf。

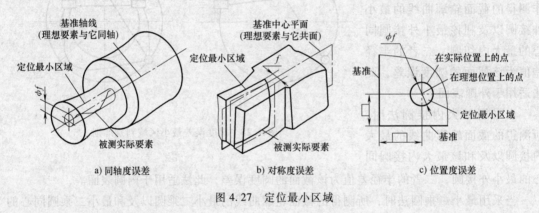

a) 同轴度误差   b) 对称度误差   c) 位置度误差

图 4.27 定位最小区域

七、几何误差的检测原则

国家标准规定了五种几何误差的检测原则。在检测几何误差时，应根据被测对象的结构特点、精度要求和检测条件，按这些原则选择最合理的检测方案。

（一）与理想要素比较原则

与理想要素比较原则是指测量时将被测实际要素与其理想要素作比较，从中获得数据，以评定被测要素的几何误差值。

测量的量值可由直接法或间接法获得；所谓直接法即被测要素上各测点相对测量基准的量值可通过测量直接获得；所谓间接法即被测要素上各测点相对测量基准的量值可间接获得。图 4.28 所示为用刀口尺测量给定平面内的直线度误差，就是以刀口尺的刃口为理想直线，被测要素与之比较，根据其间隙的大小来确定直线度误差。如图 4.29 所示，采用指示表和平板测量平面度误差，平板为测量基准，以平板工作面作为测量平面（理想平面），调整被测要素上相距最远三点使之与平板等高，指示表在被测要素上按一定规则对各采样点进行测量，所得最大与最小读数之差即为按三点法评定的平面度公差值。

128

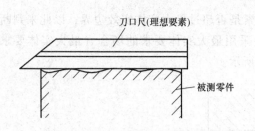

图 4.28　用刀口尺测量直线度误差

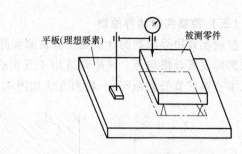

图 4.29　用指示表测量平面度误差

（二）　测量坐标值原则

测量坐标值原则是指利用计量器具的固有坐标，测出实际被测要素上各测点的相对坐标值，再经过计算或处理确定其几何误差值。这一原则主要用于圆度、圆柱度、轮廓度，特别是位置度误差的测量。如图 4.30 所示，通过一系列直角坐标值 (x_i, y_i)，便能计算出孔心对基准面、孔与孔之间的距离和误差。

（三）　测量特征参数原则

测量特征参数原则是指测量实际被测要素上具有代表性的参数（即特征参数）来近似表示几何误差值。这是一条近似原则，采用此原则测量精度比较低，但易于实现，在生产中经常使用。图 4.31 所示为用测量直径来反映圆度误差的一个示例。

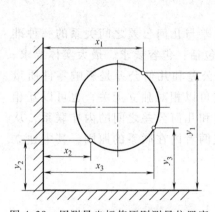

图 4.30　用测量坐标值原则测量位置度

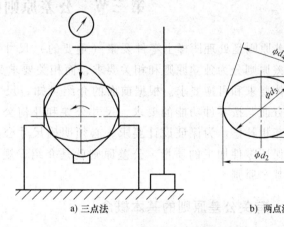

a) 三点法　　　　b) 两点法

图 4.31　测量特征参数原则示例

（四）　测量跳动原则

测量跳动原则是指在被测实际要素绕基准轴线回转过程中，沿给定方向测量其对某参考点或线的变动量，以此变动量为误差值。此原则主要用于跳动误差的测量，因跳动公差就是按特定的测量方法定义位置误差项目的。图 4.32 所示为 V 形架测量径向圆跳动的示例。用 V 形架模拟基准轴线，并对零件进行轴向定位。在被测要素回转一周时，指示表的最大与最小读数之差，即为在该测量截面内的径向圆跳动。

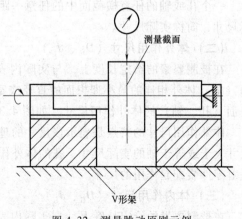

图 4.32　测量跳动原则示例

129

（五）控制实效边界原则

控制实效边界原则的含义是检验被测实际要素是否超过最大实体实效边界，以此来判断被测实际要素合格与否。该原则适用于几何公差采用最大实体要求的场合（最大实体要求详见本章第三节公差原则）。检测方法如图 4.33 所示。

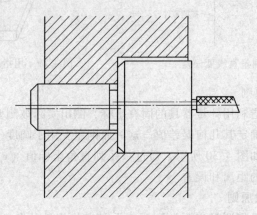

图 4.33　用控制实效边界原则检测同轴度误差

第三节　公差原则概述

公差原则是处理图样上零件要素（重要的）尺寸公差与几何公差之间关系的一种准则。公差原则分为独立原则和相关要求，而相关要求又包括：包容要求、最大实体要求、最小实体要求和可逆要求。根据前面的介绍可知，尺寸公差和几何公差是影响零件质量的两个方面。按零件功能的要求，尺寸公差和几何公差可以相对独立无关，也可以互相影响、互相补偿。为保证设计要求，必须明确尺寸公差和几何公差之间的内在联系，从而可靠保证零件加工的质量。公差原则就是介绍、规定两者内在联系的原则，其中独立原则是基本原则。

一、有关公差原则的基本概念

（一）局部实际尺寸（D_a，d_a）

一个孔或轴的任意横截面中的任意一距离，即任何两相对点之间测得的尺寸称为局部实际尺寸，简称实际尺寸。

（二）体外作用尺寸（D_{fe}、d_{fe}）

在被测要素的给定长度上，与实际内表面（孔）体外相接的最大理想面或与实际外表面（轴）体外相连的最小理想面的直径或宽度称为体外作用尺寸。D_{fe}、d_{fe} 分别表示内、外表面（孔、轴）的体外作用尺寸，如图 4.34 所示。

体外作用尺寸的特点是表示该尺寸的理想面处于零件的实体之外。因此，轴的体外作用尺寸大于或等于轴的实际尺寸；孔的体外作用尺寸小于或等于孔的实际尺寸。体外作用尺寸是对零件装配起作用的尺寸。

（三）体内作用尺寸（D_{fi}、d_{fi}）

在被测要素的给定长度上，与实际内表面（孔）体内相连的最小理想面或与实际外表

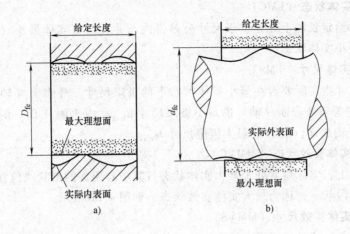

图 4.34 孔、轴的体外作用尺寸

面（轴）体内相连的最大理想面的直径或宽度称为体内作用尺寸。D_{fi} 和 d_{fi} 分别表示内、外表面（孔、轴）的体内作用尺寸，如图 4.35 所示。

体内作用尺寸的特点是表示该尺寸的理想面处于零件的实体之内。因此，轴的体内作用尺寸小于或等于轴的实际尺寸；孔的体内作用尺寸大于或等于孔的实际尺寸。体内作用尺寸用于零件强度的校核计算，所以它是对零件强度起作用的尺寸。

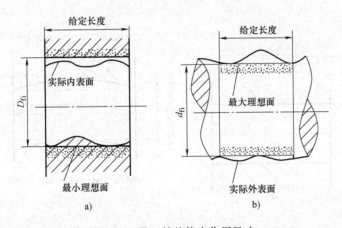

图 4.35 孔、轴的体内作用尺寸

作用尺寸是零件的实际尺寸和形状误差综合作用的结果，它是零件在装配时真正起作用的尺寸。同一批零件加工后的作用尺寸各不相同，但对于某一零件而言，其作用尺寸是确定的。

（四）最大实体状态（MMC）

在实际要素给定长度上处处位于尺寸公差带内并且具有实体最大（即材料最多）时的状态，称为最大实体状态。

（五）最大实体尺寸（MMS）

最大实体尺寸指实际要素在最大实体状态下的极限尺寸。外表面（轴）的最大实体尺寸用 d_M 表示，它等于外表面（轴）的最大极限尺寸 d_{max}；内表面（孔）的最大实体尺寸用 D_M 表示，它等于内表面（孔）的最小极限尺寸 D_{min}。

（六）最小实体状态（LMC）

在实际要素给定长度上处处位于尺寸公差带内，并且具有实体最小（即材料最少）时的状态，称为最小实体状态。

（七）最小实体尺寸（LMS）

最小实体尺寸指实际要素在最小实体状态下的极限尺寸。外表面（轴）的最小实体尺寸用 d_L 表示，它等于外表面（轴）的最小极限尺寸 d_{min}；内表面（孔）的最小实体尺寸用 D_L 表示，它等于内表面（孔）的最大极限尺寸 D_{max}。

（八）最大实体实效状态（MMVC）

在给定长度上，实际要素处于最大实体状态且其中心要素的形状或位置误差等于给出公差值时的综合极限状态，称为最大实体实效状态，如图 4.36 所示。

（九）最大实体实效尺寸（MMVS）

最大实体实效尺寸是指要素在最大实体实效状态下的体外作用尺寸，如图 4.36b 所示。

对于内表面（孔），最大实体实效尺寸等于最大实体尺寸减几何公差值 t（加注符号 Ⓜ），用 D_{MV} 表示，用公式表达为

$$D_{MV} = D_M - t \tag{4.1}$$

对于外表面（轴），最大实体实效尺寸等于最大实体尺寸加几何公差值 t（加注符号 Ⓜ），用 d_{MV} 表示，用公式表达为

$$d_{MV} = d_M + t \tag{4.2}$$

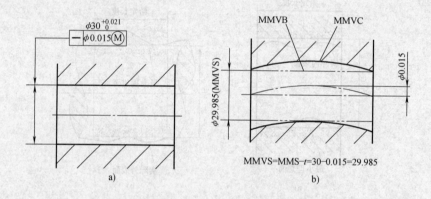

图 4.36　最大实体实效状态和最大实体实效尺寸

（十）最小实体实效状态（LMVC）

在给定长度上，实际要素处于最小实体状态且其中心要素的形状或位置误差等于给出公差值时的综合极限状态，称为最小实体实效状态，如图 4.37 所示。

（十一）最小实体实效尺寸（LMVS）

最小实体实效尺寸是指要素在最小实体状态下的体内作用尺寸，如图 4.37b 所示。

对于内表面（孔），最小实体实效尺寸等于最小实体尺寸加几何公差值 t（加注符号 Ⓛ），用 D_{LV} 表示，用公式表达为

$$D_{LV} = D_L + t \tag{4.3}$$

对于外表面（轴），最小实体实效尺寸等于最小实体尺寸减几何公差值 t（加注符号 Ⓛ），用 d_{LV} 表示，用公式表达为

$$d_{LV} = d_L - t \tag{4.4}$$

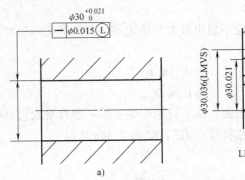
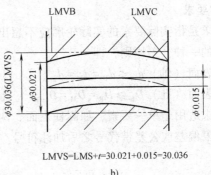

LMVS=LMS+t=30.021+0.015=30.036

图 4.37　最小实体实效状态和最小实体实效尺寸

（十二）边界

由设计给定的具有理想形状的包容面称为边界。边界尺寸为极限包容面的直径或宽。

由以上定义可知，对于内表面（孔），其边界相当于一个外表面（轴）；对于外表面（轴），其边界相当于一个内表面（孔）。

由于边界是具有理想形状的包容面，因而边界具有理想要素的特性，即没有任何误差，实际要素不应超越该理想形状的包容面。内表面（孔）的边界尺寸和外表面（轴）的边界尺寸分别用 D_B 和 d_B 表示。

1）最大实体边界（MMB）：尺寸为最大实体尺寸的边界。

2）最小实体边界（LMB）：尺寸为最小实体尺寸的边界。

3）最大实体实效边界（MMVB）：尺寸为最大实体实效尺寸的边界（图 4.36b）。

4）最小实体实效边界（LMVB）：尺寸为最小实体实效尺寸的边界（图 4.37b）。

二、公差原则

公差原则分为独立原则和相关要求两大类。

（一）独立原则

独立原则是指图样上给定的每一个尺寸和形状、位置要求均是独立的，应分别满足要求，即尺寸误差由尺寸公差确定，几何误差由几何公差控制，彼此无关、互不联系。

独立原则是尺寸公差和几何公差相互关系遵循的基本原则。因此采用独立原则时，图样上只需分别标注各自的要求，不需任何特殊符号。

独立原则主要用于要求严格控制要素的几何误差的场合。例如，齿轮箱轴承孔的同轴度公差和孔径的尺寸公差必须按独立原则给出，否则将影响齿轮的啮合质量；又如，要求密封性良好的零件，常对其形状精度提出较严格的要求，其尺寸公差与形状公差也应采用独立原则。

此外，对于退刀槽、倒角、没有配合要求的尺寸以及未注尺寸公差的要素，它们的尺寸公差与几何公差也应采用独立原则。

（二）相关要求

相关要求是指图样上给定的尺寸公差和几何公差相互有关的公差要求。相关要求分为包容要求、最大实体要求和最小实体要求，以及可应用于最大实体要求和最小实体要求的可逆要求。采用相关要求时，被测要素的尺寸公差和几何公差在一定条件下可以相互转化。

1. 包容要求

包容要求是指实际要素的实际轮廓应不超出最大实体边界，其局部实际尺寸不得超出最大实体尺寸的一种公差原则，即

对于外表面（轴）$d_{fe} \leq d_B = d_M = d_{max}$　　且 $d_{min} \leq d_a$

对于内表面（孔）$D_{fe} \geq D_B = D_M = D_{min}$　　且 $D_a \leq D_{max}$

包容要求适用于单一要素，如圆柱表面、两平行平面等。单一要素采取包容要求时，应在其尺寸极限偏差或公差带代号之后加注符号"Ⓔ"，如图4.38a所示。

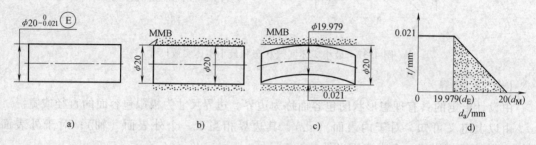

图4.38　包容要求应用示例

单一要素采用包容要求时，被测实际要素在最大实体状态下的形状公差为零。当被测实际要素尺寸偏离最大实体状态时，形状公差获得尺寸公差的补偿，偏离多少补偿多少。当被测实际要素为最小实体状态时，形状公差获得的补偿量最多，即补偿的形状公差等于尺寸公差。图4.38b、c、d所示体现了尺寸公差对几何公差的补偿。

包容要求主要用于保证单一要素的配合性质，特别是配合公差较小的精密配合，如滑动轴承和轴的配合、车床尾座孔与尾座套筒的配合等。采用包容要求时，基孔制配合中轴的上极限偏差的绝对值即为最小间隙或最大过盈的绝对值；基轴制配合中孔的下极限偏差的绝对值即为最小间隙或最大过盈的绝对值。

2. 最大实体要求

最大实体要求是指被测要素的实际轮廓应遵守其最大实体实效边界，当其实际尺寸偏离最大实体尺寸时，允许其几何误差值超出在最大实体状态下给出公差值的一种公差要求。

最大实体要求适用于中心要素，既可用于被测要素，又可用于基准要素，还可以同时用于被测要素和基准要素。当用于被测要素时，应在被测要素几何公差框格中的公差值后标注符号"Ⓜ"，如图4.39a所示；当用于基准要素时，应在几何公差框格内的基准字母代号后标注符号"Ⓜ"。

（1）最大实体要求应用于被测要素　　最大实体要求应用于被测要素时，被测要素的实际轮廓在给定长度上处处不得超出最大实体实效边界，即其体外作用尺寸不应超出最大实体实效尺寸，且其局部实际尺寸不得超出最大实体尺寸和最小实体尺寸，即

对于外表面（轴）$d_{fe} \leq d_B = d_{MV} = d_{max} + t$　　且 $d_{min} \leq d_a \leq d_{max}$

对于内表面（孔）$D_{fe} \geq D_B = D_{MV} = D_{min} - t$　　且 $D_{min} \leq D_a \leq D_{max}$

最大实体要求应用于被测要素时，在图样上标注的几何公差值是被测要素处于最大实体状态时给定的公差值。当被测要素的实际尺寸偏离其最大实际尺寸时，允许几何误差值大于

图样上标注的几何公差值，即允许几何公差值获得尺寸公差的补偿，偏离多少补偿多少。当被测实际要素为最小实体状态时，几何公差获得的补偿量最多，即几何公差最大补偿值等于尺寸公差。图 4.39b、c、d 所示体现了最大实体要求时尺寸公差对几何公差的补偿。

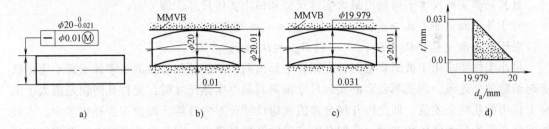

图 4.39　最大实体要求应用于单一要素示例

（2）最大实体要求应用于基准要素　最大实体要求应用于基准要素时，基准要素应遵守相应的边界。若基准要素的实际轮廓偏离其相应的边界，即其体外作用尺寸偏离其相应的边界尺寸，则允许基准要素在一定范围内浮动，其浮动范围等于基准要素的体外作用尺寸与其相应的边界尺寸之差。

基准要素的边界与其本身采用或不采用最大实体要求有关。当基准要素本身采用最大实体要求时，则其相应的边界为最大实体实效边界。此时，基准代号应直接标注在形成该最大实体实效边界的几何公差框格下面，如图 4.40a、b 所示。

当基准要素本身不采用最大实体要求时，不论采用独立原则还是包容要求，其相应的边界都为最大实体边界，如图 4.40c、d 所示。

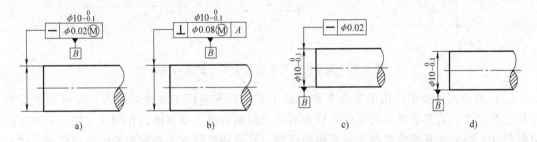

图 4.40　最大实体要求应用于基准要素示例

当被测要素和基准要素均采用最大实体要求时，基准要素的相应边界就是被测要素的边界，相应的边界皆为被测要素的最大实体实效边界。

由于最大实体要求在几何公差和尺寸公差之间建立关系，因此只有在被测要素或基准要素为中心要素时，才能应用最大实体要求。最大实体要求主要用于保证可装配性，而对其他功能要求较低的零件要素，最大实体要求可以充分利用尺寸公差补偿几何公差，以提高零件合格率，从而获得显著的经济效益。

3. 最小实体要求

最小实体要求是指被测要素的实际轮廓应遵守其最小实体实效边界（LMVB），当其实际尺寸偏离最小实体尺寸时，允许其几何误差值超出在最小实体状态下给出的公差值的一种公差要求。

最小实体要求适用于中心要素，既可应用于被测要素，又可应用于基准要素。当用于被测要素时，应在被测要素几何公差框格中的公差值后面标注符号"Ⓛ"，如图 4.41a 所示；

135

当用于基准要素时，应在图样上公差框格中的基准字母后标注符号"⃝L"。

（1）最小实体要求应用于被测要素　最小实体要求应用于被测要素时，被测要素的实际轮廓在给定长度上处处不得超出最小实体边界，即体内作用尺寸不应超出最小实体实效尺寸，且其局部实际尺寸不得超出最大实体尺寸和最小实体尺寸，即

$$对于外表面（轴）\quad d_{fi} \geqslant d_{LV} \qquad 且\ d_{min} \leqslant d_a \leqslant d_{max}$$
$$对于内表面（孔）\quad D_{fi} \leqslant D_{LV} \qquad 且\ D_{min} \leqslant D_a \leqslant D_{max}$$

最小实体要求用于被测要素时，在图样上标出的几何公差值是被测要素处于最小实体状态时给定的公差值。当被测要素的实际尺寸偏离其最小实体尺寸时，允许几何误差值大于图样上标出的几何公差值，即允许几何公差值获得尺寸公差的补偿，偏离多少补偿多少。当被测实际要素为最大实体状态时，几何公差获得的补偿量最多，即几何公差最大补偿值等于尺寸公差。图 4.41b、c 所示体现了最小实体要求时尺寸公差对几何公差的补偿。

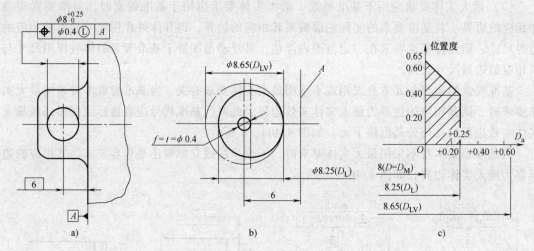

图 4.41　最小实体要求应用于单一要素示例

（2）最小实体要求应用于基准要素　最小实体要求应用于基准要素时，基准要素应遵守相应的边界。若基准要素的实际轮廓偏离其相应的边界，即其体内作用尺寸偏离其相应的边界尺寸，则允许基准要素在一定范围内浮动，其浮动范围等于基准要素的体内作用尺寸与其相应边界尺寸之差。

基准要素的边界与其本身采用或不采用最小实体要求有关。当基准要素本身采用最小实体要求时，其相应的边界为最小实体实效边界。此时，基准代号应直接标注在形成该最小实体实效边界的几何公差框格下面，如图 4.42 所示；当基准要素本身不采用最小实体要求时，则相应的边界为最小实体边界。

4. 可逆要求

可逆要求是指在不影响零件功能的前提下，当被测要素（轴线或中心平面）的几何误差值小于给出的几何公差值时，允许相应的尺寸公差增大。通常，可逆要求与最大实体要求或最小实体要求一起应用，在允许的边界内进行尺寸公差和几何公差的相互补偿。或者说，根据零件的功能，为分配尺寸公差和几何公差提供方便。

可逆要求既可应用于最大实体要求，也可用于最小实体要求。可逆要求用于最大实体要求的标注方法是在图样上将表示可逆要求的符号Ⓡ置于符号Ⓜ后，如图 4.43a 所示；可逆要求用于最小实体要求的标注方法是在图样上将表示可逆要求的符号Ⓡ置于符号Ⓛ的后面，如

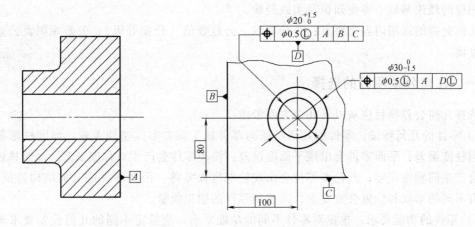

图 4.42　基准要素本身采用最小实体要求应用示例

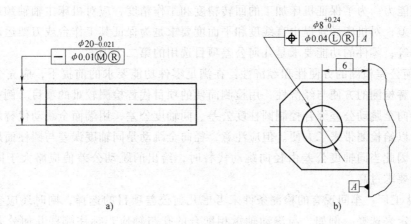

a)　　　　　　　　　　　　　b)

图 4.43　可逆要求标注示例

图 4.43b 所示。

（1）可逆要求用于最大实体要求　可逆要求用于最大实体要求时，被测要素的实际轮廓应遵守其最大实体实效边界，当其实际尺寸偏离最大实体尺寸时，允许其几何误差值超出在最大实体状态下给出的几何公差值；当其几何误差值小于给出的几何公差值时，也允许其实际尺寸超出最大实体尺寸。也就是说，被测要素的实际尺寸可在最小实体尺寸和最大实体实效尺寸之间变动，但要保证其体外作用尺寸不超出最大实体实效尺寸。

（2）可逆要求用于最小实体要求　可逆要求用于最小实体要求时，被测要素的实际轮廓应遵守其最小实体实效边界，当其实际尺寸偏离最小实体尺寸时，允许其几何误差值超出在最小实体状态下给出的几何公差值；当其几何误差值小于给出的几何公差值时，也允许其实际尺寸超出最小实体尺寸。也就是说，被测要素的实际尺寸可以在最大实体尺寸和最小实体实效尺寸之间变动，但要保证其体内作用尺寸不超出最小实体实效尺寸。

可逆要求不能单独应用，它总是与最大实体要求或最小实体要求一起应用。

第四节　几何公差的选择

几何公差的选用是否合适，直接影响产品的质量进而影响生产成本。要做好这一点，还

137

需要相应的理论基础、专业知识及实践经验。

几何公差的选用内容主要有：公差项目、公差数值（公差等级）、公差原则及公差基准四个方面。

一、几何公差项目的选择

选择几何公差项目应从以下几个方面考虑：

1）零件的几何特征：零件的几何特征与零件加工误差形式密切关联，如圆柱形零件会出现圆柱度误差；平面零件会出现平面度误差；槽类零件会产生对称度误差，而阶梯轴或孔零件会产生同轴度误差；凸轮类零件会出现轮廓度误差等。因此零件的几何结构特征不同，就应有不同的形状和位置公差要求，以控制零件的加工质量。

2）零件的功能要求：根据对零件不同的功能要求，应给定不同的几何公差要求来控制加工的精度。例如，机床主轴箱两齿轮轴的轴线需用平行度公差来控制，以保证齿轮的啮合精度及承载能力。为了保证机床加工的回转精度和工作精度，应对机床主轴轴颈规定圆柱度和同轴度公差；对机床导轨提出直线度和平面度要求是为保证其工作台或刀架运动轨迹的精度。如此等等，零件的功能要求是几何公差项目选用的第二个因素。

3）几何公差检测的方便性和经济性：在满足零件功能要求的前提下，应充分考虑几何公差项目代替检测的方便与经济性，用检测简便的项目代替检测较难的项目。例如，对轴类零件可用径向全跳动公差综合控制圆柱度公差、同轴度公差，用端面全跳动代替端面对轴线的垂直度，以给检测带来了方便。但应注意，径向全跳动是同轴度误差与圆柱面形状误差的综合结果，因此当同轴度公差由径向跳动代替时，给出的跳动公差值应略大于同轴度公差值，否则会要求过高。

4）应从工厂、车间现有的检测条件来考虑几何公差项目的选择，同时还应参照有关专业标准的规定来选。例如，与滚动轴承相配合的孔与轴应当标注哪些几何公差要求，单键、花键、齿轮等标准对几何公差有哪些相应要求与规定等。对现有设计资料和成功的实例应用类比法是适宜的并且是可行的。

二、几何公差值（或公差等级）的选择

几何公差值（或公差等级）的选择原则是在满足零件使用要求的前提下，选择最大、最经济的公差值，即公差等级尽可能低的公差值。

确定几何公差值的方法有类比法、计算法及经验法，但类比法用得较多。

国家标准对几何公差共 14 个项目中的 11 个项目的公差值及精度等级均有明确规定，对于线、面轮廓度、位置度公差值也用文字说明了其参照的依据和对应的公差值。对于未注公差值，可在表 4.2～表 4.5 查出，不同加工方法对几何公差的影响见表 4.15 和表 4.16，在进行公差值选择时均可作为参考。

按类比法确定公差值时，还应考虑以下几个问题：

1）注意形状公差与位置公差之间的关系。各公差值之间应注意协调，若对某被测要素有多项几何公差要求时，则应满足以下关系：

$$t_{形状} < t_{定向} < t_{定位}$$

2）注意几何公差与尺寸公差之间的关系。圆柱形零件的形状公差（轴线直线度除外）一般情况下应小于其尺寸公差值，平行度公差值应小于其相应的距离尺寸的公差值。

表 4.15　几种主要加工方法所能达到的直线度、平面度公差等级

加工方法		公差等级											
		1	2	3	4	5	6	7	8	9	10	11	12
车	粗											○	○
	细									○	○		
	精					○	○	○	○				
铣	粗											○	○
	细									○	○		
	精						○	○					
刨	粗											○	○
	细									○	○		
	精							○	○				
磨	粗									○	○		
	细							○	○				
	精		○	○									
研磨	粗				○	○							
	细			○									
	精	○	○										
刮研	粗						○	○					
	细				○	○							
	精	○	○	○									

表 4.16　几种主要加工方法所能达到的同轴度公差等级

加工方法		公差等级										
		1	2	3	4	5	6	7	8	9	10	11
车、镗	加工孔				○	○	○	○	○	○		
	加工轴			○	○	○	○	○	○			
铰						○	○	○				
磨	孔		○	○	○	○	○	○				
	轴	○	○	○	○	○	○					
珩磨			○	○	○							
研磨		○	○	○								

3）注意形状公差值与表面粗糙度之间的关系。通常，被测要素的表面粗糙度评定参数 Ra 值应小于其形状公差值，一般为形状公差值的 20%～25%。

4）注意零件的结构特点与公差等级之间的关系。刚度较差的零件（如细长轴）和结构特殊的要素（如跨距较大的孔、轴等），在满足零件功能的前提下其公差值可适当降低 1、2级；线对线，线对面相对于面对面的平行度或垂直度公差可适当降低 1、2 级。

三、公差原则的选择

对同一零件上同一要素，既有尺寸公差要求又有几何公差要求时，要确定它们之间的关系，即确定选用何种公差原则或公差要求。

公差原则包括两部分：独立原则和相关要求。独立原则是基本的公差原则，主要指尺寸公差与几何公差相互独立，应分别满足要求。而相关要求是在此基础上的进一步的公差原则，主要指尺寸公差与几何公差之间若有余量可单向或相互补偿以保证相应的功能要求。下面分别给以说明：

1. 独立原则通常用于对零件有特殊功能要求的场合

1）尺寸精度和几何精度需要分别满足要求，如齿轮箱体孔的尺寸精度和两孔轴线的平

行度要求各自独立；连杆活塞销的尺寸精度与其圆柱度；滚动轴承内、外圈滚道的尺寸精度和其形状精度之间需分别满足要求。

2）尺寸精度和几何精度要求相差太大，如印刷机的滚筒，其形状精度——圆柱度要求高，而其尺寸精度要求低；又如平板的平面度要求高而尺寸精度要求低，因此应选独立原则以满足要求。

3）用于保证运动精度和密封性，如导轨的直线度要求严格，而尺寸精度要求不高；气缸套内孔为保证与活塞环在直径方向的密封性能，其圆度或圆柱度公差要求高。

2. 相关要求有四个方面的公差原则要求

1）包容要求：包容要求主要用于需要严格保证配合性质的场合，适用于圆柱面和由两平行平面组成的单一要素。两平行平面应用包容要求除能保证其配合性质外，还用于需要确保装配互换性的场合。

2）最大实体要求：最大实体要求主要用于保证可装配性的场合，如轴承盖上用于穿过螺钉的通孔的加工。最大实体要求只能用于中心要素，因为非中心要素不存在尺寸公差对几何公差的补偿问题。凡是功能允许而又适用最大实体要求的情况都应采用最大实体要求，以取得最大的技术经济效应。

3）最小实体要求：与最大实体要求对应，最小实体要求主要用于保证零件强度和最小壁厚等场合。

4）可逆要求：可逆要求通常与最大（或最小）实体要求一起应用，允许在满足零件功能要求的前提下，扩大尺寸公差的要求。如当被测轴线或中心平面的几何误差值小于给出的几何公差值时，允许相应的尺寸公差增大，使尺寸超过最大（或最小）实体尺寸而其体外（或体内）作用尺寸不超过其最大（或最小）实体实效边界的零件成为合格品，从而提高经济效益。可逆要求一般在不影响零件功能要求的场合均可以选用。

四、公差基准的选择

用于确定被测要素的方向、位置而作参考的理想要素称为基准。零件上的要素都可以作为基准。选择基准时，主要应根据零件的功能和设计要求，并兼顾基准统一原则和零件结构特征，通常可以从下面几方面来考虑：

1）从设计考虑，应根据零件形体的功能要求及要素间的几何关系来选择基准。例如，对于旋转的轴件，常选用与轴承配合的轴颈表面或轴两端的中心孔作基准。

2）从加工工艺考虑，应选择零件加工时在工、夹具中定位的相应要素作基准。

3）从测量考虑，应选择零件在测量、检验时在计量器具中定位的相应要素为基准。

4）从装配关系考虑，应选择零件相互配合、相互接触的表面作基准，以保证零件的正确装配。

比较理想的基准是设计、加工、测量和装配基准为同一要素，也就是遵守基准统一的原则。在选择基准时，无论对设计者还是工艺工程师均应注意务必使设计基准与装配基准重合，以满足使用要求；务必使设计基准与加工和检验基准统一，一方面便于加工检测，另一方面可消除因基准不统一而产生的加工测量误差；务必使各项位置公差、各加工工序尽量采用同一基准，以便简化工、夹、量具的设计与制造，简化测量方法。

基准分为单一基准、组合基准、多基准和任选基准等多种情况。对多基准应选择对被测要素使用要求影响最大或定位最稳的平面作第一基准。

习　题

4-1　形状公差包含哪几个项目? 分别用什么符号表示?

4-2　位置公差中定向、定位、跳动各有哪些项目? 分别用什么符号表示?

4-3　试将下列各项几何公差要求标注在图 4.44 上:

（1）圆锥面 A 的圆度公差为 0.006mm。

（2）圆锥面 A 的素线直线度公差为 0.005mm。

（3）圆锥面 A 的轴线对 ϕd 圆柱面轴线的同
轴度公差为 0.01mm。

（4）ϕd 圆柱面的圆柱度公差为 0.015mm。

（5）右端面 B 对 ϕd 圆柱面轴线的端面圆跳
动公差为 0.01mm。

4-4　体外作用尺寸和体内作用尺寸与最大
实体实效尺寸和最小实体实效尺寸有何区别?

4-5　最大实体边界和最小实体边界与最大
实体实效边界和最小实体实效边界有何区别?

4-6　试分析比较圆度与径向圆跳动两者公
差带的异同；圆柱度与径向全跳动两者公差带的
异同；端面对轴线的垂直度与端面全跳动两者公差带的异同。

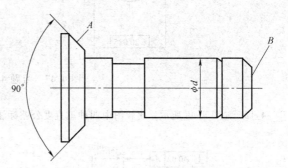

图 4.44　习题 4-3 的图

4-7　对同一要素既有位置公差要求，又有形状公差要求时，形状公差值与位置公差值的大小关系应如何考虑?

4-8　如图 4.45 所示，改正图中各项几何公差标注上的错误（不得改变几何公差项目）。

4-9　将下列技术要求标注在图 4.46 上。（1）ϕ100h6 圆柱表面的圆度公差为 0.005mm；（2）ϕ100h6 轴线对 ϕ40P7 孔轴线的同轴度公差为 ϕ0.015mm；（3）ϕ40P7 孔的圆柱度公差为 0.005mm；（4）左端的凸台平面对 ϕ40P7 孔轴线的垂直度公差为 0.01mm；（5）右凸台端面对左凸台端面的平行度公差为 0.02mm。

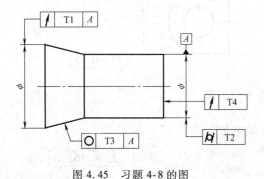

图 4.45　习题 4-8 的图

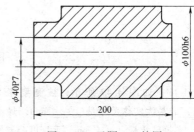

图 4.46　习题 4-9 的图

4-10　说明表 4.17 中几何公差代号的含义。

表 4.17　习题 4-10 的表

代号	解释代号含义	公差带形状
◯ 0.004		
⟋ 0.015 B		
∥ 0.01 A		

141

4-11 被测要素为一封闭曲线（圆），如图 4.47 所示，采用圆度公差和线轮廓公差，两种标注有何不同？

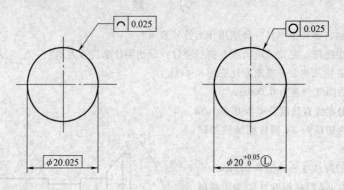

图 4.47 习题 4-11 的图

4-12 如图 4.48 所示，比较图中四种垂直度公差标注方法区别。

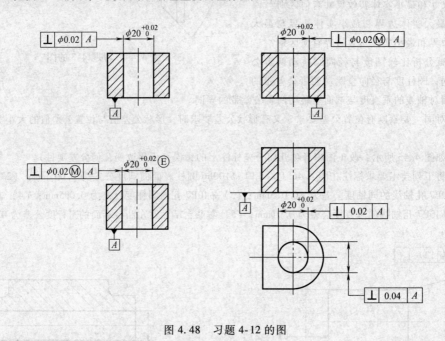

图 4.48 习题 4-12 的图

4-13 如图 4.49 所示，被测要素采用的公差原则是_____，最大实体尺寸是_____ mm，最小实体尺寸是_____ mm，实效尺寸是_____ mm，垂直度公差给定值是_____ mm，垂直度公差最大补偿值是_____ mm。设孔的横截面形状正确，当孔实际尺寸处处都为 $\phi60$mm 时，垂直度公差允许值是_____ mm，当孔实际尺寸处处都为 $\phi60.10$mm 时，垂直度公差允许值是_____ mm。

4-14 如图 4.50 所示，若被测孔的形状正确。（1）测得其实际尺寸为 $\phi30.01$mm，而同轴度误差为 $\phi0.04$mm，求该零件的实效尺寸、作用尺寸；（2）若测得实际尺寸为 $\phi30.01$mm、$\phi20.01$mm，同轴度误差为 $\phi0.05$mm，问该零件是否合格？为什么？（3）可允许的最大同轴度误差值是多少？

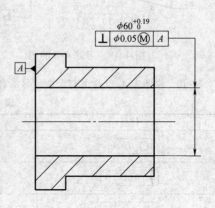

图 4.49 习题 4-13 的图

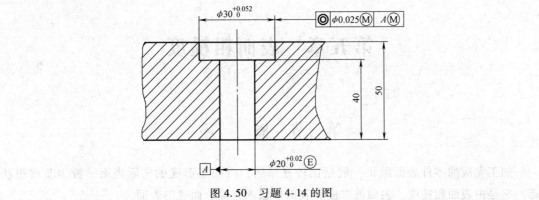

图 4.50 习题 4-14 的图

4-15 如图 4.51 所示，要求：（1）指出被测要素遵守的公差原则；（2）求出单一要素的最大实体实效尺寸，关联要素的最大实体实效尺寸；（3）求被测要素的形状、位置公差的给定值，最大允许值；（4）若被测要素实际尺寸处处为 $\phi19.97\text{mm}$，轴线对基准 A 的垂直度误差为 $\phi0.09\text{mm}$，判断其垂直度的合格性，并说明理由。

4-16 某零件的同轴度要求如图 4.52 所示，今测得实际轴线与基准轴线的最大距离为 $+0.04\text{mm}$，最小距离为 -0.01mm，求该零件的同轴度误差值，并判断是否合格。

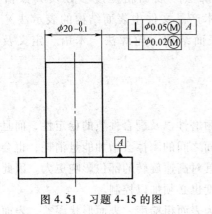

图 4.51 习题 4-15 的图

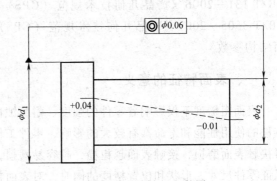

图 4.52 习题 4-16 的图

第五章 表面粗糙度

第一节 概 述

加工完成的零件表面形状一般是比较复杂的，由加工形成的实际表面一般为非理想状态，它是由表面粗糙度、表面波纹度和表面形状误差综合而成的表面。

表面粗糙度是一种微观几何形状误差。在机械加工过程中，由于刀痕、材料的塑性变形、加工系统的高频振动以及刀具与加工表面的摩擦等原因，在加工表面上都会存在着由刀具或砂轮等切削产生的较小间距和微小峰、谷所形成的微观几何形状误差，这种微观几何形状误差称为粗糙度。

我国对表面粗糙度标准进行了多次修订，本章所涉及的国家标准有 GB/T 1031—2009《产品几何技术规范（GPS） 表面结构 轮廓法 表面粗糙度参数及其数值》、GB/T 131—2006《产品几何技术规范（GPS） 技术产品文件中表面结构的表示法》和 GB/T 3505—2009《产品几何技术规范（GPS） 表面结构 轮廓法 术语、定义及表面结构参数》。

一、表面特征的意义

表面粗糙度不仅影响着零件的强度、耐腐蚀性、耐磨性以及配合性质的稳定性，而且对零件的使用性能和寿命都有较大的影响，零件工作表面之间的摩擦会增加能量消耗，也会使得接触表面磨损，接触表面越粗糙，越容易磨损，尤其对高速旋转的部位影响更大。因此在保证零件尺寸、形状和位置精度的同时，对表面粗糙度也必须加以控制。

根据微小加工痕迹，表面特征的波距可以大致分为表面粗糙度、表面形状误差、表面波纹度和表面缺陷。通常，波距小于 1mm 的属于表面粗糙度，波距在 1~10mm 的属于表面波纹度，波距大于 10mm 的属于形状误差，如图 5.1 所示。

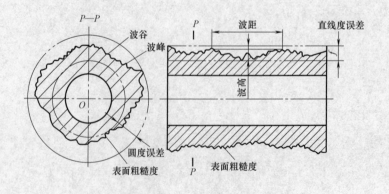

图 5.1 形状误差、表面波纹度和表面粗糙度

二、表面粗糙度对零件使用性能的影响

1. 影响配合性质

对于有配合要求的零件，无论是哪一类配合，表面粗糙就容易磨损，使间隙很快增大，甚至破坏配合性质。对于过盈配合，由于装配中将表面轮廓峰顶挤平，减小了实际有效过盈量，降低了联接的强度。对于间隙配合，因相对运动的表面的峰顶迅速磨损，间隙会增大。特别是在尺寸小、公差小的情况下，表面粗糙度对配合性质的影响更大。

2. 影响零件的耐磨损性

当两个零件接触并产生相对运动时，结合面越粗糙，零件的摩擦因数也就越大，因摩擦而消耗的能量也就越大。此外，由于两个平面接触时，只在轮廓的峰顶处接触，所以表面越粗糙，配合表面间的实际有效接触面积越小，单位压力越大，故更易磨损。但要注意的是，若零件表面过于光滑，磨损量不一定越小。磨损量除受表面粗糙度的影响外，还与磨损下来的金属微粒的刻划作用以及润滑油被挤出与分子间的吸附作用等因素有关。此外，特别光滑的零件表面上也不利于储存润滑油，相互运动的工作表面间会形成半干摩擦甚至干摩擦，反而使摩擦因数增大，加剧配合面磨损。

3. 影响零件的疲劳强度

微观几何形状误差的轮廓谷，凹谷越深，根部的曲率半径越小，对应力集中越敏感。特别是当零件受交变载荷时，由于集中应力的影响，疲劳强度降低，将导致零件表面产生疲劳裂纹而损坏。

4. 影响零件的耐腐蚀性

表面越粗糙，则积聚在零件表面上的腐蚀性气体或液体也越多，而且会通过表面的微观凹谷向零件表面层渗透，使腐蚀加剧。因此降低零件表面粗糙度可增强零件的耐腐蚀能力。

5. 影响零件强度

零件表面越粗糙，表面间的接触面积就越小，单位面积受力也就越大，对应力集中越敏感，特别是在交变载荷的作用下，对零件的强度影响更大。

此外，表面粗糙度对零件结合的密封性、接触刚度、产品的美观和表面涂层的质量等有较大影响。但如果盲目降低表面粗糙度值又会使生产成本增加，因此对零件表面粗糙度应提出合理的要求。

第二节　表面粗糙度的评定

一、有关表面粗糙度的一般术语与定义

1. 轮廓滤波器

将轮廓分成长波和短波成分的滤波器称为轮廓滤波器。表面轮廓是指一个指定平面与实际表面相交所得的轮廓。实际表面轮廓由粗糙度轮廓、波纹度轮廓和原始轮廓共同叠加而成，如图 5.2 所示。在测量粗糙度、波纹度和原始轮廓的仪器中分别使用 λs、λc 和 λ_f 三种滤波器。它们具有标准规定的相同的传输特性，但截止波长不同。

（1）λs 轮廓滤波器　确定存在于表面上的粗糙度与比它更短波的成分之间相交界限的滤波。

（2）λc 轮廓滤波器　确定粗糙度与波纹度成分之间相交界限的滤波器。

（3）λf 轮廓滤波器　确定存在于表面上的波纹度与比它更长波的成分之间相交界限的滤波器。

2. 取样长度

取样长度是指用于判别被评定轮廓表面粗糙度特征的一段基准线的长度。规定取样长度的目的是限制和减弱其他几何形状误差对测量表面粗糙度的影响，特别是表面波纹度对表面粗糙度测量结果的影响。如果取样

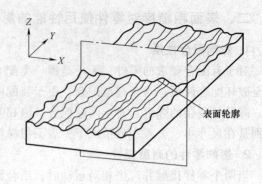

图 5.2　表面轮廓

长度 lr 过长，则表面粗糙度的测量值中就可能包含表面波纹度；而如果取样长度 lr 过短，则不能客观反映表面粗糙度的实际情况。取样长度应与被测表面的表面粗糙度相适应，表面越粗糙，取样长度也应该越长。一般在所选取的取样长度内，应至少包括 5 个以上的轮廓峰和轮廓谷。

3. 评定长度

评定长度是指用于判别被评定轮廓的评定方向上的长度。一个评定长度包含一个或多个取样长度。规定和选取评定长度是因为由于被测表面上各处的表面粗糙度存在一定程度的不均匀性，为了充分合理地反映被测表面的表面粗糙度，所以需要在几个取样长度上分别测量，取其平均值作为测量结果，如图 5.3 所示。若被测表面均匀性不好，如精磨和研磨后的表面，可选 $ln>5lr$；若比较均匀，如车削、铣削后的表面，可选 $ln<5lr$。评定长度一般按 5 个长度确定，即 $ln=5lr$，具体数值见表 5.1。

表 5.1　取样长度与评定长度值的选定（摘自 GB/T 1031—2009）

Ra/μm	Rz/μm	lr/mm	ln/mm（ ln = 5lr）
≥0.008~0.02	≥0.025~0.10	0.08	0.4
>0.02~0.10	>0.10~0.50	0.25	1.25
>0.10~2.0	>0.50~10.0	0.8	4.0
>2.0~10.0	>10.0~50.0	2.5	12.5
>10.0~80.0	>50~320	8.0	40.0

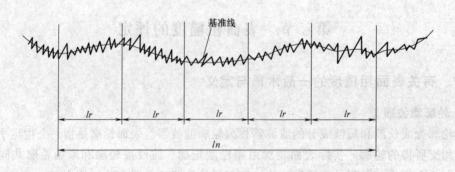

图 5.3　取样长度与评定长度

4. 轮廓中线

轮廓中线是指具有几何轮廓形状并划分轮廓的基准线，是表面粗糙度二维评定的基准。

146

基准线有下列两种：

（1）轮廓最小二乘中线　具有几何轮廓形状并划分轮廓的基准线称为轮廓最小二乘中线，用 m 表示。在取样长度 lr 范围内，实际被测轮廓线上的各点到该线的距离（轮廓线上点到基准线之间的距离） Z_i 平方和为最小，如图 5.4 所示，即

$$\sum_{i=1}^{n} Z_i^2 = \min$$

（2）轮廓算术平均中线　具有几何轮廓形状在取样长度内与轮廓走向一致的基准线，在取样长度 lr 范围内，将实际轮廓划分为上、下两部分，且使上、下部分的面积之和相等的直线，如图 5.5 所示，即

$$\sum_{i=1}^{n} F_i = \sum_{i=1}^{n} F_i'$$

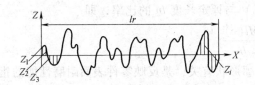

图 5.4　轮廓的最小二乘中线

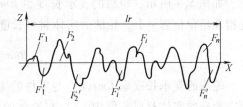

图 5.5　轮廓的算术平均中线

二、表面轮廓参数

1. 高度评定参数（主要评定参数）

（1）轮廓的算术平均偏差 Ra　在一个取样长度 lr 内，轮廓上各点至中线的纵坐标值 $Z(x)$ 绝对值的算术平均值为 Ra，即

$$Ra = \frac{1}{lr} \int_0^{lr} |Z(x)| \, dx$$

或近似表示为

$$Ra \approx \frac{1}{n} \sum_{i=1}^{n} |Z_i|$$

Ra 值越大，则表面越粗糙。Ra 参数能充分反映出轮廓表面微观几何形状高度方面的特征，是普遍采用的评定参数。Ra 一般由电动轮廓仪测得，由于受仪器本身限制，Ra 不能测量太光滑或者太粗糙的零件表面。Ra 的测量范围为 $0.025 \sim 6.3 \mu m$。

（2）轮廓的最大高度 Rz　在一个取样长度 lr 范围内的轮廓上，各个轮廓峰顶至中线的距离称为轮廓峰高 Zp_i，其中最大的峰高称为 Rp；轮廓上轮廓谷底至中线的距离称为轮廓谷深。用 Zv_i 表示，其中最大的距离称为最大轮廓谷深，用符号 Rv 表示。在一个取样长度范围内，最大轮廓峰高 Rp 与最大轮廓谷深 Rv 之和称为轮廓最大高度，用符号 Rz 表示，即

$$Rz = Rp + Rv = \max\{|Zp_i|\} + \max\{|Zv_i|\}$$

Rz 常用于控制某些不允许出现较深加工痕迹的表面、受交变载荷作用的表面、小表面、小圆弧面或其他不适于采用 Ra 来评定的表面。Rz 通常用光学仪器测量，如光切显微镜，其测量范围为 $0.1 \sim 25 \mu m$。

注意：在旧标准中也有轮廓最大高度，其符号 Ry。旧标准中微观不平度十点高度 Rz，

在新标准中已经取消。但是我国目前使用的一些测量仪器采用的是旧测量标准中的 Rz，当这些测量仪器应用于现行技术文件或图样时，应注意区分新旧标准的差异。

2. 间距评定参数——轮廓单元平均宽度

如图 5.6 所示，轮廓单元的平均宽度 Rsm，是指在一个取样长度 lr 范围内所有轮廓单元的宽度 Xs_i 的平均值，轮廓单元的宽度 Xs_i 是指在一个取样长度 lr 范围内，中线与各个轮廓单元相交线段的长度，即

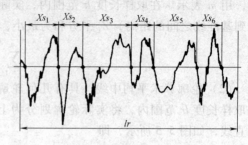

$$Rsm = \frac{1}{n} \sum_{i=1}^{n} Xs_i$$

图 5.6　轮廓单元的平均宽度

3. 形状评定参数——轮廓支承长度率

如图 5.7 所示，轮廓的支承长度率 $Rmr(c)$ 是指在给定位置 c 上，轮廓的实体材料长度 $Ml(c)$ 与评定长度 ln 的比率，即

$$Rmr(c) = \frac{Ml(c)}{ln}$$

轮廓的支承长度率 $Rmr(c)$ 与零件的实际轮廓形状有关，是反映零件表面耐磨性能的指标。轮廓的实体材料长度 $Ml(c)$ 与轮廓的水平截距 c 有关。轮廓的支承长度率 $Rmr(c)$ 应该由对应的水平截距 c 给出，c 值多采用轮廓最大高度 Rz 的百分数表示。对于不同的实际轮廓形状，在相同的评定长度内给出相同的水平截距 c，$Rmr(c)$ 越大，表示零件表面凸起的实体部分越大，承载面积越大，因而接触刚度就越高，耐磨性能就越好。

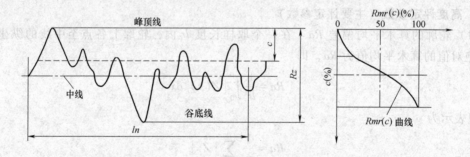

图 5.7　轮廓的支承长度率

第三节　表面粗糙度的表示

一、表面粗糙度的符号

《产品几何技术规范（GPS）技术产品文件中表面结构的表示法》（GB/T 131—2006）对表面粗糙度符号、代号和标注都做了相关规定，表面粗糙度的符号及意义说明见表 5.2。

二、表面粗糙度完整符号的组成

《产品几何技术规范（GPS）表面结构　轮廓法　表面粗糙度参数及其数值》（GB/T 1031—2009）中规定，高度特征参数 Ra、Rz 为表面粗糙度基本评定参数，而间距和相关特

148

征参数 Rsm（轮廓单元平均宽度）、$Rmr(c)$（轮廓支承长度率）为表面粗糙度附加评定参数。为明确对表面粗糙度的要求，除表面粗糙度的参数和数值外，必要时应标注补充要求。补充要求包括取样长度、加工工艺、传输带、表面纹理及方向、加工余量等。为明确表面粗糙度的特征，应对表面粗糙度的参数规定不同要求。表面粗糙度基本符号如图 5.8 所示。

表 5.2 表面粗糙度的符号及意义说明（GB/T 131—2006）

符号	意 义 说 明
	基本图形符号，未指定工艺方法的表面，当通过一个注释解释时可单独使用
	扩展图形符号，用去除材料方法获得的表面。如车、铣、钻、磨、剪切、抛光、腐蚀、电火花加工等。仅当其含义是"被加工表面"时可单独使用
	扩展图形符号，不去除材料获得的表面。也可用于表示保持上道工序形成的表面，不管这种状况是通过去除材料或不去除材料形成的
	完整符号，当要求标注表面结构的补充信息时，在 3 个符号的长边上均可加一横线，用于标注有关参数和说明
	在 3 个符号上均可加一小圈，表示所有表面具有相同的表面粗糙度要求

在一个完整表达符号中，对表面结构的单一要求和补充要求应对应标注在如图 5.8 所示的指定位置处。

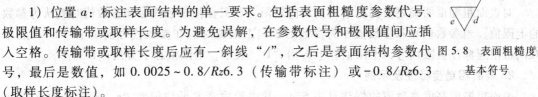
图 5.8 表面粗糙度基本符号

1）位置 a：标注表面结构的单一要求。包括表面粗糙度参数代号、极限值和传输带或取样长度。为避免误解，在参数代号和极限值间应插入空格。传输带或取样长度后应有一斜线"/"，之后是表面结构参数代号，最后是数值，如 0.0025～0.8/Rz6.3（传输带标注）或 -0.8/Rz6.3（取样长度标注）。

2）位置 a 和 b：标注两个或多个表面结构要求。位置 a 处，标注第一个表面结构，具体要求和方法同上。位置 b 处，标注第二个表面结构要求。如果要标注第三个或更多表面结构要求，图形符号应在垂直方向扩大，以空出足够的空间填写更多参数项。扩大图形符号时，a 和 b 的位置随之上移。

3）位置 c：标注加工方法。标注所要求的加工方法、表面处理、镀涂或其他加工工艺要求等，如车、磨、镀等加工工艺。

4）位置 d：标注表面纹理和方向。标注所要求的表面纹理和纹理方向，如"×""M""="等符号。加工表面纹理方向与符号见表 5.3。

5）位置 e：标注加工余量。标注所要求的加工余量，标注的数值以 mm 为单位。

三、表面粗糙度的标注方法

1. 图样标注说明

取样长度若按表 5.1 中规定的选取，在图样上可省略标注取样长度，如果有特殊要求，则需要标注取样长度。

表 5.3　加工表面纹理方向与符号

符号	示意图	说明	符号	示意图	说明
=	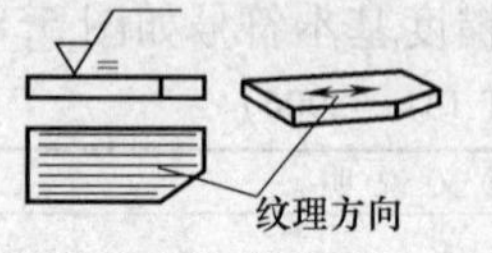 纹理方向	纹理平行于视图所在的投影面	M	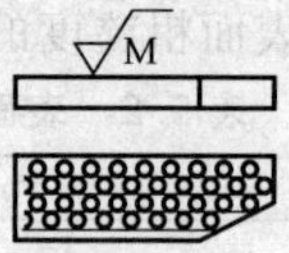	纹理呈多方向
⊥	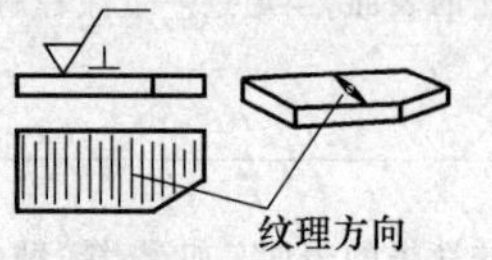 纹理方向	纹理垂直于视图所在的投影面	C		纹理近似同心且圆心与表面中心相关
×	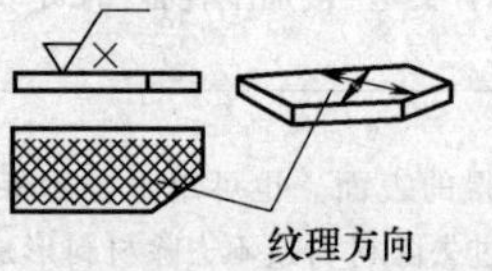 纹理方向	纹理呈两斜向交叉且与视图所在投影面交叉	R	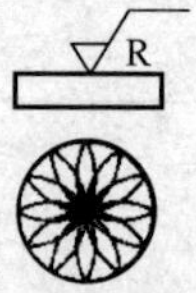	纹理呈近似放射状且与表面中心相关

（1）16%规则　当参数的规定值为上限值（或下限值）（见 GB/T 131—2006）时，如果所选参数在同一评定长度上的全部实测值中，大于（或小于）图样或技术产品文件中规定值的个数不超过实测值总数的 16%，则该表面合格。指明参数的上、下限值时，所用参数符号没有"max"标记。

（2）最大规则　检验时，若参数的规定值为最大值（见 GB/T 131—2006 中 3.4），则在被检表面的全部区域内测得的参数值一个也不应超过图样或技术产品文件中的规定值。若规定参数的最大值，应在参数符号后面增加一个"max"标记，标注实例见表 5.4。

对表面粗糙度明确要求标注单向或双向极限。当只标注参数代号和参数值时默认为参数的上限值；当参数代号和参数值作为参数的单向下限值时应在参数代号前加上"L"；表示双向极限应标注极限代号，上限值在上方用"U"表示，下限值在下方用"L"表示。

2. 表面粗糙度标注及示例

表面粗糙度高度参数值的标注见表 5.4。其中轮廓算术平均偏差 Ra、轮廓最大高度 Rz 值的标注应在符号长边的横线下面，应在参数值前标注出相应的参数代号。参数值单位均为微米，不标注单位。

表 5.4　表面粗糙度高度参数值的标注符号及意义

符号	意　义
Ra 3.2	表示任意加工方法，单向上限值，默认传输带，R 轮廓，算术平均偏差 3.2μm，评定长度为 5 个取样长度（默认），"16%规则"（默认）。
Ra 3.2max	表示去除材料，单向上限值，默认传输带，R 轮廓，算术平均偏差 3.2μm，评定长度为 5 个取样长度（默认），"最大规则"。
URa 3.2max LRa 1.6	表示去除材料，双向极限值，两极限值均使用默认传输带，R 轮廓，上限值：算术平均偏差 3.2μm，评定长度为 5 个取样长度（默认），"最大规则"。下限值：算术平均偏差 1.6μm，评定长度为 5 个取样长度（默认），"16%规则"（默认）。

符号	意　义
$\sqrt{}$ Rz 100max	表示不去除材料,单向上限值,默认传输带,R 轮廓,粗糙度的最大高度 100μm,评定长度为 5 个取样长度(默认),"最大规则"。
$\sqrt{}$ URz 6.4max LRz 1.6max	表示去除材料,双向极限值,两极限值均使用默认传输带,R 轮廓,上限值:粗糙度的最大高度 3.2μm,评定长度为 5 个取样长度(默认),"最大规则"。下限值:粗糙度的最大高度 1.6μm,评定长度为 5 个取样长度(默认),"最大规则"。
$\sqrt{}$ Ra 6.4max Rz 25max	表示不去除材料,单向上限值,默认传输带,R 轮廓,算术平均偏差 6.4μm,粗糙度的最大高度 25μm,评定长度为 5 个取样长度(默认),"最大规则"。

表面粗糙度一般标注在可见轮廓线、尺寸线或者尺寸的引出线上,符号应从材料外指向并接触表面。标注原则应遵循:

1) 表面粗糙度的标注和读取方向与尺寸的标注和读取方向一致,如图 5.9 所示。必要时,符号也可用带箭头或黑点的指引线引出标注。

2) 当零件大部分表面具有相同的表面粗糙度要求时,使用最多的符号不标注在零件表面,可统一标注在图样的标题栏附近,表面结构要求的符号后面的括号中,给出无任何其他标注的基本符号或不同的表面结构要求,如图 5.10 所示。

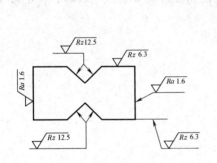

图 5.9　表面粗糙度在图样上标注示例一

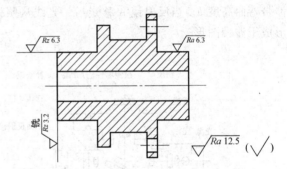

图 5.10　表面粗糙度在图样上标注示例二

第四节　表面粗糙度轮廓的检测

表面粗糙度轮廓的检测方法有比较法、光切法、显微干涉法、针描法及印模法等。

1. 比较法

比较法是将被测表面与比较样块通过人的视觉、触觉或借助放大镜等工具进行比较,判断被测表面与某一表面粗糙度对比块数值是否接近。

比较样块的选择应使材料、形状和加工方法与被测工件尽量相同,否则会产生较大的误差。在实际生产中,也可直接从零件中挑选样品,用仪器测定表面粗糙度值后作为样板使用。

用比较法评定表面粗糙度,工具简单,操作简便,可以满足一般情况的生产要求,常用于生产车间或生产现场条件下判断较粗糙轮廓的表面。判断的准确度很大程度上取决于检验人员的技术水平和经验,如果对工件表面粗糙度有严格要求,则可以采用光切法和显微干涉法等来评定表面粗糙度。

2. 光切法

光切法是应用光切原理测量表面粗糙度的一种测量方法，光切法主要用于测量旧标准中的微观不平度十点高度 Rz 值，也可以用来测量新标准中的轮廓最大高度 Rz 值，测量范围为 $0.05 \sim 60\mu m$。常用仪器是光切显微镜，又称双管显微镜。该仪器适用于测量车、铣、刨等加工方法所加工的金属零件的平面或外圆表面。

光切显微镜的原理详见本书第八章第三节。

3. 显微干涉法

显微干涉法是利用光波干涉原理测量表面粗糙度的一种测量方法，通常用于测量表面粗糙度参数 Rz 值，测量范围为 $0.05 \sim 0.8\mu m$，一般用于表面粗糙度要求比较高表面的测量。

干涉显微镜根据干涉原理设计制造而成，光学系统如图 5.11a 所示。由光源发出的光线经聚光镜 A、滤色片、光栏及透镜成平行光线，射向底面半镀银的分光镜后分成两束：一束光线通过补偿镜、物镜 B 到平面反射镜，被反射又回到分光镜，再由分光镜经聚光镜 B 到反射镜，由反射镜反射进入目镜的视野；另一束光线向上通过物镜 A 投射到被测零件表面，由被测表面反射回来，通过分光镜、聚光镜 B 到反射镜，由反射镜反射也进入目镜的视野。这样，在目镜的视野内即可观察到这两束光线因光程差而形成的干涉带图形。若被测表面粗糙不平，则干涉带成弯曲形状，如图 5.11b 所示。由测微目镜可读出相邻两干涉带距离 a 及干涉带弯曲高度 b。当反射镜 A 移走后，光线从照相物镜和反射镜 B 进入毛玻璃，在毛玻璃上形成干涉带图形。

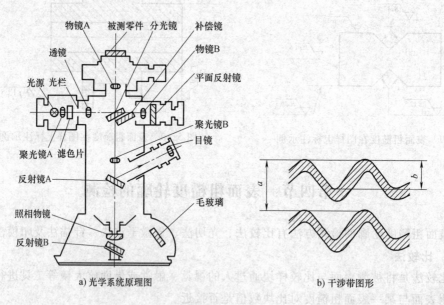

a) 光学系统原理图　　　　b) 干涉带图形

图 5.11　干涉显微镜

由于光程差每增加光波波长 λ 的 1/2 即形成一条干涉带，故被测表面的表面粗糙度的实际高度为 $b\lambda/Ra$。

4. 针描法

针描法是一种接触式测量表面粗糙度的方法，常用的仪器是电动轮廓仪。该法是利用仪器的触针在被测表面上轻轻划过，使触针做垂直方向的移动，再通过传感器将位移量转换成电信号，将信号经滤波放大器放大后送入计算机，在显示器上直接显示出被测表面粗糙度 Ra 值及其他多种参数的一种测量方法，测量范围为 $0.02 \sim 5\mu m$。根据仪器的原理可分为电感式、电容式和压电式，轮廓仪可测 Ra、Rz、Rsm 等多种参数，工作原理如图 5.12 所示。

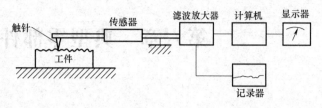

图 5.12　针描法原理图

该法适用于既不能用仪器直接测量，也不便于用表面粗糙度对比块相对比的表面，如深孔、盲孔、凹槽、内螺纹等。

5. 印模法

印模法是一种间接评定被测表面粗糙度的方法，利用一些无流性和弹性的塑料材料，贴合在被测表面上，将被测表面的轮廓复制成模，然后测量印模，来评定被测表面的表面粗糙度。

习　题

5-1　表面粗糙度的含义是什么？对零件的性能有什么影响？

5-2　表面粗糙度各评定参数的含义是什么？各用什么符号来表示？哪个应用最广泛？

5-3　表面粗糙度有几种检测方法？各自应用的场合是什么？

5-4　何为评定长度？为什么评定表面粗糙度必须确定一个合理的取样长度？

5-5　如图 5.13 所示，按照要求标注出 5 个表面的表面粗糙度值。

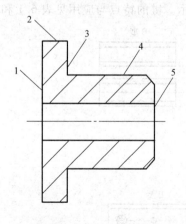

图 5.13　习题 5-5 的图

（1）在图中 1 处端面用不去除材料的方法获得表面粗糙度 Rz 的上限值为 $6.3\mu m$。

（2）在图中 2 处用去除材料的方法获得表面粗糙度 Ra 的上限值为 $6.3\mu m$，Ra 的下限值为 $3.2\mu m$。

（3）在图中 3 处用任意方法获得，表面粗糙度 Ra 的上限值为 $3.2\mu m$，Rz 的上限值为 $25\mu m$。

（4）在图中 4 处用去除材料的方法获得，表面粗糙度 Ra 为 $3.2\mu m$，最大规则，Ra 的下限值为 $1.6\mu m$。

（5）在图中 5 处用不去除材料的方法获得，表面粗糙度 Rz 为 $100\mu m$，最大规则。

（6）在图中标注出其余加工面用任意方法获得表面粗糙度 Ra 的上限值为 $12.5\mu m$。

第六章　典型零部件的互换性

第一节　键与花键的公差与配合

一、键的分类

键是一种标准件，键联结在机械工程中应用广泛，主要用于轴与轴上零件（如齿轮、带轮、联轴器等）之间的联结，用以传递转矩和运动。必要时联结件间还可以实现轴向相对移动。

键联结可分为单键联结和花键联结。单键按其结构形状不同可分为平键（平键又分为普通平键、薄型平键、导向平键、滑键等）、半圆键、切向键和楔形键等。花键按其键齿形状的不同，主要分为矩形花键、渐开线花键和三角形花键，其中矩形花键联结应用广泛。

花键联结与单键联结相比，花键联结具有定心精度和导向精度高、承载能力强的优点。但花键的制造工艺比单键复杂，制造成本相对较高。为提高产品质量，保证零、部件的互换性要求，我国制定了 GB/T 1095~1099—2003 等一系列的国家标准。

键的部分类型如图 6.1 所示。键的特点与应用见表 6.1 和表 6.2。

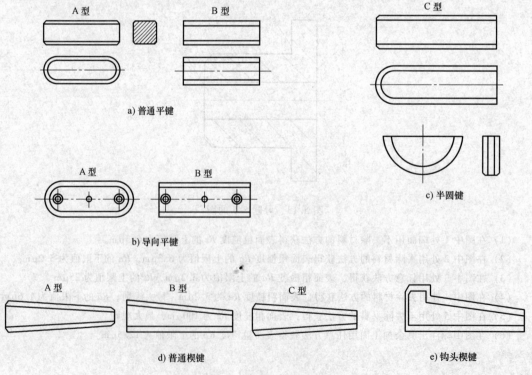

图 6.1　键的类型示意图

f) 矩形花键

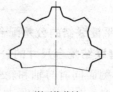

g) 渐开线花键

图 6.1 键的类型示意图（续）

表 6.1 单键联结的特点、类型和应用

类型		特点和应用
平键	普通型平键	键的侧面为工作面，靠侧面传力，对中性好，拆装方便。无轴向固定作用。定位精度较高，用于高速或承受冲击、变载荷的轴
	薄型平键	薄型平键用于薄壁结构和传递转矩较小的场合
	导向平键	键的侧面为工作面，靠侧面传力，对中性好，拆装方便。无轴向固定作用。用螺钉把键固定在轴上，中间的螺纹孔用于起出键。用于轴上零件沿轴移动量不大的场合，如变速器中的滑移齿轮
	滑键	键的侧面为工作面，靠侧面传力，对中性好，拆装方便。键固定在轮毂上，轴上零件能和键一起作轴向移动，用于轴上零件移动量较大的场合
半圆键	半圆键	键的侧面为工作面，靠侧面传力，键可在轴槽中沿槽底圆弧滑动，拆装方便，但要加长键时，必定会使键槽加深而削弱轴的强度。一般用于轻载，常用于轴的锥形端处
切向键	切向键	由两个斜度为 1∶100 的楔键组成，能传递较大的转矩，一对切向键只能传递一个方向的转矩，传递双向转矩时，要用两对相反切向键互成 120°～135°安装，用于载荷大、对中性要求不高的场合。常用于直径>100mm 的轴
楔键	普通型楔键	键的上、下面为工作平面，键的上表面和毂槽都有 1∶100 的斜度，装配时需打入、楔紧，键的上、下两面分别与轴和轮毂相接触。对轴上零件有轴向固定作用。由于楔紧力的作用使轴上零件偏心，导致对中精度不高，转速也受到限制。钩头用于方便拆装，应加以保护
	钩头型楔键	
	薄型楔键	

表 6.2 花键的类型、特点和应用

类型	特点		应用
矩形花键	花键联结为多齿工作，承载能力高，对中性、导向性好，齿根较浅，应力集中较小，轴与轮毂强度削弱小	矩形花键加工方便，能用磨削方法获得较高的精度。有两个系列：轻系列用于载荷较轻的静联结；重系列用于中等载荷	应用广泛，如飞机、汽车、拖拉机、机床制造业、农业机械及一般机械传动装置等
渐开线花键		渐开线花键的齿廓为渐开线，受载时齿上承受径向力，能起到自动定心作用，使各齿受力均匀，强度高、使用寿命长。加工工艺与齿轮相同，易获得较高精度和互换性。渐开线花键标准压力角有 30°、37.5°和 45°三种	用于载荷较大，定心精度要求较高，以及尺寸较大的联结

下面重点讲述平键和花键的公差与配合。

二、平键联结的公差与配合

（一）平键联结的结构参数

平键联结是通过键和键槽侧面的互压来传递转矩的，键的上表面和轮毂槽底面间留有一定的间隙，如图 6.2 所示。因此，键和键槽侧面应有足够的接触面积，以承受负荷，保证键联结的可靠性和使用寿命。键嵌入键槽要牢固可靠，以防止松动脱落，同时要便于装拆。对于导向键，键与键槽间应有一定的间隙，以保证相对运动和导向精度的要求。

键宽和键槽宽 b 是决定配合性质和配合精度的主要参数，是键联结的主要配合尺寸，应规定较严的公差，而键长 L、键高 h、轴槽深 t_1 和轮毂槽深 t_2 为非配合尺寸，应给予较松的公差。

（二）平键联结的公差配合

1. 平键联结配合尺寸的公差带和配合种类

由于键侧面同时与轴和轮毂键槽侧面联结，且两者往往有不同的配合要求，并且为了提高生产率，键由标准精拔钢制造，是标准件。所以，国家标准规定键联结时把键宽作为基准，采用基轴制配合。

国家标准 GB/T 1095—2003 及 GB/T 1096—2003 规定了平键和键槽的剖面尺寸和极限偏差。对键的宽度规定了一种公差带 h9，对轴与轮毂的键槽宽度各规定了三种公差带，可以得到三种松紧程度不同的配合。

键宽、轴槽、轮毂槽的公差带图如图 6.3 所示。各种配合种类与应用见表 6.3。

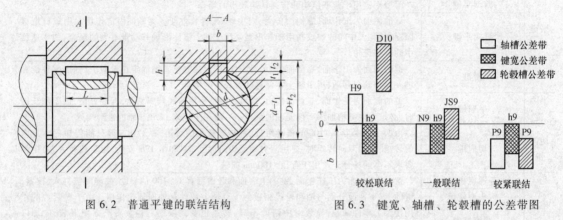

图 6.2　普通平键的联结结构　　　图 6.3　键宽、轴槽、轮毂槽的公差带图

表 6.3　平键联结的配合种类与应用

配合种类	尺寸 b 的公差带			适用范围
	键	轴槽	轮毂槽	
较松		H9	D10	用于导向键联结，轮毂可在轴上滑动，也用于薄型平键
一般	h9	N9	JS9	键在轴和轮毂中均固定，用于传递一般负荷的普通平键或半圆键，也用于薄型平键、楔形键的轴槽和轮毂槽
较紧		P9	P9	键在轴和轮毂中均固定，比上一种配合较紧，用于传递重载和冲击负荷，及双向传递转矩，也用于薄型平键

2. 平键联结非配合尺寸的公差带

键高 h 的公差带为 h11，键长 L 的公差带为 h14，键槽长的公差带取 H14。GB/T 1095—2003 对轴键槽深度 t_1 和轮毂键槽深度 t_2 的极限偏差做了专门规定，为了便于测量，在图样上对轴键槽深度和轮毂键槽深度分别标注 "$d-t_1$" 和 "$d+t_2$"。键和键槽剖面尺寸与公差见表 6.4 和表 6.5。键槽尺寸及公差的标注如图 6.4 所示。

表 6.4　普通平键和键槽的尺寸与极限偏差　　　　　　　（单位：mm）

轴	键	键槽								
		宽度 b						深度		
公称直径 d	公称尺寸 $b×h$	公称尺寸 b	极限偏差					轴 t_1		轮毂 t_2
			一般联结		较紧联结	较松联结		公称尺寸	极限偏差	公称尺寸	极限偏差
			轴 N9	毂 JS9	轴和毂 P9	轴 H9	毂 D10				
>22~30	8×7	8	0 −0.036	±0.018	−0.015 −0.051	+0.036 0	+0.098 +0.040	4.0	+0.2 0	3.3	+0.2 0
>30~38	10×8	10						5.0		3.3	

156

轴	键	键槽									
			宽度 b						深度		
公称直径 d	公称尺寸 b×h	公称尺寸 b	极限偏差						轴 t₁		轮毂 t₂
			一般联结		较紧联结	较松联结			公称尺寸	极限偏差	公称尺寸	极限偏差
			轴 N9	毂 JS9	轴和毂 P9	轴 H9	毂 D10				
>38~44	12×8	12						5.0		3.3	
>44~50	14×9	14	0 −0.043	±0.022	−0.018 −0.061	+0.043 0	+0.120 +0.050	5.5		3.8	
>50~58	16×10	16						6.0		4.3	
>58~65	18×11	18						7.0	+0.2 0	4.4	+0.2 0
>65~75	20×12	20						7.5		4.9	
>75~85	22×14	22	0 −0.052	±0.026	−0.022 −0.074	+0.052 0	+0.149 +0.065	9.0		5.4	
>85~95	25×14	25						9.0		5.4	
>95~110	28×16	28						10.0		6.4	

注：$(d-t_1)$ 和 $(d+t_2)$ 两组组合尺寸的偏差按相应的 t_1、t_2 的极限偏差选取，但 $d-t_1$ 的极限偏差值应取负号（−）。

表 6.5 平键公差 （单位：mm）

b	公称尺寸	8	10	12	14	16	18	20	22	25	28
	偏差 h9	0 −0.036		0 −0.043				0 −0.052			
h	公称尺寸	7	8	8	9	10	11	12	14	14	16
	偏差 h11	0 −0.090						0 −0.110			

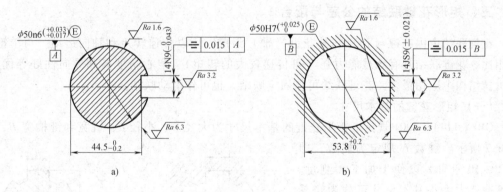

图 6.4 键槽尺寸及公差的标注

3. 键槽的几何公差和表面粗糙度

键与键槽配合的松紧程度取决于它们的配合尺寸的公差带，同时还与它们配合平面的形位误差有关。为了保证键与键槽的可靠装配和工作面的负荷均匀，应分别规定轴键槽对称面相对于轴线的对称度公差和轮毂键槽对称面相对于中心孔轴线的对称度公差。对称度公差等级可按 GB/T 1184—1996《形状和位置公差 未注公差值》取为 7~9 级。

键与键槽配合面的表面粗糙度一般取为 $Ra1.6~6.3\mu m$，非配合面取 $Ra6.3~12.5\mu m$。

4. 应用实例

【例 6.1】 某传递重载且有冲击的齿轮传动，采用平键联结。孔为 $\phi 70H7\left(^{+0.030}_{0}\right)$，轴为 $\phi 70m6\left(^{+0.030}_{+0.011}\right)$，试在零件图上标出尺寸公差、几何公差及表面粗糙度。

解 （1）尺寸公差与配合：

1）配合选用：根据使用要求查表 6.3，选取较紧键联结，键与轴槽及轮毂槽的配合均采用 P9/h9。

2）轴槽：查表 6.4，$b=20$，$t_1=7.5$，所以 $d-t_1=62.5$。轴槽长 L 的公差带取 H14。

3）轮毂槽：查表 6.4，$b=20$，$t_2=4.9$，所以 $d+t_2=74.9$。

（2）几何公差：键槽中心平面对轴线的对称度公差取 8 级，查 GB/T 1184—1996，为 0.025mm。

（3）表面粗糙度：键槽两侧面取 $Ra3.2\mu m$，上、下面取 $Ra6.3\mu m$。

（4）标注方法：配合尺寸 b 的公差带图如图 6.5 所示；轴槽和轮毂槽标注如图 6.6 所示。

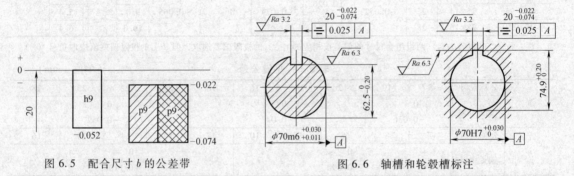

图 6.5　配合尺寸 b 的公差带　　　　　图 6.6　轴槽和轮毂槽标注

三、矩形花键联结的公差与配合

花键联结由内花键（孔）和外花键（轴）组成，用以传递转矩和轴向运动。与单键联结相比，花键联结具有承载能力强（可传递较大的转矩）、定心精度高和导向性好等优点，在机械结构中应用最多。花键联结可作固定联结，也可作滑动联结。

（一）矩形花键的基本尺寸

GB/T 1144—2001 规定了矩形花键的基本尺寸为大径 D、小径 d、键宽和键槽宽 B，如图 6.7 所示。键数 N 规定为偶数，即 6、8、10 三种，以便于加工和测量。按承载能力大小基本尺寸可分为轻系列、中系列两种规格。同一小径的轻系列和中系列的键数相同，键宽（键槽宽）也相同，仅大径不同。轻系列的键高尺寸较小，承载能力较低；中系列的键高尺寸较大，承载能力强。矩形花键的基本尺寸系列见表 6.6。

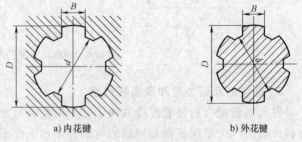

a）内花键　　　　　　　b）外花键

图 6.7　矩形花键的主要尺寸

（二）矩形花键的定心方式

花键联结的功能要求是保证内、外花键联结后具有较高的同轴度，并能传递转矩。矩形花键联结可以有 3 种定心方式：小径 d 定心、大径 D 定心和键宽 B 定心，如图 6.8 所示。起定心作用的尺寸应要求较高的配合精度，非定心尺寸要求可低些。由于传递转矩是通过键和键槽侧面进行的，因此键和键槽的侧面无论是否作为定心表面，其宽度尺寸 B 都应要求具有足够的配合精度。此外，非定心直径表面之间应该有足够的间隙。

表 6.6　矩形花键基本尺寸系列　　　　　　　　　　　　　　　　（单位：mm）

小径 d	轻系列				中系列			
	规格 N×d×D×B	键数 N	大径 D	键宽 B	规格 N×d×D×B	键数 N	大径 D	键宽 B
11	—		—	—	6×11×14×3		14	3
13	—		—	—	6×13×16×3.5		16	3.5
16	—		—	—	6×16×20×4		20	4
18	—		—	—	6×18×22×5		22	5
21	—	6	—	—	6×21×25×5	6	25	5
23	—6×23×26×6		26	6	6×23×28×6		28	6
26	6×26×30×6		30	6	6×26×32×6		32	6
28	6×28×32×7		32	7	6×28×34×7		34	7
32	8×32×36×6		36	6	8×32×38×6		38	6
36	8×36×40×7		40	7	8×36×42×7		42	7
42	8×42×46×8		46	8	8×42×48×8		48	8
46	8×46×50×9	8	50	9	8×46×54×9	8	54	9
52	8×52×58×10		58	10	8×52×60×10		60	10
56	8×56×62×10		62	10	8×56×65×10		65	10
62	8×62×68×12		68	12	8×62×72×12		72	12
72	10×72×78×12		78	12	10×72×82×12		82	12
82	10×82×88×12		88	12	10×82×92×12		92	12
92	10×92×98×14	10	98	14	10×92×102×14	10	102	14
102	10×102×108×16		108	16	10×102×112×16		112	16
112	10×112×120×18		120	18	10×112×125×18		125	18

在国家标准 GB/T 1144—2001《矩形花键尺寸、公差及检验》中明确规定采用小径定心。这是因为随着生产的发展，对机械零件的质量要求不断提高，对花键联结的机械强度、硬度、耐磨性和几何精度的要求也相应提高了。在内、外花键制造过程中需要进行热处理（淬硬）来提高硬度和耐磨性，淬硬后应采用磨削来修正热处理变形，以保证定心表面的精度要求。采用传统的拉削工艺已经达不到要求，且淬硬后的变形也不能采用拉刀修复。因此采用大径定心，内花键大径表面很难磨削。而采用小径定心，磨削内花键小径表面就很容易，磨削外花键小径表面也比较方便。总之，采用小径定心的原因如下：

1）小径定心容易采用磨削的方法消除热处理变形，能提高耐磨性和花键的使用寿命，定心稳定性好。

2）有利于简化加工工艺，降低生产成本，尤其是内花键的定心表面可以来用磨削方法进行加工，因此能减少成本较高的拉刀规格，也易于保证表面质量。

3）与国际标准相符合，便于进行国际交流与合作。

a) 小径定心　　　　　　b) 大径定心　　　　　　c) 键侧(键槽侧)定心

图 6.8　矩形花键的定心方式

4）便于齿轮精度标准的贯彻配套。

（三） 矩形花键的尺寸公差带

为减少花键拉刀和花键塞规的规格，矩形花键联结采用基孔制。

按其使用要求矩形花键分为：一般用途矩形花键和精密传动用矩形花键。一般用途矩形花键用于普通机械，一般可作为 7~8 级精度齿轮的基准孔。精密传动的矩形花键用于精密传动机械，常用作精密齿轮传动基准孔。

按不同松紧程度，矩形花键联结分为滑动、紧滑动、固定三种配合类型。根据内、外花键之间是否有轴向移动来确定配合的松紧程度：当内、外花键之间要求有轴向相对移动时，应采用滑动或紧滑动联结。若移动时定心精度要求高，传递转矩大或经常有反向转动时，应选用配合间隙较小的紧滑动联结，以减小冲击与空程并使键侧表面应力分布均匀。若移动距离较长、移动频率高时，应选用间隙较大的滑动联结，以保证运动灵活及配合面间有足够的润滑油层，如汽车变速器。当内、外花键之间无轴向相对移动要求时，则采用固定联结的配合类型。

GB/T 1144—2001 规定的矩形花键联结的配合尺寸公差带和装配形式见表 6.7。

表 6.7 矩形花键的尺寸公差带

内花键				外花键			装配形式
d	D	B		d	D	B	
		拉削后不热处理	拉削后热处理				
一般用							
H7	H10	H9	H11	f7	a11	d10	滑动
				g7		f9	紧滑动
				h7		h10	固定
精密传动用							
H5	H10	H7,H9		f5	a11	d8	滑动
				g5		f7	紧滑动
				h5		h8	固定
H6				f6		d8	滑动
				g6		f7	紧滑动
				h6		h8	固定

注：1. 对于精密传动用的内花键，当需要控制键侧配合间隙时，槽公差带可选用 H7，一般情况下可选用 H9。

2. 当内花键公差带为 H6 和 H7 时，允许与提高一级的外花键配合。

（四） 矩形花键的几何公差和表面粗糙度

矩形花键属于多参数配合，除了尺寸公差外，还规定了几何公差，这是由于矩形花键的形位误差会影响可装配性、定心精度和承载的均匀性。因此，国家标准 GB/T 1144—2001 对矩形花键的几何公差作了如下规定：

1）对小径表面所对应的轴线采用包容要求，即用小径的尺寸公差控制小径表面的形状误差。

2）对花键的键和键槽宽的对称面规定位置度公差来控制花键的分度误差。

大批量生产时，为保证内、外花键的可装配性，花键的位置度公差应遵守最大实体要求，检验时，应用花键量规来检测。标准规定的矩形花键位置度公差值见表 6.8，标注方法如图 6.9 所示。

单件小批生产时，对键（键槽）宽的对称度公差应遵守独立原则，对称度公差值见表 6.9，标注方法如图 6.10 所示。

表 6.8 矩形花键位置度公差值 t_1 （单位：mm）

键槽宽或键宽 B		3	3.5~6	7~10	12~18
			t_1		
键槽宽		0.010	0.015	0.020	0.025
键宽	滑动、固定	0.010	0.015	0.020	0.025
	紧滑动	0.006	0.010	0.013	0.016

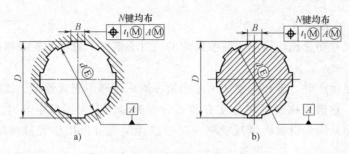

图 6.9 矩形花键位置度公差标注

表 6.9 矩形花键对称度公差值 t_2 （单位：mm）

键槽宽或键宽 B	3	3.5~6	7~10	12~18
		t_2		
一般用	0.010	0.012	0.015	0.018
精密传动用	0.006	0.008	0.009	0.011

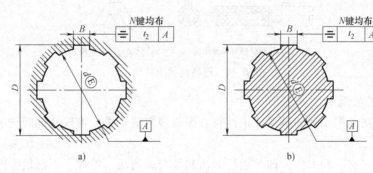

图 6.10 矩形花键对称度公差标注

矩形花键结合面的表面粗糙度推荐值见表 6.10。

表 6.10 花键表面粗糙度推荐值

加工表面	内花键	外花键
	Ra 不大于/μm	
大径	6.3	3.2
小径	1.6	0.8
键侧	6.3	1.6

（五）矩形花键的标注

矩形花键的规格按以下顺序表示：键数 N×小径 d×大径 D×键宽（键槽宽）B。

【例 6.2】 矩形花键数 N 为 6，小径 d 的配合为 23H7/f7，大径 D 的配合为 28H10/a11，键宽 B 的配合为 6H11/d10 的标记如下：

花键规格 N×d×D×B，即 6×23×28×6

花键副 $6 \times 23 \dfrac{H7}{f7} \times 28 \dfrac{H10}{a11} \times 6 \dfrac{H11}{d10}$ （GB/T 1144—2001）

内花键 $6 \times 23H7 \times 28H10 \times 6H11$ （GB/T 1144—2001）

外花键 $6 \times 23f7 \times 28a11 \times 6d10$ （GB/T 1144—2001）

四、键和矩形花键的检测

（一）单键的检测

键和键槽的尺寸测量比较简单，需要检测的项目有键宽、轴槽和轮毂槽的宽度、深度以及槽的对称度。

在单件小批量生产时，键和键槽的尺寸测量一般采用通用测量器具，如游标卡尺、内径或外径千分尺等。键槽对称度可用分度头和百分表测量。在大批量生产时，可采用量规检测。对于尺寸误差采用光滑极限量规检测，对于位置误差可采用位置量规检测，如图 6.11 所示。

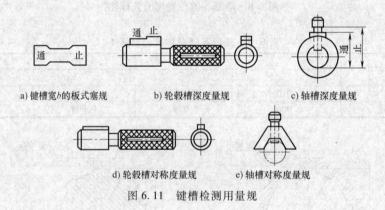

a) 键槽宽 b 的板式塞规   b) 轮毂槽深度量规   c) 轴槽深度量规

d) 轮毂槽对称度量规   e) 轴槽对称度量规

图 6.11   键槽检测用量规

（二）花键的检测

矩形花键检测的主要目的是保证工件符合图样规定的要求，确保花键联结的质量以及具有互换性。

花键检测一般有两种方法，即单项检测法和综合检测法。单件、小批量生产时采用单项检测法，主要用游标卡尺、千分尺等通用量具分别对各尺寸和几何误差进行测量，以保证尺寸偏差及几何误差在其公差范围内。大批量生产的单项检测常用专用量具，如图 6.12 所示。综合检测适用于大批量生产，所用量具是花键综合量规，如图 6.13 所示。综合量规用于控

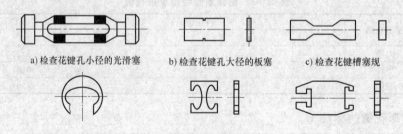

a) 检查花键孔小径的光滑塞   b) 检查花键孔大径的板塞   c) 检查花键槽塞规

d) 检查花键轴大径的光滑卡规   e) 检查花键轴小径的卡规   f) 检查花键轴键宽的卡规

图 6.12   花键专用塞规和卡规

制被测花键的最大实体边界，即综合检验小径 d、大径 D 及键（槽）宽 B 的关联作用尺寸，

使其控制在最大实体边界内。然后用单项止端量规分别检验小径 d、大径 D 及键（槽）宽 B 的实际尺寸是否超其最小实体尺寸。检验时，综合量规应能通过工件，单项止规通不过工件，则工件合格。

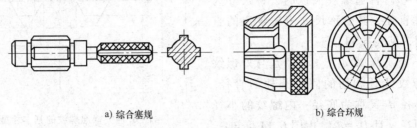

a) 综合塞规   b) 综合环规

图 6.13　花键综合量规

第二节　螺纹联接的公差与配合

一、螺纹的分类

螺纹按照牙型可分为三角形螺纹、梯形螺纹、矩形螺纹、球螺纹等，通常三角形螺纹用于联接紧固，其他三种则用于传动。

按照螺距的表示单位不同，可分为米制（也称公制）和英制两类（螺距以每英寸的牙数表示），在我国，英制只用于管螺纹，故通常所说的螺纹均指公制螺纹。

按螺纹的用途不同，可分为三类：

（1）普通螺纹　又称普通紧固螺纹。其牙型为三角形，这类螺纹主要用于紧固和联接各种零部件，如公制普通螺纹，是使用最为广泛的一种螺纹。其使用要求是：可旋合性和联接的可靠性。可旋合性是指内、外螺纹易于旋入和旋出，以便装配和拆卸；联接的可靠性是指螺纹具有一定的联接强度，不得过早损坏和自动松脱。

（2）传动螺纹　传动螺纹通常用于传递动力、运动或位移，如机床的丝杠和螺母、量仪的测微螺纹。根据螺纹副的摩擦性质不同，传动螺纹主要分为滑动螺旋传动、滚动螺旋传动。滑动螺旋传动的牙型主要为梯形、锯齿形、矩形和三角形等，其使用要求是传递动力的可靠性、传动比的正确性和稳定性，并要求保证有一定的间隙，可贮存润滑油，使传动灵活。滚动螺旋传动的牙型为圆弧形，其使用要求为：具有较高的行程精度，误差波动幅度小、直线度好、精度保持稳定。

（3）紧密螺纹　这种螺纹用于密封联接，如联接管道用的螺纹。其使用要求是结合紧密性，不漏水、气、油，具有足够的联接强度。

本小节主要介绍普通螺纹的互换性，涉及的相关国家标准有：GB/T 14791—1993《螺纹术语》，GB/T 192—2003《普通螺纹　基本牙型》，GB/T 197—2003《普通螺纹　公差》。

二、螺纹的基本牙型及主要几何参数

普通螺纹的基本牙型如图 6.14 所示。它是将原始三角形（两个底边相连且平行于螺纹轴线的等边三角形，其高用 H 表示）的顶部消去 $H/8$、底部截去 $H/4$ 所形成的理论牙型（图 6.14），其直径参数中内螺纹参数用大写字母表示，外螺纹参数用小写字母表示。

（1）大径（D 或 d） 与外螺纹牙顶或内螺纹牙底相切的假想圆柱的直径。外螺纹的大径 d 又称为顶径；内螺纹的大径 D 又称为底径，且 $D=d$。普通螺纹大径的公称尺寸为螺纹的公称直径，其公称尺寸应按规定的直径系列选用，见表 6.11。

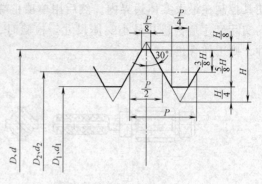

图 6.14 普通螺纹的基本牙型

（2）小径（D_1 或 d_1） 小径是与外螺纹牙底或内螺纹牙顶相切的假想圆柱的直径。外螺纹的小径 d_1 又称为底径；内螺纹的小径 D_1 又称为顶径，且 $D_1=d_1$。由图 6.14 可知：

$$D_1(d_1)=D(d)-2\times 5H/8=D(d)-1.082P$$

（3）中径（D_2 或 d_2） 一个假想圆柱的直径。该圆柱的母线通过牙型上沟槽和凸起宽度相等的地方。该假想圆柱称为中径圆柱，如图 6.15 所示。

表 6.11 普通螺纹的公称尺寸（摘自 GB/T 196—2003） （单位：mm）

公称直径 D、d			螺距 P	中径 D_2 或 d_2	小径 D_1 或 d_1
第一系列	第二系列	第三系列			
10			1.5	9.026	8.376
			1.25	9.188	8.647
			1	9.350	8.917
			0.75	9.513	9.188
12			1.75	10.863	10.106
			1.5	11.026	10.376
			1.25	11.188	10.647
			1	11.350	10.917
	14		2	12.701	11.835
			1.5	13.026	12.376
			1	13.350	12.917
	15		1.5	14.026	13.376
16			2	14.701	13.835
			1.5	15.026	14.376
			1	15.350	14.917
		17	1.5	16.026	15.376
	18		2.5	16.367	15.294
			2	16.701	15.835
			1.5	17.026	16.376
			1	17.350	16.917
20			2.5	18.376	17.294
			2	18.701	17.835
			1.5	19.026	18.376
			1	19.350	18.917
24			3	22.051	20.752
			2	22.701	21.835
			1.5	23.026	22.376
			1	23.350	22.917

在基本牙型上，该圆柱的母线正好通过牙型上沟槽和凸起宽度等于 1/2 基本螺距的地方。由图 6.15 可知

$$D_2(d_2) = D(d) - 2 \times 3H/8 = D(d) - 0.6495P$$

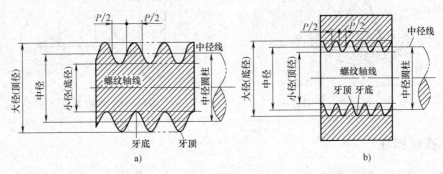

图 6.15 普通螺纹的中径

（4）单一中径（D_{2a}或 d_{2a}） 一个假想圆柱的直径。该圆柱的母线通过牙型上沟槽宽度等于 1/2 螺距基本值的地方。内、外螺纹的单一中径分别用符号 D_{2a} 和 d_{2a} 表示。由于该直径在槽宽为固定值处测量，因此测量方便，可以用三针法测得，而且还可以有效地控制中径本身的尺寸，是最实用的中径尺寸。

当螺距无误差时，螺纹的中径就是螺纹的单一中径。但螺距有误差时，单一中径与中径是不相等的，如图 6.16 所示。

（5）螺距 螺距是指相邻两牙在中径线上对应两点间的轴向距离。螺距的基本值用符号 P 表示。螺距与导程不同，导程是指同一条螺旋线在中径线上相邻两牙对应点之间的轴向距离，用 P_h 表示。导程＝螺纹线数×螺距。

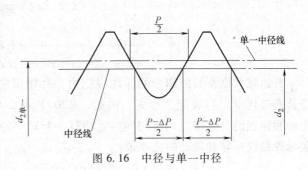

图 6.16 中径与单一中径

对单线螺纹，导程 P_h 和螺距 P 相等。对多线螺纹，导程 P_h 等于螺距 P 与螺纹个数 n 的乘积，即 $P_h = nP$。

（6）牙型角、牙型半角与牙侧角 牙型角是指在螺纹牙型上，两相邻牙侧间的夹角。牙型半角为牙型角的一半。牙型角用符号 α 表示。公制普通螺纹的牙型角为 60°。牙侧角是在螺纹牙型上，牙侧与螺纹轴线的垂线间的夹角。左右牙侧角分别用符号 $\alpha_1/2$ 和 $\alpha_2/2$ 表示，牙侧角基本值与牙型半角相等，普通螺纹牙侧角基本值为 30°。如图 6.17 所示。

（7）螺纹旋合长度 螺纹旋合长度是指两个相互配合的螺纹沿螺纹轴线方向相互旋合部分的长度。

（8）牙型高度 牙型高度是指在两个相互配合螺纹的牙型上，它们的牙侧重合部分在垂直于螺纹轴线方向上的距离。普通螺纹牙型高度的基本值等于 $5H/8$。

（9）螺纹升角（φ） 螺纹升角 φ 是指在中径圆柱上螺旋线的切线与垂直于螺纹轴线平面的夹角，如图 6.18 所示。它与螺距 P 和中径 d_2 之间的关系为

$$\tan\varphi = nP/(\pi d_2)$$

式中 n——螺纹线数；

  P——螺距。

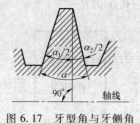

图 6.17　牙型角与牙侧角

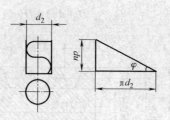

图 6.18　螺纹升角

三、螺纹标注

普通螺纹的标注由普通螺纹特征代号、尺寸代号、公差带代号、旋合长度代号、旋向代号等几部分组成。例如：

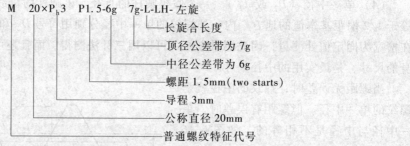

普通螺纹副在装配图中的标注应把内、外螺纹的公差代号（包括中径公差带代号与顶径公差带代号）写成配合形式，例如，M20×P$_h$4P2-6H/5g6g-S-LH，其中：6H 表示内螺纹中径和顶径的公差带（两者相同可省略写一个），公差等级 6 级，基本偏差 H；5g、6g 分别表示外螺纹中径和顶径的公差带。

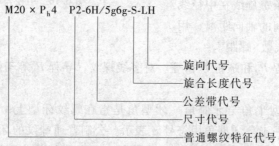

（1）螺纹特征代号　普通螺纹特征代号用字母"M"表示。

（2）尺寸代号　尺寸代号：公称直径（D 或 d）×导程 P_h×螺距 P（线数）。粗牙螺纹标注时可以省略螺距。单线螺纹的尺寸代号可以省略括弧中的内容；双线螺纹括弧中标注：two starts；三线为 three starts。

（3）公差带代号　公差带代号包括中径公差带代号和顶径公差带代号，如果二者相同只需标注一个代号。内、外螺纹配合时，它们的公差带代号用斜线分开，左侧为内螺纹公差带代号，右侧为外螺纹公差带代号。

（4）旋合长度代号　旋合长度分为三组：短旋合长度（S），中等旋合长度（N），长旋合长度（L）。中等旋合长度可以不标出，其他两种情况需要标出。

（5）旋向代号　螺纹旋向有右旋和左旋之分，当为左旋时，标注"LH"字；当为右旋时不标注。

166

【例6.3】 M20-7G7H-L 表示公称直径为 20mm 的粗牙、单线、右旋内螺纹，可查表得螺距 2.5mm。中径公差代号为 7G，顶径公差代号为 7H，长旋合长度。

【例6.4】 M20×2-6G/6h-LH 表示公称直径为 20mm、螺距为 2mm 的细牙普通左旋螺纹的配合，其中，内螺纹的中径公差带和顶径公差带为 6G，外螺纹的中径公差带和顶径公差带为 6h，中等旋合长度。

四、螺纹几何参数对互换性的影响

影响螺纹互换性的参数主要有大径、小径、中径、螺距和牙侧角。由于螺纹旋合后主要接触面是牙侧，螺纹的牙顶和牙底之间一般不接触，因而，内螺纹的大径和外螺纹的小径对旋合的影响可以忽略，需要考虑的是外螺纹的小径和内螺纹的大径，而由于旋合时存在间隙，此类影响较小，所以大径、小径误差对螺纹互换性影响较小。下面分析螺距误差、中径误差和牙侧角误差对螺纹互换性的影响。

（一）螺距误差对螺纹互换性的影响

对紧固螺纹来说，螺距误差主要影响螺纹的可旋合性和联接的可靠性；对传动螺纹来说，螺距误差直接影响传动精度，影响螺纹牙上负荷分布的均匀性。

螺距误差分螺距偏差和螺距累积误差。螺距偏差是指单个螺距的实际值与其标准值之间代数差的绝对值，与旋合长度无关。螺距累积误差是指定螺旋长度内，任意两同名牙侧与中径线交点间的实际轴向距离与其基本值之差的最大绝对值。由于螺距偏差有正负，故不一定包含的螺纹牙数越多累积的误差值就越大。螺距累积误差直接影响螺纹的旋合性，也影响传动精度和联接可靠性。螺距累积误差对螺纹旋合性的影响如图 6.19 所示。

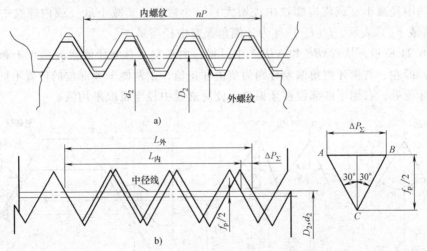

图 6.19 螺距累积误差对旋合性的影响

假设内螺纹只有理想牙型，与之相配的外螺纹的中径和牙侧角与理想内螺纹相同，仅存在螺距误差，即螺距 $P_外$ 或大于或小于理想螺纹的螺距 $P_内$。在 n 个螺纹牙的旋合长度内，外螺纹的螺距累积误差为 ΔP_Σ，且有 $nP_外 > nP_内$，这时在牙侧处将产生干涉。为使内、外螺纹能够旋合，可将外螺纹的中径减小至如图 6.19a 中所示的粗实线位置（或使内螺纹的中径增大），即应把外螺纹的实际中径减小 f_p 值，使综合后的作用中径尺寸不超过其最大实体边界。反之，假设外螺纹为理想牙型，当内螺纹螺距有误差时，为了保证旋合性，应把内螺纹的中径加大（即向材料内缩入）一个 F_p。此处的 $f_p(F_p)$ 值称为螺距误差的中径当量（中

径补偿值），如图 6.19b 所示，从 $\triangle ABC$ 中可以得出

$$f_p = \Delta P_\Sigma \cot \frac{\alpha}{2}$$

对于普通螺纹，牙型角 $\alpha = 60°$：$f_p = 1.732 \left| \Delta P_\Sigma \right|$

（二）螺纹中径误差对螺纹互换性的影响

螺纹中径误差是指实际中径与基本中径的代数差。中径的大小决定了牙侧的径向位置，中径误差将影响螺纹配合的松紧程度。对于外螺纹，中径过大会使配合过紧，甚至不能旋合；中径过小，将导致配合过松，不能保证牙侧良好接触，并且密封性差。

（三）牙侧角误差对螺纹互换性的影响

对于普通螺纹，在理论上其牙型角 α 为 $60°$，而牙侧角 $\alpha_1/2$ 和 $\alpha_2/2$ 均为 $30°$。牙侧角误差是由于牙型角存在误差（$\alpha \neq 60°$）或由于牙型角的位置误差而造成左、右牙侧角不相等（即 $\alpha_1/2 \neq \alpha_2/2$）形成的，也可能是由于上述两个因素共同形成的，如图 6.20 所示。牙侧角误差使内、外螺纹配合时发生干涉，影响可旋合性。同时牙侧角误差还会使内、外螺纹配合时接触面积减小，磨损加快，从而螺纹的联接可靠性受到影响。

牙侧角误差是指实际牙侧角与基本牙型半角的代数差。只要牙侧角有偏差，无论偏差值是正是负，即相当于光滑轴、孔有形状误差，都会引起作用中径的增大（外螺纹）或减小（内螺纹），影响螺纹互换性（主要为旋合性）。

如图 6.21 所示，设内螺纹具有理想牙型，外螺纹的中径及螺距与内螺纹相同，仅牙侧角有误差，且外螺纹左侧牙侧角偏差 $\Delta(\alpha_1/2) < 0$，右侧牙侧角偏差 $\Delta(\alpha_2/2) > 0$，则在螺纹中径上方的左侧和中下方的右侧会产生干涉而不能旋合。要使内、外螺纹能顺利旋合，必须将外螺纹的中径减小（或将内螺纹中径增大）一个数值，其减小量（或内螺纹中径的增大量）用 f_α（或 F_α）表示，$f_\alpha(F_\alpha)$ 称为牙侧角误差中径当量。

如图 6.21 所示，从 $\triangle ABC$ 和 $\triangle DEF$ 中可得，由于左、右侧牙侧角分别小于和大于牙侧角公称值，即左、右侧牙侧角偏差分别为负值和正值，则两侧干涉部位的位置不同，左侧干涉部位在牙顶处，右侧干涉部位在牙根处。此时通常中径当量取平均值：

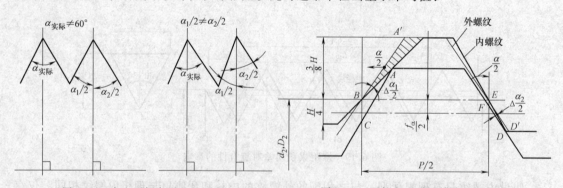

图 6.20　产生牙侧角误差的原因　　　图 6.21　牙侧角误差对旋合性的影响

$$f_\alpha/2 = (BC + EF)/2$$

对于普通螺纹，$\alpha = 60°$，则

$$f_\alpha = \frac{P}{4}\left(3 \times \Delta \frac{\alpha_1}{2} + 2 \times \Delta \frac{\alpha_2}{2}\right)$$

因为，$\Delta(\alpha_1/2)$ 和 $\Delta(\alpha_2/2)$ 有正负，单位为秒（″），f_α 的单位为微米（μm），基本螺

距的单位是毫米（mm），而且 $1'' = 0.29 \times 10^{-3}\,\text{rad}$，$1\mu\text{m} = 10^{-3}\,\text{mm}$，由此上式可以导出

$$f_\alpha = 0.073P\left(K_1\left|\Delta\frac{\alpha_1}{2}\right| + K_2\left|\Delta\frac{\alpha_2}{2}\right|\right)$$

式中：K_1、K_2 分别为 $\Delta(\alpha_1/2)$、$\Delta(\alpha_2/2)$ 对 f_α 的影响系数。

对于外螺纹，当 $\Delta(\alpha_1/2)$ 或 $\Delta(\alpha_2/2)$ 为正值时，K_1 或 K_2 取 2，当 $\Delta(\alpha_1/2)$ 或 $\Delta(\alpha_2/2)$ 为负值时，K_1 或 K_2 取 3；对于内螺纹，当 $\Delta(\alpha_1/2)$ 或 $\Delta(\alpha_2/2)$ 为正值时，K_1 或 K_2 取 3，当 $\Delta(\alpha_1/2)$ 或 $\Delta(\alpha_2/2)$ 为负值时，K_1 或 K_2 取 2。

综上所述，牙侧角误差、螺距误差分别和中径偏差相关，通过改变中径的大小即可补偿牙侧角误差、螺距误差。显然，对于外螺纹来说，总是需要通过减小中径（或增大与之配合的内螺纹的中径）来消除牙侧角误差带来的干涉；对于内螺纹来说，则总是需要通过增大中径（或减小与之配合的外螺纹的中径）来消除牙侧角误差带来的干涉。由此可见中径误差是决定内、外螺纹能否顺利旋合的主要因素。因此，国家标准没有单独规定螺距公差和牙侧角公差，而只规定了一个中径公差。

五、螺纹中径合格性的判断原则

（一）作用中径

一个具有螺距误差、牙侧角误差的外螺纹，并不能与实际中径相同的理想内螺纹旋合，而只能与一个中径较大的理想内螺纹旋合。同理，一个具有螺距误差、牙侧角误差的内螺纹只能与一个中径较小的理想外螺纹旋合。这说明：螺纹旋合时真正起作用的尺寸已不单纯是螺纹的实际中径，而是螺纹实际中径与螺距误差、牙侧角误差的中径补偿值所综合形成的尺寸，这个在真正起作用的尺寸，称为螺纹的作用中径。

作用中径（用 D_{2m} 或 d_{2m} 表示）是在规定的螺纹旋合长度内恰好包容实际螺纹的一个假想螺纹的中径，这个假想螺纹具有理想的螺距、半角和牙型高度，并在牙顶和牙底处留有间隙，以保证旋合时不与实际螺纹的大、小径发生干涉。如图 6.22 所示。

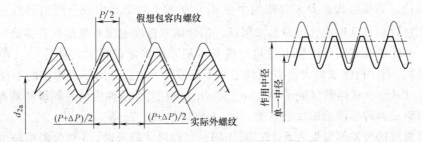

图 6.22 普通螺纹的作用中径

对有螺距及牙侧角误差的螺纹，外螺纹的作用中径将大于其中径及单一中径，内螺纹的作用中径将小于其中径及单一中径。内、外螺纹的作用中径的计算公式为

$$d_{2m} = d_{2a} + (f_p + f_\alpha)$$
$$D_{2m} = D_{2a} - (F_p + F_\alpha)$$

显然，为了使相互配合的内、外螺纹能自由旋合，应保证：$D_{2m} > d_{2m}$。

（二）螺纹中径合格性的判断原则

螺纹中径合格性的判断原则与光滑工件极限尺寸判断原则（泰勒原则）类同，即："实际螺纹的作用中径不能超出最大实体牙型的中径，而实际螺纹上任何部位的单一中径不能超

出最小实体牙型的中径"。在泰勒原则中，一是要求在给定的旋合长度内，实际螺纹的整个牙型轮廓不能超过最大实体牙型，以保证螺纹的旋合性；二是要求在牙侧的任何部位上，中径的轮廓不超出最小实体牙型，以保证螺纹具有足够的联接强度。螺纹中径合格性判断如图 6.23 所示。

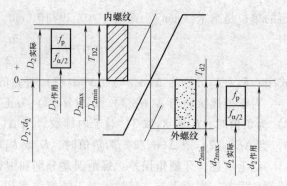

图 6.23　螺纹中径合格性判断图

对外螺纹，最大实体牙型的中径就是该螺纹中径的上极限尺寸，最小实体牙型的中径就是该螺纹中径的下极限尺寸。根据泰勒原则可知，作用中径不大于中径上极限尺寸；任意位置的单一中径不小于中径下极限尺寸：$d_{2m} \leqslant d_{2max}$，$d_{2a} \geqslant d_{2min}$。

对于内螺纹，最大实体牙型的中径就是该螺纹中径的下极限尺寸，最小实体牙型的中径就是该螺纹中径的上极限尺寸。根据泰勒原则可知，作用中径不小于中径下极限尺寸；任意位置的单一中径不大于中径上极限尺寸：$D_{2m} \geqslant D_{2min}$，$D_{2a} \leqslant D_{2max}$。

六、普通螺纹的公差与配合

螺纹的公差带由公差带的位置和公差带的大小决定；螺纹的公差精度则由公差带和旋合长度决定。GB/T 197—2003《普通螺纹 公差》中规定，螺纹公差带是在通过螺纹轴线平面上沿基本牙型的牙侧、牙顶和牙底分布的，由公差等级和基本偏差两个要素构成，以基本牙型为零线，在垂直于螺纹轴线的方向计量其大、中、小径的公差值和极限偏差。

螺纹公差带的大小由公差值决定，它表示螺纹中径和顶径尺寸的允许变动量。而公差值则取决于螺纹公称直径和螺距的基本尺寸及中径和顶径公差等级。

（一）螺纹公差带的大小和公差等级

由于底径（内螺纹大径 D 和外螺纹小径 d_1）在加工时是和中径一起由刀具切出的，其尺寸在加工过程中直接形成，由刀具来保证，因此国家标准也没有规定其具体公差等级，而只规定内、外螺纹牙底实际轮廓不得超过按基本偏差所确定的最大实体牙型（即螺纹量规通端的牙型）。对于内螺纹的大径 D 只规定了下极限尺寸 D_{min}；对于外螺纹的小径 d_1 只规定了上极限尺寸 d_{max}。这样就保证了 $D_{min} > d_{max}$，$D_{1min} > d_{1max}$，从而由公差等级和基本偏差相结合，就可以组成各种不同的螺纹公差带，如 7H、6G、7h、7g 等。

内、外螺纹的公差等级见表 6.12。对于同一公称尺寸段来讲，3 级公差值最小，精度最高；9 级公差值最大，精度最低。

表 6.12　内、外螺纹的公差等级

类别	螺纹直径/mm		公差等级
内螺纹	中径	D_2	4、5、6、7、8
	小径（顶径）	D_1	
外螺纹	中径	d_2	3、4、5、6、7、8、9
	大径（顶径）	d	4、6、8

内、外螺纹顶径公差、中径公差分别见表 6.13 和表 6.14。因内螺纹比外螺纹加工困难，为保证工艺等价原则，在同一公差等级中，内螺纹中径公差比外螺纹中径公差大 32% 左右；内螺纹顶径公差比外螺纹顶径公差大 25%～32%。

表 6.13　内、外螺纹顶径公差

公差项目	内螺纹顶径(小径)公差 T_{D1}/μm				外螺纹顶径(大径)公差 T_d/μm		
螺距 P/mm	公差等级						
	5	6	7	8	4	6	8
0.75	150	190	236	—	90	140	0
0.8	160	200	250	315	95	150	236
1	190	236	300	375	112	180	280
1.25	212	265	335	425	132	212	335
1.5	236	300	375	475	150	236	375
1.75	265	335	425	530	170	265	425
2	300	375	475	600	180	280	450
2.5	355	450	560	710	212	335	530
3	400	500	630	800	236	375	600

表 6.14　内、外螺纹中径公差

公称直径 /mm		螺距 P /mm	内螺纹中径公差 T_{D2}/μm				外螺纹中径公差 T_{d2}/μm			
			公差等级							
			5	6	7	8	5	6	7	8
5.6	11.2	1	118	150	190	236	90	112	140	180
		1.25	125	160	200	250	95	118	150	190
		1.5	140	180	224	280	106	132	170	212
11.2	22.4	1	125	160	200	250	95	118	150	190
		1.25	140	180	224	280	106	132	170	212
		1.5	150	190	236	300	112	140	180	224
		1.75	160	200	250	315	118	150	190	236
		2	170	212	265	335	125	160	200	250
		2.5	180	224	280	355	132	170	212	265
22.4	45	1	132	170	212	—	100	125	160	200
		1.5	160	200	250	315	118	150	190	236
		2	180	224	280	355	132	170	212	265
		3	212	265	335	425	160	200	250	315
		3.5	224	280	355	450	170	212	265	335

（二）螺纹公差带的位置和基本偏差

螺纹的公差带是以基本牙型作为零线布置的，位置如图 6.24 所示，螺纹的基本牙型是计算螺纹偏差的基准。

在普通螺纹标准中，对内螺纹规定了两种公差带位置，其基本偏差分别为 G、H，对外螺纹规定了四种公差带位置，其基本偏差分别为 e、f、g、h。如图 6.24 所示，H、h 的基本偏差为零，G 的基本偏差为正值，e、f、g 的基本偏差为负值。普通螺纹基本偏差的数值，见表 6.15。

表 6.15　普通螺纹基本偏差数值

螺距 P/mm	内螺纹的 D_2、D_1 下偏差 EI/μm		外螺纹的 d、d_2 下偏差 es/μm			
	G	H	e	f	g	h
0.75	+22		−56	−38	−22	
0.8	+24		−60	−38	−24	
1	+26		−60	−40	−26	
1.25	+28		−63	−42	−28	
1.5	+32	0	−67	−45	−32	0
1.75	+34		−71	−48	−34	
2	+38		−71	−52	−38	
2.5	+42		−80	−58	−42	
3	+48		−85	−63	−48	

171

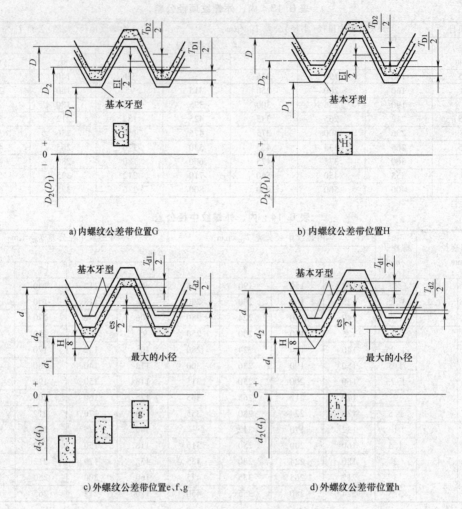

a) 内螺纹公差带位置G   b) 内螺纹公差带位置H

c) 外螺纹公差带位置e、f、g   d) 外螺纹公差带位置h

图 6.24　螺纹公差带图

（三）　螺纹旋合长度和精度等级

　　螺纹旋合长度对螺纹配合性质有极大影响，因为旋合长度越长，螺距累积误差和螺纹轴线直线度误差就会越大，对螺纹配合的影响也会越大，导致内、外螺纹不能自由旋合。

　　GB/T 197—2003 将螺纹的旋合长度分为 3 组，分别称为长（L）、中（N）和短（S）。具体长度值见表 6.16。螺纹的旋合长度与螺纹精度密切相关，即螺纹的精度不仅取决于螺纹的公差等级，而且与螺纹的旋合长度有关。一方面在一定的旋合长度上，公差等级数越小，加工的难度就越大，则螺纹的精度越高；另一方面，在相同公差等级条件下，旋合长度越长，则螺纹的加工难度越大。

表 6.16　螺纹的旋合长度　　　　　　　（单位：mm）

公称直径 D,d		螺距 P	旋合长度			
			S	N		L
>	≤		≤	>	≤	>
5.6	11.2	1	3	3	9	9
		1.25	4	4	12	12
		1.5	5	5	15	15

公称直径 D,d		螺距 P	旋合长度			
			S	N		L
>	≤		≤	>	≤	>
11.2	22.4	1	3.8	3.8	11	11
		1.25	4.5	4.5	13	13
		1.5	5.6	5.6	16	16
		1.75	6	6	18	18
		2	8	8	24	24
		2.5	10	10	30	30
22.4	45	1	4	4	12	12
		1.5	6.3	6.3	19	19
		2	8.5	8.5	25	25
		3	12	12	36	36
		3.5	15	15	45	45

七、螺纹公差配合的选用

（一）螺纹精度等级与旋合长度的选择

各种内、外螺纹的公差带可以组合成各种不同的配合。为了减少加工刀具和量具的规格及数量，GB/T 197—2003 规定了内、外螺纹的推荐公差带，分别见表 6.17、表 6.18。

表 6.17　内螺纹的推荐公差带

公差精度	公差带位置 G			公差带位置 H		
	S	N	L	S	N	L
精密	—	—	—	4H	5H	6H
中等	(5G)	6G	(7G)	＊5H	＊6H	＊7H
粗糙	—	(7G)	(8G)	—	7H	8H

注：1. 大量生产的紧固件螺纹推荐采用带方框的公差带。
　　2. 加＊的公差带应优先使用，不带＊的公差带其次，加括号的公差带尽可能不用。

表 6.18　外螺纹的推荐公差带

公差精度	公差带位置 e			公差带位置 f			公差带位置 g			公差带位置 h		
	S	N	L	S	N	L	S	N	L	S	N	L
精密	—	—	—	—	—	—	—	(4g)	(5g4g)	(3h4h)	＊4h	(5h4h)
中等	—	＊6e	(7e6e)	—	＊6f	—	(5g6g)	＊6g	(7g6g)	(5h6h)	＊6h	(7h6h)
粗糙	—	(8e)	(9e8e)	—	—	—	—	8g	(9g8g)	—	—	—

注：1. 大量生产的紧固件螺纹推荐采用带方框的公差带。
　　2. 加＊的公差带应优先使用，不带＊的公差带其次，加括号的公差带尽可能不用。

标准规定的普通螺纹联接的三种精度等级为精密、中等和粗糙，其应用情况如下：

1）精密级，用于精密联接螺纹。要求配合性质稳定和保证一定定心精度的螺纹联接。

2）中等级，用于一般用途的螺纹。

3）粗糙级，用于制造螺纹有困难的场合。如在深盲孔内和热轧棒料上加工螺纹。

精度等级的选择，需要考虑螺纹的工作条件、尺寸大小、工艺结构、加工的难易程度等实际情况。如当螺纹的承载较大，并且承受交变载荷或有较大的振动，这时需选用精密级；对于小直径的螺纹，为了保证联接强度，也必须提高其联接精度；而对于加工难度较大的，虽是一般要求，但此时也须降低其联接精度。

对于旋合长度的选择，一般情况下，采用中等旋合长度 N，而只在必要和特殊情况下才

173

采用短旋合长度 S 和长旋合长度 L。需注意的是，应尽可能缩短旋合长度，并不是螺纹旋合长度越长，其密封性、可靠性就越好。实践证明，旋合长度过长，不仅结构笨重，加工困难，而且由于螺距累积误差的增大，降低了承载能力，造成螺纹牙强度和密封性的下降。

（二）基本偏差的选用

内、外螺纹配合的公差带可以任意组合成多种配合。但从保证足够的接触强度出发，最好组成 H/g、H/h、G/h 的配合，选择时主要考虑以下几种情况：

1）若需要拆卸，为了保证拆卸方便，可选用较小间隙的配合 H/g 或 G/h，即内螺纹用 H 或 G，外螺纹用 g 或 h。

2）为了保证旋合性，内、外螺纹应具有较高的同轴度，并有足够的接触高度和结合强度。通常采用最小间隙等于零的配合 H/h，即内螺纹为 H，外螺纹为 h。

3）在高温条件下工作的螺纹，可根据装配时的温度来确定适当的间隙和相应的基本偏差。一般常用基本偏差 e，如汽车上用的 M14×1.25 规格的火花塞。温度相对较低时，可用基本偏差 g。

4）有镀层的螺纹，其基本偏差按所需镀层厚度确定。内螺纹一般较难镀层，涂镀对象主要是外螺纹。若镀层较薄时（约为 5μm），则内螺纹选用 6H，外螺纹选用 6g；若镀层较厚时（约达 10μm），则内螺纹选用 6H，外螺纹选用 6e；若均需镀层，则选 6G/6e。

（三）其他技术要求

对于普通螺纹，一般不规定几何公差，只对精度高的螺纹规定旋合长度内的圆柱度、垂直度和同轴度等几何公差，公差值一般不大于中径公差的 50%，同时遵守包容要求。

螺纹牙侧的表面粗糙度，主要按用途和中径公差等级来确定，见表 6.19。

表 6.19　螺纹牙侧表面粗糙度　　　　　　　　（单位：μm）

螺纹公差等级	Ra 值	
	螺栓、螺钉、螺母	轴及套上的螺纹
4,5	1.6	0.8~1.6
6,7	3.2	1.6
7,8,9	3.2~6.3	3.2

【例 6.5】　已知某外螺纹尺寸和公差要求为 M24×2—6g，加工后测得：实际顶径 d = 23.850mm，实际中径 d_2 = 22.510mm，螺距累积偏差 ΔP_Σ = +0.04mm；牙侧角偏差分别为：左侧牙侧角误差为-30′，右侧牙侧角误差+70′。试判断顶径和中径是否合格，并确定所需旋合长度的范围。

解　（1）查表 6.11 得：d_2 = 22.701mm

查表 6.13、6.14、6.15 得：中径　　es = -38μm，T_{d2} = 170μm

$$大径　　es = -38μm，T_d = 280μm$$

（2）判断顶径的合格性。

$$d_{max} = d + es = (24 - 0.038)mm = 23.962mm$$

$$d_{min} = d_{max} - T_d = (23.962 - 0.28)mm = 23.682mm$$

因 $d_{max} > d = 23.850 > d_{min}$，故顶径合格。

（3）判断中径的合格性。

$$d_{2max} = d_2 + es = (22.701 - 0.038)mm = 22.663mm$$

$$d_{2min} = d_{2max} - T_{d2} = (22.663 - 0.17)mm = 22.493mm$$

$$d_{2m} = d_{2a} + (f_p + f_{\alpha/2})$$

式中，$d_{2a} = 22.510\text{mm}$。

$$f_p = 1.732 \left| \Delta P_\Sigma \right| = (1.732 \times 0.04)\text{mm} = 0.069\text{mm}$$

$$f_{\alpha/2} = 0.073P\left(K_1 \left| \Delta \frac{\alpha_1}{2} \right| + K_2 \left| \Delta \frac{\alpha_2}{2} \right| \right) = 0.073 \times 2(3 \times 30 + 2 \times 70)\mu\text{m} = 33.58\mu\text{m} = 0.034\text{mm}$$

则

$$d_{2m} = \left[22.510 + (0.069 + 0.034) \right]\text{mm} = 22.613\text{mm}$$

按泰勒原则

$$d_{2m} = 22.613\text{mm} < 22.663\text{mm}(d_{2max})$$
$$d_2 = 22.521\text{mm} > 22.493\text{mm}(d_{2min})$$

故中径也合格。

（4）根据该螺纹尺寸 $d = 24\text{mm}$，螺距 $P = 2\text{mm}$，查表 6.16，采用中等旋合长度为 $8.5 \sim 25\text{mm}$。

八、螺纹的检测

螺纹检测可分为综合测量和单项测量两类。

（一）综合测量

用螺纹量规检验螺纹就属于综合测量。批量生产时，普通螺纹均采用综合测量法。

螺纹量规分为通规和止规两种。检验时，通规能顺利与工件旋合，止规不能旋合或不完全旋合，则判定螺纹为合格。反之，通规不能旋合，则说明螺母实际中径过小，螺栓实际中径过大，螺纹应返修。当止规能通过工件，则表示螺母实际中径过大，螺栓实际中径过小，判定螺纹为废品。

图 6.25 所示为用量规检验内螺纹的情形：通端螺纹塞规用来控制螺母的作用中径及大径下极限尺寸；止端螺纹塞规用来控制螺母的实际中径。图 6.26 所示为用量规检验外螺纹的情况：通端螺纹环规用来控制外螺纹的作用中径和小径的上极限尺寸；止端螺纹环规用来控制外螺纹的实际中径。

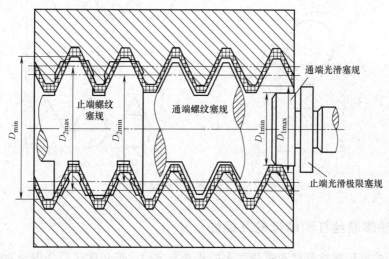

图 6.25　检验内螺纹的塞规

通端螺纹量规是用来控制螺纹作用中径的，所以该量规采用完整牙型，并且量规长度与被测螺纹旋合长度相同。而止端只控制被检螺纹的单一中径不超出其最小实体中径，为了消除螺距误差及牙型半角误差对检验结果的影响，要求止端仅在被检螺纹中径处接触，所以止端采用检短牙型——仅在被检螺纹中径附近一段保留最小实体牙型，其长度只有 2~3.5 螺纹牙，且检验时允许有小部分螺纹牙能旋合。

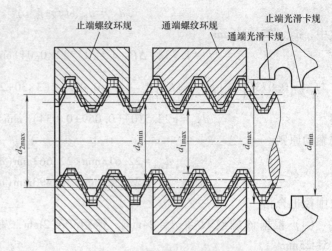

图 6.26　检验外螺纹的环规

（二）单项测量

对大尺寸普通螺纹、精密螺纹和传动螺纹来讲，除可旋合性和联接可靠外，还有其他精度和功能要求，生产中一般都采用单项测量。单项测量是指采用通用的或专用的量具、量仪对螺纹的各个实际几何参数进行单独测量。通过测出各个参数的具体数值，评定其合格性。最常用的单项测量的方法有三针法和影像法：

1）影像法：用万能工具显微镜测量螺纹的中径、螺距和牙型半角。用工具显微镜将被测螺纹的牙型轮廓放大成像，按被测螺纹的影像，测量其螺距、牙型半角和中径。

2）三针法：在实际生产中，测量外螺纹中径多用三针法，因为该方法简单，测量精度高，应用广泛。三针法的测量原理如图 6.27 所示，它是用三根直径相等的精密量针放在螺纹槽中，先用其他仪器测量出尺寸 M，然后根据被测螺纹已知的螺距 P、牙型半角 $\alpha/2$ 及量针直径 d_0，及相互的几何关系，计算出螺纹中径。

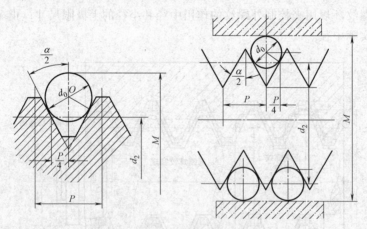

图 6.27　三针法测量外螺纹单一中径

九、梯形螺纹丝杠和螺母的互换性

机床采用的梯形螺纹丝杠和螺母要求能传动和定位。所用螺纹是牙型角为 30° 的单线梯形螺纹。丝杠和螺母中径的公称尺寸相同；在丝杠与螺母的顶径之间和底径之间分别留有间隙，便于储存润滑油，所以螺母的大径和小径的公称尺寸分别大于丝杠的大径和小径的公称尺寸。JB/T 2886—2008《机床梯形丝杠、螺母 技术条件》规定了与机床梯形螺纹丝杠、螺母有关的术语、定义及验收技术条件与检验方法。

（一）梯形丝杠的精度要求

1. 螺旋线误差

螺旋线误差是指在中径线上，实际螺旋线相对于理论螺旋线偏离的最大代数差。分为：

1) 一转内丝杠螺旋线误差。

2) 丝杠在指定长度上的螺旋线误差。

3) 丝杠全长的螺旋线误差。

螺旋线误差比较全面地反映了丝杠的位移精度，但是螺旋线误差的动态测量仪器没有普及，国家标准中只对 3、4、5、6 级的丝杠规定了螺旋线公差。

2. 螺距公差

螺距误差是指螺距的实际尺寸相对于公称尺寸的最大代数差。螺距公差是指螺距的实际尺寸相对于公称尺寸允许的变动量，国家标准规定了各级精度丝杠的螺距公差。螺距误差可以分为以下几种：

（1）单个螺距误差　是指在螺纹全长上，任意单个实际螺距对公称尺寸的最大代数差值，用代号 ΔP 表示。

（2）螺距累积误差　是指在规定的螺纹长度 l 内或在螺纹的全长 L 上，实际累积螺距对其公称尺寸的最大差值，分别用 ΔP_l、ΔP_L 表示。

图 6.28 所示为丝杠螺距误差曲线，单个螺距误差和螺距累积误差反映了一个螺距内和规定的螺纹长度内的螺旋线误差，它虽然不如螺旋线误差全面地反映丝杠的位移精度，但测量较为方便。

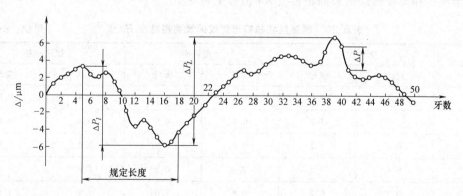

图 6.28　丝杠螺距误差曲线

3. 牙型半角的极限偏差

牙型半角偏差是指丝杠螺纹牙型半角实际值对公称值的代数差，其数值由牙型半角的极限偏差控制；丝杠存在牙型半角偏差，则丝杠与螺母牙型侧面的接触便会不良，影响丝杠的耐磨性以及传动精度。对 3、4、5、6、7、8 级的丝杠，标准规定有牙型半角极限偏差。对9 级丝杠牙型半角偏差由中径公差综合控制。

4. 大径、中径和小径的极限偏差

为了使丝杠易于储存润滑油和便于旋转，大径、小径和中径处都有间隙。其公差值的大小，从理论上讲只影响配合的松紧程度，不影响传动精度，故丝杠的大径、中径和小径均规

定了较大的公差值。丝杠螺纹的大、中、小径的极限偏差不分精度等级，各只有一种：大径、小径的上极限偏差为零，下极限偏差为负值；中径的上、下极限偏差皆为负值。

对精度高的丝杠螺母副，生产中常按丝杠配制螺母。因此，6级以上配制螺母的丝杠的中径公差带应相对于公称尺寸的零线对称分布。

5. 丝杠有效长度上中径尺寸的一致性公差

丝杠有效长度上中径尺寸的一致性规定在同一轴向截面内测量。中径尺寸不均匀会影响丝杠与螺母配合的均匀性和丝杠两螺旋面的一致性。

6. 丝杠大径表面对螺纹轴线的径向圆跳动公差

丝杠全长与螺纹公称直径之比称为长径比，长径比越大丝杠越容易产生弯曲，导致丝杠螺纹螺旋线的精度下降和配合间隙的变化。因此，标准中规定了丝杠大径表面对螺纹轴线的径向圆跳动公差。

（二）梯形螺母的精度要求

1. 中径公差

标准对螺母规定了中径公差，用以综合控制螺距误差和牙型半角误差。因为螺母误差和牙型半角误差很难单独测量，标准未单独规定公差值。

对高精度丝杠螺母（6级以上），在实际生产中，一般按丝杠配制螺母。非配制螺母，标准规定公差带下极限偏差为零。

2. 大径和小径公差

梯形螺纹标准对内螺纹的大径、中径和小径只规定了一种公差带 H。

（三）梯形丝杠和螺母螺纹的表面粗糙度

梯形丝杠和螺母螺纹的表面粗糙度 Ra 值参见表 6.20。

表 6.20 梯形丝杠和螺母螺纹的表面粗糙度 Ra 值　　　　（单位：μm）

精度等级	螺纹大径		牙型侧面		螺纹小径	
	丝杠	螺母	丝杠	螺母	丝杠	螺母
3	0.2	3.2	0.2	0.4	0.8	0.8
4	0.4	3.2	0.4	0.8	0.8	0.8
5	0.4	3.2	0.4	0.8	0.8	0.8
6	0.4	3.2	0.4	0.8	1.6	0.8
7	0.4	6.3	0.8	1.6	3.2	1.6
8	0.8	6.3	1.6	1.6	6.3	1.6
9	1.6	6.3	1.6	1.6	6.3	1.6

注：丝杠和螺母的牙型侧面不应有明显的波纹。

（四）丝杠和螺母螺纹的标记

梯形螺纹的标记由螺纹特征代号"T"、尺寸规格（公称直径×螺距，单位为 mm）、旋向和精度等级代号组成。旋向和精度等级代号之间用"-"分开。对标准左旋梯形螺纹，标记内要添加其代号"LH"。右旋为默认。例如：

公称直径 40mm、螺距为 7mm，6级精度右旋单线梯形螺纹标记为 T40×7-6。

公称直径 40mm、螺距为 7mm，6级精度左旋单线梯形螺纹标记为 T40×7LH-6。

第三节　圆柱齿轮传动的公差与配合

一、齿轮传动的使用要求

机械产品中，齿轮传动应用广泛。各种机器和仪器的传动装置的工作性能、使用寿命及精度很大程度上取决于齿轮本身的制造精度。随着工业产品技术不断进步，机械产品的承载能力和工作精度要求不断提高，对齿轮传动的精度提出了更高的要求。可见，研究齿轮加工误差对使用性能的影响，探讨提高齿轮加工精度和测量精度的方法，具有重要的实际意义。

不同机械上所用的齿轮，齿轮传动的要求因用途不同而有一定差别，但可以归纳为以下四个方面：

（1）传递运动的准确性　要求限制一周范围内传动比的变化量，如图 6.29 所示，提高从动件与主动件之间的运动协调性，确保传递运动准确可靠。

（2）传动的平稳性　瞬时传动比突变将导致齿轮冲击，所以要求限制瞬时传动比的变化量，以保证传动平稳，减小冲击、振动和噪声。

（3）载荷分布的均匀性　要求齿轮啮合时，齿面接触良好，以避免齿面载荷分布不均匀，引起局部接触应力过大，加剧齿面磨损，降低齿轮的使用寿命。

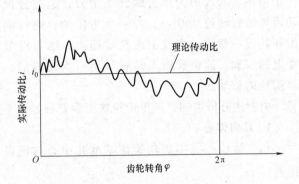

图 6.29　齿轮转动一周中传动比的变化

（4）传动侧隙的合理性　要求非工作齿面具有适当的齿侧间隙，即要求齿轮啮合时，非工作面间应具有一定间隙，以补偿齿轮受力后的弹性变形、热变形和贮存润滑油，以及补偿传动装置中其他零件加工或装配误差带来的影响。否则，齿轮在传动过程中可能卡死或烧伤。

齿轮副的用途和工作条件因工作环境不同而不同，使用要求的侧重点也有所差别。例如，汽车、拖拉机等变速齿轮传动，重点要求齿轮传动的平稳性高，以降低振动和噪声。

由于齿轮副的用途和工作条件不同，对上述使用要求的侧重点应该有所不同。根据使用功能不同，齿轮传动可分为三类：一是读数齿轮，如分度机构、读数装置以及控制系统的齿轮传动，为了保证其高精度，重点要求齿轮传动的高准确性；二是高速动力齿轮，如汽车、拖拉机等变速齿轮传动，为了降低振动和噪声，重点要求齿轮传动的平稳性高；三是低速重载齿轮，如轧钢机、起重机、矿山机械等重型机器，此类齿轮承受载荷大，对齿轮强度要求高，为保证齿面接触良好，减少齿面磨损，侧重啮合齿面之间良好接触，重点要求载荷分布的均匀性。但是，对于高速重载齿轮传动（如汽轮机减速器等），除了要求有很高的工作平稳性和接触精度外，还要求很高的运动精度。

各类齿轮除了侧重点外，因工作条件需要对其他性能也有不同要求。如涡轮机中的高速齿轮传动，传动功率大，角速度高，对上述三项精度要求都较高。

传动侧隙与其他三种要求不同，齿轮侧隙的大小主要取决于齿轮副的工作条件。如重载、高速齿轮传动，由于工作中受力、受热变形较大，应保留较大的侧隙，以补偿变形带来的影响及润滑油畅通；对于正反转齿轮传动，应减小侧隙以降低回程误差。

齿轮传动装置一般由齿轮、轴、轴承和箱体等组成。这些零件的制造和安装精度都将影响齿轮传动的质量。但是，本章仅论述与齿轮加工误差和齿轮副安装误差有关的问题。

二、齿轮的主要加工误差

在机械制造中，齿轮的加工方法很多，按齿廓形成原理可分为仿形法和范成法。其中范成法的加工原理如图 6.30 所示。

如图 6.30 所示，滚齿过程是滚刀与齿坯强制啮合的过程。滚刀的轴向截面形状为一标准齿条，根据齿轮齿条的啮合原理，若齿条移动一个齿距，则齿坯转过一个齿距角。在实际加工中，即可加工出一个齿。若要加工的齿数很多，则齿条需要很长。于是，可以将齿条做成滚刀形式，而将刀齿排列在螺旋线上，滚刀每转过一周，相当于刀齿移过一个齿距。若滚刀为单头螺旋线滚刀，通过分齿传动链使得滚刀转过一周时，工作台带动齿坯恰好转过 $360°/z$，即一个齿距角，则可同时切出一个齿。滚刀连续地旋转，直到齿坯转过一整圈，则整个齿轮被切出。滚刀沿滚齿机刀架导轨移动，使滚刀切出整个齿宽上的齿廓，而齿廓也不是转一周一次切成的，而是分多次进给切出，因此，要求滚刀也能径向移动。

由上述分析可知，产生齿轮加工误差有如下主要因素：

1. 几何偏心

几何偏心 e_1 是指齿轮齿坯基准孔中心与机床工作台回转中心不重合在齿轮上造成的误差。

几何偏心也称安装偏心，是齿坯在机床上安装时，齿坯基准孔的轴线与齿轮加工时的回转中心不重合形成的偏心。如图 6.30 所示，齿坯基准孔与心轴（它与工作台同轴线）之间有间隙等原因，使齿坯基准孔的轴线 $O'O'$ 与工作台回转轴线 OO 不重合而产生偏心 $e_1 = \overline{OO'}$，这即是几何偏心。

如图 6.30 所示，在滚齿机加工时，滚刀轴线 O_1O_1 与工作台回转中心 OO 的距离 A 保持不变，但由于齿坯基准孔的轴线 $O'O'$ 与工作台回转轴线 OO 之间存在偏心 e_1，因此在齿坯转一周的过程中其基准中心线 $O'O'$ 到滚刀轴线 O_1O_1 的距离 A' 是变动的，并且 $A'_{max} - A'_{min} = 2e$。正因如此，滚刀切出的各个齿槽深度不一，其轮齿就形成高瘦、矮肥情况。假设滚齿机分度蜗轮中心线 $O''O''$ 与工作台回转中心线 $O'O'$ 重合，若不考虑其他因素的影响，则所切各个轮齿齿距在以 OO 为中心的圆周上均匀分布，而在以齿坯基准孔的轴线 $O'O'$ 为中心的圆周

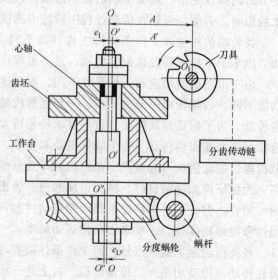

图 6.30 滚齿加工示意图

上，齿距呈不均匀分布（由小到大再由大到小变化）。这时基圆中心为 O，而齿轮的基准中心为 O'，从而形成基圆偏心，工作时产生以一周为周期的转角偏差，使传动比不恒定，因此影响齿轮传递运动的准确性。

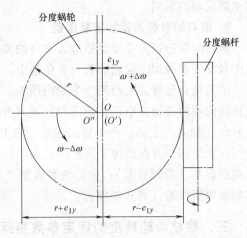

2. 运动偏心

运动偏心 e_{1y} 是指机床分度蜗轮的几何偏心复映到被切齿轮上的误差，如图 6.30 中所示 e_{1y}。运动偏心对齿距分布均匀性的影响如图 6.31 所示，分度蜗轮的分度圆半径为 r，分度圆中心为 O'' 与滚齿机工作台回转中心 O 不重合，产生了偏心，即 $e_{1y}=\overline{OO''}$。

图 6.31 运动偏心对齿距分布均匀性的影响

在加工轮齿时，假设齿坯的基准中心 O' 与工作台回转中心 O 重合，滚刀匀速旋转，经过分齿传动链，使分度蜗杆匀速旋转，带动分度蜗轮绕工作台回转中心 O 转动。则分度蜗轮的分度圆半径在 $(r-e_{1y})\sim(r+e_{1y})$ 范围内变化。同时，若忽略其他因素的影响，则分度蜗轮的角速度在 $(\omega+\Delta\omega)\sim(\omega-\Delta\omega)$ 范围内变化（这里，ω 为对应于分度蜗轮分度圆半径 r 的角速度），致使被切齿轮沿分度圆切线方向产生额外的切向位移，从而使各个轮齿的齿距在分度圆上分布不均匀，且大小呈正弦规律变化。

总之，几何偏心和运动偏心是同时存在的，两者皆造成以齿轮基准孔中心为圆心的圆周上各个齿距分布不均匀，且以齿轮转动一周为周期。它们可能叠加，也可能抵消。齿轮传递运动的准确性精度，应以两者综合造成的各个齿距分布不均而产生的转角误差最大值（如图 6.32 所示，它的线性值称为齿距累积总偏差）来评定。

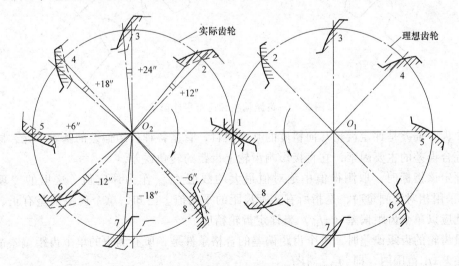

图 6.32 齿轮啮合的转角误差图

3. 机床传动链的高频误差

加工直齿轮时，主要受分度链中各传动元件误差的影响，尤其是分度蜗杆的安装偏心距（引起分度蜗杆的径向跳动）和轴向窜动的影响，使蜗轮（齿坯）在转一周范围内转速出现多次变化，加工出的齿轮产生齿距偏差和齿形误差。加工新齿轮时，除分度链误差外，还有差动链误差的影响。

4. 滚刀的制造误差和安装误差

滚刀的制造误差主要是指滚刀本身的基节、齿形等的制造误差，它们都会在加工齿轮过程中被反映到被加工齿轮的每一个轮齿上，使加工出来的齿轮产生齿距偏差和齿廓偏差。

滚刀偏心使被加工齿轮产生径向误差。滚刀刀架导轨或齿坯基准孔轴线相对于工作台旋转轴线的倾斜及轴向窜动，使滚刀的进刀方向与轮齿的理论方向不一致，直接造成齿面沿齿长方向（轴向）歪斜，产生齿向误差，它主要影响载荷分布的均匀性。

在上述四个方面的加工误差中：前两种因素所产生的误差以齿轮旋转一周为周期，称为长周期误差（低频误差）；由后两种因素产生的误差，在齿轮转动过程中，多次重复出现，称为短周期误差（高频误差）。

三、圆柱齿轮精度的评定参数指标

（一）轮齿同侧齿面偏差

1. 齿距偏差

（1）单个齿距偏差 f_{pt}　它是指在齿轮端平面上，在接近齿高中部一个与齿轮轴线同心的圆上，实际齿距与理论齿距的代数差。如图 6.33 所示，图中虚线代表理论齿廓，实线代表实际齿廓。

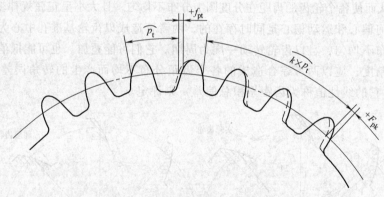

图 6.33　齿距偏差和齿距累计偏差

单个齿距偏差是评定齿轮几何精度的基本项目，它是各种齿距偏差的基本单元，同时也是决定综合误差的主要因素，它直接影响齿轮上齿距的转角误差。

在评定该指标时，取测得值中绝对值最大的数值 f_{ptmax} 作为评定值。这里的"理论齿距"，当采用相对法测量时，是指所有实际齿距的平均值。已知，单个齿距偏差有正、负之分，因此应以单个齿距偏差（$\pm f_{pt}$）来评定齿轮精度。

测量齿轮的齿距偏差时，单个齿距偏差的合格条件是：所有测得的单个齿距偏差都在单个齿距偏差 $\pm f_{pt}$ 范围内，即 $|f_{ptmax}| < f_{pt}$。

（2）齿距累积偏差 F_{pk}　它是指在齿轮端平面上，在接近齿高中部的一个与齿轮基准轴线同心的圆上，任意 k 个齿距的实际弧长与理论弧长的代数差（图 6.33）。理论上它等于这 k 个齿距的单个齿距偏差的代数和。通常，取其中绝对值最大的数值 F_{pkmax} 作为评定值。

按照定义，该偏差主要限制齿距累积偏差在整个圆周上分布的不均匀性，避免局部圆周齿距累积偏差集中而产生较大的转角误差，影响齿轮工作的准确性以及平稳性，并产生振动与噪声。如果在较少齿距数上的齿距累积偏差过大，则在实际工作中将产生很大的加速度，在高速齿轮传动中对此更应重视。因为这样将产生很大的动载荷，因而有必要规定较少齿距范围的累积公差。

国标附注说明，除另有规定外，F_{pk}值一般被限定在不大于1/8的圆周上评定。因此，k为2~z/8的整数，通常取$k=z/8$（z为被测齿轮的齿数）。对于特殊的应用（如高速齿轮），还需检验较小弧段并规定相应的k值。

（3）齿距累积总偏差F_p 它是指齿轮同侧齿面任意圆弧段（$A=1$，2，…，z）内的最大齿距累积偏差，即任意两个同侧齿面间的实际弧长与理论弧长的代数差中的最大绝对值。

它表现为齿距累积偏差曲线的总幅值，如图6.34所示。

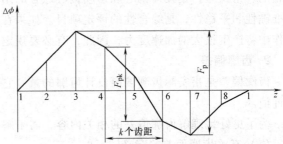

齿距累积总偏差反映了以齿轮转一周为周期的转角误差。同时，它还可以代替切向综合偏差的测量。

测量一个齿轮的F_p和F_{pk}时，它们的合格条件是：实际齿距累积偏差不大于齿距累积总偏差F_p，所有的F_{pk}都在齿距累积偏差$\pm F_{pk}$的范围之内，即$|F_{pkmax}|<F_{pk}$。

图6.34 齿距累积总偏差F_p与齿距累积偏差F_{pk}

齿距偏差可以用绝对法测量。测量时，把实际齿距直接与理论齿距比较，以获得齿距偏差的角度值或线性值。如图6.35所示，这种测量方法是利用分度装置（如分度盘、分度头，它们的回转轴线与被测齿轮的基准轴线同轴线），按照理论齿距角（360°/z）精确分度，将位置固定的测量装置的一个测头与齿面在接近齿高中部的一个圆上接触来进行测量，在切向读取示值。测量时，把被测齿轮安装在分度装置的心轴上（它们应该同轴线），然后把被测齿轮的一个齿面调整到起始角0°的位置，使测量杠杆的测头与该齿面接触，并调整指示表的示值零位，同时固定测量装置的位置。随后转过一个理论齿距角，使测量杠杆的测头与下一个同侧齿面接触，测取用线性表示的实际齿距角对理论齿距角的偏差。这样，依次每转过一个理论齿距角，测取逐个轮齿累积实际齿距角对相应理论齿距角的偏差（轮齿的实际位置对理论位置的偏差）。将这些偏差进行数据处理，即可求出实测的f_{pt}、F_p和F_{pkmax}的数值。

另外，齿距偏差还可以在双测头式齿距比较仪或万能测齿仪上用相对法测量。如图6.36所示，在双测头式齿距比较仪上测量齿距偏差时，首先，用定位支脚A和B在被测齿

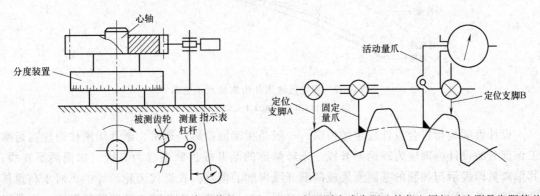

图6.35 在分度装置上用绝对法测量齿距偏差　图6.36 在双测头式齿距比较仪上用相对法测量齿距偏差

轮的齿顶圆上定位，令固定量爪和活动量爪的测头分别与相邻的两个同侧齿面在接近齿高中部的一个圆上接触，以被测齿轮上任意一个实际齿距作为基准齿距，用它调整指示表的示值零位。然后，用调整好示值零位的比较仪依次测出其余齿距对基准齿距的偏差，按圆周封闭原理（同一齿轮所有齿距偏差的代数和为零）进行数据处理，求出的 f_{pt}、F_p 和 F_{pkmax} 的数值。

注意：这种齿距比较仪所使用的测量基准不是被测齿轮的基准轴线，因此，测量精度会受到被测齿轮齿顶圆柱面对其基准轴线的径向圆跳动的影响。

总之，齿距偏差反映了一个齿距和齿轮转动一周内任意个齿距的最大变化，它直接反映齿轮的转角误差，是几何偏心和运动偏心综合的结果，因而可以较全面地反映齿轮的传递运动准确性和平稳性，是综合性的评定项目。如果在较少的齿距上齿距累积偏差过大，在实际工作中将产生很大的加速度力，因此，有必要规定较少齿距范围内的齿距累积公差。

2. 齿廓偏差

齿廓偏差是指实际齿廓偏离设计齿廓的量。它在齿轮端平面内且垂直于渐开线齿廓的方向计值。

为了更好地理解齿廓偏差的相关内容，需了解一下与其相关的一些定义。

（1）有关齿廓偏差的定义

1）齿廓图。它是指包括齿廓迹线在内的、反映一些齿廓参数的综合图形。如图 6.37 所示，其中，齿廓迹线是由齿轮齿廓检验设备在纸上或其他适当介质上画出来的齿廓偏差曲线，它有实际齿廓迹线（简称实际齿廓）与设计齿廓迹线（简称设计齿廓）之分。在图中，实际齿廓迹线用粗实线表示，设计齿廓迹线用点画线来表示。

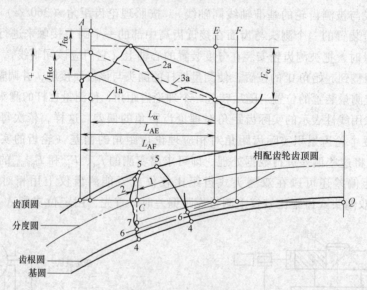

图 6.37　齿轮齿廓图和齿廓偏差示意图

注：摘自 GB/Z 18620.1—2008 P12。

设计齿廓是指符合设计规定的齿廓，一般是指端面齿廓。通常，渐开线圆柱齿轮在齿廓工作部分的设计齿廓应为理论渐开线。未经修形的渐开线齿廓迹线为直线，如偏离了直线，其偏离量即表示与被测的基圆所展成的渐开线齿廓的偏差。在近代齿轮设计中，对于高速传动齿轮，考虑到制造误差和受载后的弹性变形，为了降低噪声和减小动载荷的影响，也可以采用以渐开线为基础的修形齿廓，如凸齿廓、修缘齿廓等。所以，设计齿廓也包括这样的齿廓。

2）可用长度。可用长度 L_{AF} 等于两条端面基圆切线之差。其中，一条端面基圆切线从基圆到可用齿廓的外界限点，另一条从基圆到可用齿廓的内界限点。

依据设计，可用长度外界限点被齿顶、齿顶倒角或齿顶倒圆的起始点（图 6.37 中点 A）限定，在朝齿根方向上，可用长度的内界限点被齿根圆角或挖根的起始点（图 6.37 中点 F）所限定。

3）有效长度。有效长度 L_{AE} 是指可用长度对应于有效齿廓的那部分长度。对于齿顶，其有与可用长度同样的限定点（点 A）；对于齿根，有效长度延伸到与之配对齿轮有效啮合的终止点（即有效齿廓的起始点）。若不知道配对齿轮，则点 E 为与基本齿条相啮合的有效齿廓的起始点。

4）齿廓的计值范围。齿廓的计值范围 L_{α} 是可用长度的一部分，齿廓偏差定义在 L_{α} 范围内，评定齿廓偏差应在 L_{α} 上计值。除非另有规定，其长度等于从点 E 开始延伸的有效长度 L_{AE} 的 92%。

5）被测齿面的平均齿廓迹线。它是用来确定齿廓形状偏差 $f_{f\alpha}$ 和齿廓倾斜偏差 $f_{H\alpha}$ 的一条辅助迹线，在图 6.37 中用虚线表示，1a 表示设计齿廓迹线，2a 表示实际齿廓迹线，3a 表示平均齿廓迹线。

设计齿廓迹线的纵坐标减去一条斜直线的相应纵坐标，使得在计值范围内，实际齿廓迹线偏离平均齿廓迹线之偏差的平方和最小，这样得到的迹线即称为平均齿廓迹线。因此，平均齿廓迹线的位置和倾斜度可以用最小二乘法确定。

对标准渐开线齿廓，在齿廓的计值范围内，用最小二乘法可以获得一条直线，使得实际轮廓迹线对该直线偏差的平方和最小，此直线即平均齿廓迹线。由于齿廓倾斜偏差的存在，它通常都与设计齿廓迹线成一定角度。

（2）齿廓总偏差　齿廓总偏差 F_{α} 是指在齿廓计值范围 L_{α} 内，包容实际齿廓迹线的两条设计齿廓迹线之间的距离（见图 6.37）。

（3）齿廓形状偏差　齿廓形状偏差 $f_{f\alpha}$ 是在齿廓计值范围内，包容实际齿廓迹线的两条与平均齿廓迹线完全相同的曲线间的距离，且两条曲线与平均齿廓迹线的距离为常数（见图 6.37）。

（4）齿廓倾斜偏差　齿廓倾斜偏差 $f_{H\alpha}$ 是指在计值范围的两端与平均齿廓迹线相交的两条设计齿廓迹线之间的距离（见图 6.37）。换言之，在平均齿廓迹线有效计值范围内的两个端点上，作两条设计齿廓迹线，它们之间的距离为齿廓倾斜偏差。

齿廓偏差通常用渐开线检查仪来测量。图 6.38 所示为单圆盘式渐开线检查仪的测量原理图。被测齿轮和可换的摩擦基圆盘安装在同一心轴上，且要求基圆盘直径精确等于被测齿轮的基圆直径。直尺和基圆盘以一定的压力相接触，当

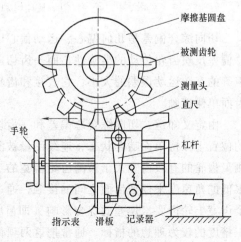

摩擦基圆盘

被测齿轮

测量头

直尺

手轮

杠杆

指示表　滑板　记录器

图 6.38　单圆盘式渐开线检查仪的测量原理图

转动手轮使滑板移动时，直尺便与基圆盘作纯滚动。杠杆装在滑板上，其一端有测量头，使测量头与被测齿面接触，将它们的接触点刚好调整在基圆盘与直尺相接触的平面上，杠杆的另一端与指示表接触。当基圆盘与直尺作无滑动的纯滚动时，测量头相对于基圆盘的运动轨迹便是一条理论渐开线。如果被测齿形与理论渐开线齿形不一致，测量头相对于直尺就产生一微小位移，通过杠杆传动，即可由指示表读出数值或由记录器得到齿廓偏差曲线。测量完成后，在被测齿廓工作部分范围内的最大示值与最小示值之差即为齿廓总偏差的数值。

评定齿轮传动平稳性的精度时，应在被测齿轮圆周上测量均匀分布的三个轮齿或更多轮齿左、右齿面的齿廓偏差，取其中的最大值 $F_{\alpha max}$ 作为评定值。如果 $F_{\alpha max}$ 不大于齿廓总偏差 F_{α}，即 $F_{\alpha max} \leqslant F_{\alpha}$，则表示齿廓总偏差合格。

3. 切向综合偏差

（1）切向综合总偏差　　切向综合总偏差 F_i' 是指被测齿轮与测量齿轮单面啮合检验时，被测齿轮转一周内，齿轮分度圆上实际圆周位移与理论圆周位移的最大差值（见图 6.39），以分度圆弧长计。

（2）一齿切向综合偏差　　一齿切向综合偏差 f_i' 是指一个齿距内的切向综合偏差值。当对被测齿轮做单面啮合检验时，在被测齿轮一个齿距内，齿轮分度圆上实际圆周位移与理论圆周位移的最大差值，如图 6.39 所示小波纹的幅度值，以分度圆弧长计。

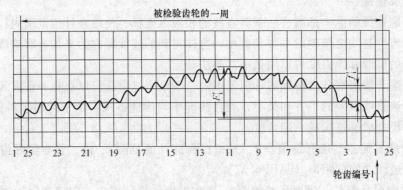

图 6.39　切向综合偏差

注：摘自 GB/T 10095.1—2008 P5 图 4。

切向综合偏差是几何偏心、运动偏心以及各种短周期误差的综合反映，其中，切向综合总偏差反映齿轮传动的准确性，而一齿切向综合偏差则反映齿轮工作时引起振动、冲击和噪声等的高频运动误差的大小，它直接和齿轮的工作平稳性相关联。在检测过程中，只有同侧齿面单侧接触。

由定义知道，切向综合总偏差和一齿切向综合偏差是被测齿轮与测量齿轮在公称中心距的位置上保持单面啮合状态，连续测量被测齿轮一周和一个齿距内的转角误差。由于使用的测量齿轮的有效齿宽大于被测齿轮齿宽的工作部分，加之在测量过程中施加了很轻的载荷和很低的角速度来保证齿面之间的接触，通过仪器记录的曲线，可以反映出一对齿轮的轮齿在全齿宽上轮齿要素偏差的综合影响（即齿廓、螺旋线和齿距），所以它们是综合反映齿轮加工精度的较为理想的指标，通常把这两项偏差项目称为单啮误差。

切向综合偏差是在单面啮合综合检查仪（简称单啮仪）上进行测量的。图 6.40 所示为单啮仪测量原理图，它具有比较装置，测量基准为被测齿轮的基准轴线。被测齿轮与测量齿

轮在公称中心距 a 上单面啮合,它们分别与直径精确等于齿轮分度圆直径的两个摩擦盘(圆盘)同轴安装。测量齿轮和圆盘 A 固定在同一根轴上,并且同步转动。被测齿轮和圆盘 B 可以在同一根轴上作相对转动。当测量齿轮和圆盘 A 匀速回转,分别带动被测齿轮和圆盘 B 回转时,有误差的被测齿轮相对于圆盘 B 的角位移就是被测齿轮实际转角对理论转角的偏差。将转角偏差以分度圆弧长计值,就是被测齿轮分度圆上实际圆周位移对理论圆周位移的偏差。将被测齿轮一周范围内的位移偏差用记录器记录下来,就得到如图 6.39 所示的记录曲线图,从该图上量出 F_i' 和 f_i' 的数值,取量得的 F_i' 和 f_i' 中的最大值作为评定值。

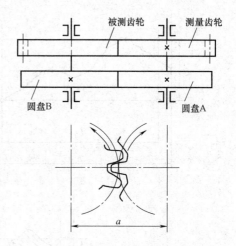

图 6.40 单啮仪测量原理图

　　当需检测切向综合偏差时,供需双方应就测量元件的选用达成协议。因为,从定义来看应以测量齿轮作为测量元件,但在实际测量中,也可以用蜗杆或测头来代替测量齿轮,如图 6.41 所示的光栅式单啮仪。需要强调的是,这里只能测得齿轮某个截面上的切向综合偏差曲线。如果要想得到全齿宽的切向综合偏差曲线,应用蜗杆或测头沿齿宽方向做连续测量。由于啮合特点的不同,对于直齿轮,往往可以在截面切向综合偏差曲线上取得 F_i' 和 f_i',来评定被测齿轮的切向综合总偏差和一齿切向综合偏差。对于斜齿轮,由于截面切向综合偏差曲线与全齿宽切向综合偏差曲线有着较大差异,必须在全齿宽上测得的切向综合偏差曲线上取 F_i' 和 f_i',来评定被测齿轮的切向综合总偏差和一齿切向综合偏差。

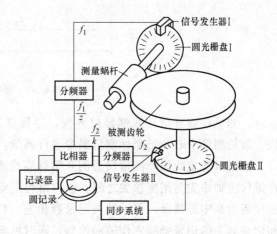

图 6.41 光栅式单啮仪测量原理图

4. 螺旋线偏差

　　螺旋线偏差是指在端面基圆切线方向上测得的实际螺旋线偏离设计螺旋线的量。

　　(1)螺旋线总偏差　螺旋线总偏差 F_β 是指在齿轮齿宽计值范围内,包容实际螺旋线迹线的两条设计螺旋线迹线间的距离,如图 6.42a 所示。

　　(2)螺旋线形状偏差　螺旋线形状偏差 $f_{f\beta}$ 是指在齿轮齿宽计值范围内,包容实际螺旋线迹线的两条与平均螺旋线迹线完全相同的曲线间的距离,且两条曲线与平均螺旋线迹线的距离为常数,如图 6.42b 所示。

　　(3)螺旋线倾斜偏差　螺旋线倾斜偏差 $f_{H\beta}$ 是指在齿宽计值范围内的两端与平均螺旋线迹线相交的设计螺旋线迹线间的距离,如图 6.42c 所示。

　　应当强调,螺旋线计值范围 L_β 是指在轮齿两端处各减去 5%的齿宽与一个模数后,其中的长度较小的一个迹线长度。

　　螺旋线偏差影响齿轮的承载能力和传动质量,其测量方法有展成法和坐标法。采用展成

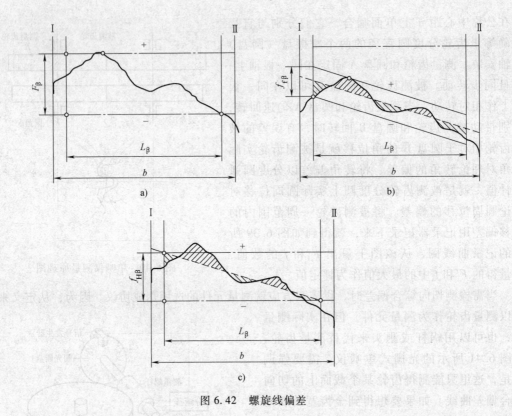

图 6.42 螺旋线偏差

法时，测量仪器有渐开线螺母校查仪、导程仪等；采用坐标法时，可以用螺旋线样板检查仪、齿轮测量中心和三坐标测量机等进行测量。

下面以螺旋线偏差测量仪为例介绍螺旋线测量的原理。如图 6.43 所示，被测齿轮安装在量仪主轴顶尖与尾座顶尖之间，纵向滑台上安装着传感器，测头的一端与被测齿轮的齿面在接近齿高中部接触，另一端与记录器相连。当纵向滑台平行于齿轮基准轴线移动时，测头和记录器上的记录纸随它作轴向位移，同时纵向滑台的滑柱在横向滑台上的分度盘的导槽中移动，使横向滑台在垂直于齿轮基准轴线的方向移动，相应地使主轴滚轮带动被测齿轮绕其基准轴线回转，以实现被测齿面相对于测头的螺旋线运动。

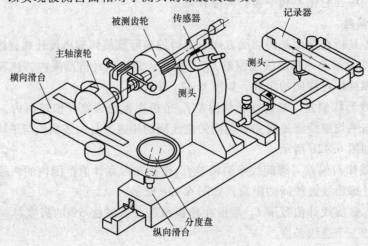

图 6.43 螺旋线偏差测量仪的原理

分度盘导槽的位置可以在一定的角度范围内调整，得到所需要的螺旋角。实际被测螺旋线对设计螺旋线的偏差使测头产生微小的位移，它经过传感器由记录器得到记录图形，如图6.43所示。

应当指出，如果测量过程中测头不产生移动，则记录下来的螺旋线偏差图形（即实际螺旋线迹线）是一条直线。当被测齿面存在螺旋线偏差时，则其记录图形是一条不规则的曲线。那么，按纵坐标方向，最小限度地包容这条实际被测螺旋线迹线（不规则粗实线）的两条设计螺旋线迹线之间的距离的数值，即为螺旋线总偏差的数值。

评定齿轮载荷分布均匀性精度时，应在被测齿轮圆周上测量均匀分布的三个轮齿或更多的轮齿左、右齿面的螺旋线总偏差，取其中的最大值 $F_{\beta max}$ 作为评定值。如果 $F_{\beta max}$ 不大于螺旋线总偏差 F_β，即 $F_{\beta max} \leqslant F_\beta$，则表示合格。

（二）径向综合偏差与径向跳动

1. 径向综合偏差

（1）径向综合总偏差　径向综合总偏差 F_i'' 是指在径向（双面）综合检验时，产品齿轮的左、右齿面同时与测量齿轮接触，并转过一整周时出现的中心距最大值和最小值之差，如图6.44所示。这里的产品齿轮是指正在被测量或评定的齿轮，习惯上称为被测齿轮。

（2）一齿径向综合偏差　一齿径向综合偏差 f_i'' 是指当产品齿轮啮合一整圈时，对应一个齿距（360°/z）的径向综合偏差值，即从记录曲线上量得的小波纹的最大幅度值。产品齿轮所有轮齿的 $\Delta f_i''$ 最大值不应超过规定的允许值（见图6.44）。

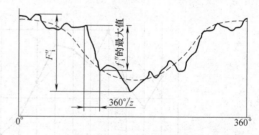

图 6.44　径向综合偏差

注：摘自 GB/T 10095.2—2008 P2 图 1。

径向综合偏差主要反映几何偏心和一些短周期误差，其中，径向综合总偏差反映了齿轮传递运动的准确性，而一齿径向综合偏差反映了齿轮传动的平稳性。

径向综合偏差是各类径向误差的综合反映，它并不反映齿轮上的切向误差，径向综合偏差的测量是不全面的。

齿轮径向综合偏差是在齿轮双面啮合综合检查仪（简称双啮仪）上进行测量的。如图6.45所示，在弹簧作用下，保证被测齿轮与测量齿轮做无侧隙的双面啮合，此时两个齿轮的中心距称为双啮中心距。测量时，被测齿轮与测量齿轮双啮转动，若被测齿轮存在几何偏心、单个齿距偏差，以及左、右齿面的齿廓偏差或螺旋线偏差，将使测量齿轮（活动的）相对于被测齿轮（固定的）做径向位移，双啮中心距便会发生变动，该变动量由指示表读出。在校验齿轮一周范围内，连续记录双啮中心距的变动量，得到径向综合偏差曲线（见图6.44），从该曲线上可以量出被测齿轮的径向综合总偏差 F_i'' 及一齿径向综合偏差 f_i'' 的数值。

在实际测量中，为了保证测量精度，必须十分重视测量齿轮的精度和设计，特别是它与产品齿轮啮合的齿形角，因其会影响测量的结果。另外，测量齿轮应该有足够的啮合深度，使其能与产品齿轮的整个有效齿廓相接触，但不应与非有效部分或齿根部相接触。避免产生这种接触的办法是将测量齿轮的齿厚增厚到足以补偿产品齿轮的侧隙允差。

因为双啮仪测量简单、操作方便、测量效率较高，因此双啮仪在中等精度齿轮大批量生

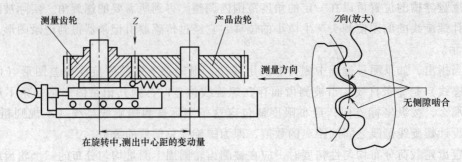

图 6.45　双啮仪测量原理图

产的检测中得到了广泛应用。

2. 径向跳动

径向跳动 F_r 在标准的正文中没有提及，只是在 GB/T 10095.2—2008 的附录 6 中给出了其定义；齿轮的径向跳动（F_r）为测头（如球形、圆柱形、砧形等）相继置于每个齿槽内时，从它到齿轮轴线的最大和最小径向距离之差，如图 6.46 所示。

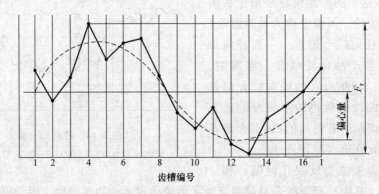

图 6.46　齿轮的径向跳动

注：摘自 GB/T 10095.2—2008。

径向跳动反映了齿轮传递运动的准确性。它是由几何偏心引起的，当几何偏心为 e_1 时，即 $F_r = 2e_1$。

径向跳动可以用齿轮径向跳动测量仪来测量，如图 6.47 所示。测量时，产品齿轮绕其基准轴线间歇地转动定位，并将测头依次地放入每一个齿槽内，对所有的齿槽进行测量，并记录下逐个齿槽相对于基准零位的径向位置偏差。与测头联接的指示表的示值变动如图 6.46 所示，各个示值中的最大与最小示值之差即为齿轮径向跳动 F_r 的数值。此法常用于小型齿轮测量。

径向跳动是在齿轮径向进行测量的，它不反映齿轮的切向误差，这种测量方法是不

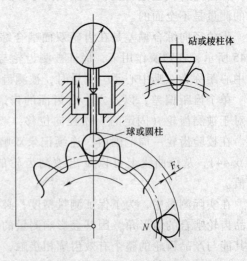

图 6.47　齿轮径向跳动的测量

注：摘自 GB/Z 18620.2—2008。

190

全面的。因此，在高精度和中等精度齿轮测量中，还要检查齿轮的切向误差指标。

（三）齿厚偏差及公法线长度偏差

齿轮侧隙的大小与齿轮齿厚减薄量有着密切的关系，而齿厚减薄量可以用齿厚偏差或公法线长度偏差来限制。

1．齿厚偏差

1）齿厚（端面齿厚）是指在圆柱齿轮的端平面上，一个轮齿的两侧端面齿廓之间的分度圆弧长。

法向齿厚是指在斜齿轮上，其齿线的法向螺旋线介于一个轮齿的两侧齿面之间的弧长。换言之，即轮齿法向平面内的齿厚。

2）齿厚偏差（齿厚实际偏差）是指分度圆柱面上齿厚实际值与公称值之差，如图 6.48 所示。对于斜齿轮，齿厚偏差则指法向实际齿厚与法向齿厚之差。

如图 6.48 所示，s_n 为法向齿厚，s_{ns} 为齿厚的上极限尺寸，s_{ni} 为齿厚的下极限尺寸，s_{na} 为实际齿厚。

f_{sn} 为齿厚偏差。E_{sns} 和 E_{sni} 分别为齿厚允许的上极限偏差和下极限偏差，统称齿厚的极限偏差，即

$$E_{sns} = s_{ns} - s_n$$
$$E_{sni} = s_{ni} - s_n$$

T_{sn} 为齿厚公差，它是齿厚上、下极限偏差之差，即

$$T_{sn} = E_{sns} - E_{sni}$$

按照齿厚的定义，齿厚以分度圆弧长计值（弧齿厚），由于在分度圆柱面上的弧长不便于测量，所以，实际测量时，以分度圆上的弦齿高定位，用测量分度圆弦齿厚代之。由图 6.49 所示可推导出直齿轮分度圆上的公称弦齿厚 s_{nc} 与弦齿高 h_c 的计算公式为

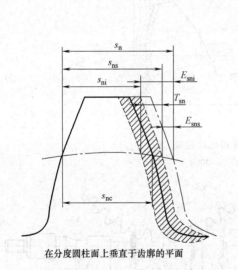

在分度圆柱面上垂直于齿廓的平面

图 6.48　齿厚的允许偏差

注：摘自 GB/Z 18620.2—2008。

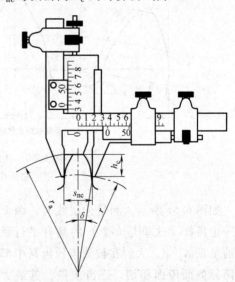

图 6.49　用齿厚游标卡尺测量齿厚

$$\left. \begin{array}{l} s_{nc} = 2r\sin\delta \\ h_c = r_a - \dfrac{mz}{2}\cos\delta \end{array} \right\}$$

式中　　　　δ——分度圆弦齿厚之半对应的中心角，$\delta=\dfrac{\pi}{2z}+\dfrac{2x}{z}\tan\alpha$；

r_a——齿顶圆半径的公称值；

m、z、α、x——齿轮的模数、齿数、标准齿形角和变位系数。

在图样上一般标注公称弦齿高 h_c 和弦齿厚 s_{nc} 及其上、下极限偏差（E_{sns} 和 E_{sni}），即 $s_{nc}{}^{+E_{sns}}_{+E_{sni}}$。齿厚偏差 f_{sn} 的合格条件是它在齿厚的极限偏差范围内（$E_{sni}\leqslant f_{sn}\leqslant E_{sns}$）。

弦齿厚通常用游标测齿卡尺或光学测齿卡尺以弦齿高为依据来测量。由于测量弦齿厚时，以齿顶圆柱面为测量基准，齿顶圆直径的实际偏差和齿顶圆柱面对齿轮基准轴线的径向圆跳动都对齿厚测量精度有较大的影响。为了消除或减小这方面的影响，应把弦齿高的数值加以修正，即

$$h_{c(修正)}=h_c+\left[r_{a(实际)}-r_a\right]$$

式中　$r_{a(实际)}$——齿顶圆半径的实测值。

通常，齿轮公法线长度的变化趋势与齿厚的变化一致，因此，有时为了测量方便，也可以通过测量公法线长度代替测量齿厚，以评定齿厚的减薄量。

2. 公法线长度偏差

公法线长度是指齿轮上几个轮齿的两端异向齿廓间所包含的一段基圆圆弧，即该两端异向齿廓间基圆切线线段的长度。公法线长度偏差是指实际公法线长度 $W_{k(实际)}$ 与公称公法线长度 W_k 之差，如图 6.50 所示。

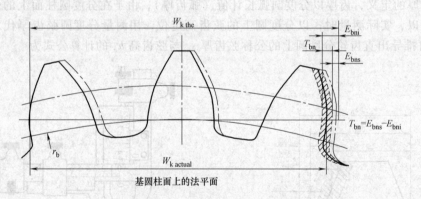

图 6.50　共法线长度和允许偏差

注：摘自 GB/Z 18620.2—2008。

如图 6.51 所示，测量公法线时，两个跨一定齿数（这里是 k 个）的具有平行量面的量爪 A、B，大约在被测齿轮齿高中部与两异侧面齿面相切，逐齿测量，其最大差值即为公法线变动量 E_{bn}。其中，E_{bns} 和 E_{bni} 分别是公法线长度允许上、下极限偏差。如果沿圆周均匀分布的四个位置上进行测量，则其平均值与设计值之差为公法线平均长度偏差 E_{wm}。

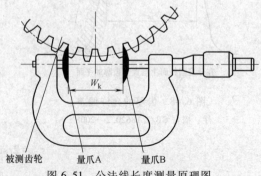

图 6.51　公法线长度测量原理图

注：摘自 GB/T 13924—2008。

直齿轮的公法线公称值 W_k 为

$$W_k = m_n \cos[\pi(k-0.5)+z \operatorname{inv}\alpha_t + 2\tan\alpha_n x]$$

式中　　m_n、z、α_n、x——齿轮的法向模数、齿数、法向标准齿形角和变位系数；

$\operatorname{inv}\alpha_t$——渐开线函数，$\operatorname{inv}20° = 0.014904$；

k——测量时的跨齿数（若计算值不为整数，则应圆整为最接近计算值的整数）。

应当指出，对于标准直齿轮，$k = \dfrac{\alpha}{180°}z+0.5$。对于变位齿轮，$k = \dfrac{\alpha_m}{180°}z+0.5$。其中，

$\alpha_m = \arccos\left(\dfrac{d_b}{d+2xm}\right)$，这里，$d_b$ 和 d 分别为校测齿轮的基圆直径和分度圆直径。

通常，图样上要标注跨齿数 k 和公称公法线长度 W_k（有时为法向长度 W_{kn}）及公法线长度允许上、下极限偏差 E_{bns} 和 E_{bni}，即 $W_k{}_{+E_{bni}}^{+E_{bns}}$ 或者 $W_{kn}{}_{+E_{bni}}^{+E_{bns}}$。有时，为了测量方便，也可以标注公法线平均长度上、下极限偏差 E_{ws} 和 E_{wi}，即 $W_k{}_{+E_{wi}}^{+E_{ws}}$。公法线长度偏差的合格条件是它在其极限偏差范围内，即

对于外齿轮，有　　　　　　$W_k + E_{bni} \leqslant W_{k(实际)} \leqslant W_k + E_{bns}$

对于内齿轮，有　　　　　　$W_k - E_{bni} \leqslant W_{k(实际)} \leqslant W_k - E_{bns}$

四、渐开线圆柱齿轮精度等级及应用

（一）精度等级

国家标准对单个齿轮规定了 13 个精度等级（对于 F_i'' 和 f_i'' 规定了 4~12 共 9 个精度等级），依次用阿拉伯数字 0、1、2、3、…、12 表示。其中 0 级精度最高，依次递减，12 级精度最低。0~2 级精度的齿轮对制造工艺与检测水平要求极高，目前加工工艺尚未达到，是为将来发展而规定的精度等级；一般将 3~5 级精度视为高精度等级；6~8 级精度视为中等精度等级，使用最多，9~12 级精度视为低精度等级。5 级精度是确定齿轮各项允许值计算式的基础级。

（二）精度等级的选择

齿轮的精度等级选择的主要依据是齿轮传动的用途、使用条件及对它的技术要求，即要考虑传递运动的精度、齿轮的圆周速度、传递的功率、工作持续时间、振动与噪声、润滑条件、使用寿命及生产成本等要求，同时还要考虑工艺的可能性和经济性。

齿轮精度等级的选择方法主要有计算法和类比法两种。一般实际工作中，多采用类比法。计算法是根据运动精度要求，按误差传递规律，计算出齿轮一周范围内允许的最大转角误差，然后再根据工作条件或根据圆周速度或噪声强度要求确定齿轮的精度等级。

类比法是根据以往产品设计、性能试验和使用过程中所累积的成熟经验，以及长期使用中已证实其可靠性的各种齿轮精度等级选择的技术资料，经过与所设计的齿轮在用途、工作条件及技术性能上作对比后，选定其精度等级。

部分机械采用的齿轮精度等级见表 6.21，齿轮精度等级与速度的应用见表 6.22，供选择齿轮精度等级时参考。

表 6.21　部分机械采用的齿轮精度等级

应用范围	精度等级	应用范围	精度等级
测量齿轮	2~5	拖拉机	6~9
汽轮机减速器	3~6	一般用途的减速器	6~9
精密切削机床	3~7	轧钢设备	6~10
一般金属切削机床	5~8	起重机械	7~10
航空发动机	4~8	矿用绞车	8~10
轻型汽车	5~8	农用机械	8~11
重型汽车	6~9		

表 6.22　齿轮精度等级与速度的应用

工作条件	圆周速度/m·s⁻¹ 直齿	圆周速度/m·s⁻¹ 斜齿	应 用 情 况	精度等级
机床	>30	>50	高精度和精密的分度链端的齿轮	4
	>15~30	>30~50	一般精度分度链末端齿轮、高精度和精密的中间齿轮	5
	>10~15	>15~30	Ⅴ级机床主传动的齿轮,一般精度齿轮的中间齿轮,Ⅲ级和Ⅲ级以上精度机床的进给齿轮,油泵齿轮	6
	>6~10	>8~15	Ⅳ级和Ⅳ级以上精度机床的进给齿轮	7
	<6	<8	一般精度机床齿轮	8
			没有传动要求的手动齿轮	9
动力传动		>70	用于很高速度的透平传动齿轮	4
		>30	用于很高速度的透平传动齿轮,重型机械进给机构,高速重载齿轮	5
		<30	高速传动齿轮、有高可靠性要求的工业齿轮,重型机械的功率传动齿轮、作业率很高的起重运输机械齿轮	6
	<15	<25	高速和适度功率或大功率和适度速度条件下的齿轮,冶金、矿山、林业、石油、轻工、工程机械和小型工业齿轮箱(通用减速器)有可靠性要求的齿轮	7
	<10	<15	中等速度较平稳传动的齿轮,冶金、矿山、林业、石油、轻工、工程机械和小型工业齿轮箱(通用减速器)的齿轮	8
	≤4	≤6	一般性工作和噪声要求不高的齿轮、受载低于计算载荷的齿轮、速度>1m/s的开式齿轮传动和转盘的齿轮	9
航空船舶和车辆	>35	>70	需要很高的平稳性、低噪声的航空和船用齿轮	4
	>20	>35	需要高的平稳性、低噪声的航空和船用齿轮	5
	≤20	≤35	用于高速传动有平稳性低噪声要求的机车、航空、船舶和轿车的齿轮	6
	≤15	≤25	用于有平稳性和噪声要求的航空、船舶和轿车的齿轮	7
	≤10	≤15	用于中等速度较平稳传动的载重汽车和拖拉机的齿轮	8
	≤4	≤6	用于较低速和噪声要求不高的载重汽车第一档与倒档、拖拉机和联合收割机的齿轮	9
其他			检验7级精度齿轮的测量齿轮	4
			检验8~9级精度齿轮的测量齿轮、印刷机印刷辊子用的齿轮	5
			读数装置中特别精密传动的齿轮	6
			读数装置的传动及具有非直尺的速度传动齿轮、印刷机传动齿轮	7
			普通印刷机传动齿轮	8
单级传动效率			不低于 0.99(包括轴承不低于 0.985)	4~6
			不低于 0.98(包括轴承不低于 0.975)	7
			不低于 0.97(包括轴承不低于 0.965)	8
			不低于 0.96(包括轴承不低于 0.95)	9

（三）齿轮检验项目及其评定参数的确定

根据我国企业齿轮生产的技术和质量控制水平，建议供货方依据齿轮的使用要求和生产批量，在下述检验组中选取一个用于评定齿轮质量。经需方同意后，也可用于验收。在检验中，没有必要测量全部轮齿要素的偏差，因为有些要素对于特定齿轮的功能并没有明显的影响。另外，有些测量项目可以代替另一些项目，如切向综合总偏差检验能代替齿距累积总偏差检验，径向综合总偏差检验能代替径向跳动检验等。

① f_{pt}、F_p、F_α、F_β、F_r。

② f_{pt}、F_{pk}、F_p、F_α、F_β、F_r。

③ F_i''、f_i''。

④ f_{pt}、F_r（10~12 级）。

⑤ F_i'、f_i'（协议有要求时）。

各级精度齿轮及齿轮副所规定的各项公差或极限偏差可查阅标准手册，其表中的数值是用"齿轮精度的结构"中对 5 级精度规定的公式乘以级间公比计算出来的。两相邻精度等级的级间公比等于 $\sqrt{2}$。本级数值除以（或乘以）$\sqrt{2}$ 即可得到相邻较高或较低等级的数值。对于没有提供数值表的参数偏差允许值，可通过计算得到，详见表 6.23。

表 6.23 5 级精度的齿轮偏差允许值的计算公式、部分公差关系式

齿 轮 精 度	计 算 公 式
单个齿距偏差的极限偏差	$\pm f_{pt} = 0.3(m_n + 0.4\sqrt{d} + 4)$
齿距累积偏差的极限偏差	$\pm F_{pk} = f_{pt} + 1.6\sqrt{(k-1)m_n}$
齿距累积总偏差	$F_p = 0.3m_n + 1.25\sqrt{d} + 7$
齿廓总偏差 F_α	$F_\alpha = 3.2\sqrt{m_n} + 0.22\sqrt{d} + 0.7$
螺旋线总偏差 F_β	$F_\beta = 0.1\sqrt{d} + 0.63\sqrt{b} + 4.2$
一齿切向综合偏差 f_i'	$f_i' = k(9 + 0.3m_n + 3.2\sqrt{m_n} + 0.34\sqrt{d})$ 当 $\varepsilon_r < 4$ 时，$k = 0.2\left(\dfrac{\varepsilon_r + 4}{\varepsilon_r}\right)$；当 $\varepsilon_r \geq 4$ 时，$k = 0.4$
切向综合总偏差 F_i'	$F_i' = F_p + f_i'$
齿廓形状偏差 $f_{f\alpha}$	$f_{f\alpha} = 2.5\sqrt{m_n} + 0.17\sqrt{d} + 0.5$
齿廓倾斜极限偏差 $\pm f_{H\alpha}$	$\pm f_{H\alpha} = 2\sqrt{m_n} + 0.14\sqrt{d} + 0.5$
径向综合总偏差 F_i''	$F_i'' = 3.2m_n + 1.01\sqrt{d} + 6.4$
一齿径向综合偏差 f_i''	$f_i'' = 2.96m_n + 0.01\sqrt{d} + 0.8$
径向跳动偏差 F_r	$F_r = 0.8F_p = 0.24m_n + 1.0\sqrt{d} + 5.6$
齿轮副的切向综合总偏差 F_{ic}'	F_{ic}' 等于两配对齿轮 F_i' 之和
齿轮副的一齿切向综合偏差 f_{ic}'	f_{ie}' 等于两配对齿轮 f_i' 之和
轴线平面内的平行度偏差 $f_{\Sigma\delta}$	$f_{\Sigma\delta} = f_{px} = f_b$
垂直平面上的平行度偏差 $f_{\Sigma\beta}$	$f_{\Sigma\beta} = \dfrac{1}{2}$

注：表中 m_n 为法向模数（mm）；d 为分度圆直径（mm）；b 为齿宽（mm）；k 为相继齿距数；ε_r 为总重合度。

表 6.23 中 m_n、d、b 均按参数范围和圆整规则中的规定，取各分段界限值的几何平均值。各齿轮偏差允许值计算后需圆整。如果计算值>10μm，则圆整到最接近的整数；如果<10μm，则圆整到最接近的尾数为 0.5μm 的小数或整数；如果<5μm，则圆整到最接近的 0.1μm 的小数或整数。

（四）齿坯的精度

齿坯是保证齿轮轮齿加工精度的基础，因此，在齿轮工作图上，除了要明确地表示齿轮的基准轴线和标注齿轮公差外，还必须标注齿坯公差，齿坯尺寸公差见表 6.24。

表 6.24　齿坯的尺寸公差（摘自 GB/T 10095.1~2—2008）

齿轮精度等级		5	6	7	8	9	10	11	12
孔	尺寸公差	IT5	IT6	IT7		IT8		IT9	
轴	尺寸公差	IT5		IT6		IT7		IT8	
	顶圆直径	IT8				IT9			

注：当齿顶圆不作测量齿厚的基准时，其尺寸公差按 IT11 给定，但不>$0.1m_n$。

由于加工齿坯比加工轮齿要容易，因此在现有设备条件下应该尽量提高齿坯的制造精度，以便齿轮轮齿加工时具有良好的工艺基准和较大的公差，从而获得更为经济的整体设计。

1. 基准轴线与工作轴线

齿轮的基准轴线是齿轮加工、检测和安装的基准，通常由基准面中心确定。齿轮依此轴线来确定细节，特别是确定齿距、齿廓和螺旋线的偏差。工作轴线是齿轮在工作时绕其旋转的轴线，它由工作安装面确定。齿轮的加工、检验和装配，应尽量采用基准一致的原则。通常将基准轴线与工作轴线重合，即将安装面作为基准面。但在有些情况下，基准轴线与工作轴线不重合，这时工作轴线需要与基准轴线用适当的公差联系起来。

2. 基准轴线的确定

基准轴线是供加工或检验人员确定单个零件轮齿几何形状的轴线，是通过设计时指定的齿坯相关组成要素提取出来的，确定方法有以下三种：

1）如图 6.52 所示，用两个"短的"圆柱或圆锥形基准面上设定的两个圆的圆心来确定轴线上的两个点。这里的基准面是指用来确定基准轴线的基准实际要素（下同）。此时，基准轴线实质就是一个组合基准。

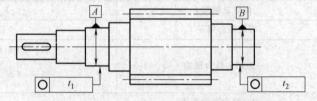

图 6.52　由两个"短的"基准面确定的基准轴线

注：摘自 GB/Z 18620.3—2008。

2）如图 6.53 所示，用一个"长的"圆柱或圆锥形的基准面来同时确定轴线的方向和位置。这里，孔的轴线可以用与之相匹配并正确装配的工作心轴来代表。

3）如图 6.54 所示，轴线的位置用一个"短的"圆柱形基准面上的一个圆的圆心来确

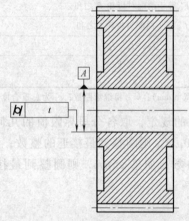

图 6.53　用一个"长的"基准面确定基准轴线

注：摘自 GB/Z 18620.3—2008。

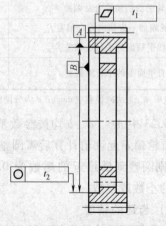

图 6.54　用一个圆柱面和一个端面确定基准轴线

注：摘自 GB/Z 18620.3—2008。

定，而其方向则用垂直于此轴线的一个基准端面来确定。

如果采用方法 1)、3)，其圆柱或圆锥形基准面轴向必须很短，以保证它们不会由自身单独确定另外一条轴线。在方法 3) 中，基准端面的直径越大越好。

对与轴做成一体的小齿轮，最常用也是最合适的方法是将该零件安置于两端的顶尖上。这样，两个中心孔就确定了它的基准轴线，此时，工作轴线（轴承安装面）与基准轴线不重合，安装面的公差及齿轮公差均相对于这些轴线来规定，如图 6.55 所示。

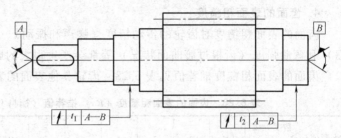

图 6.55　用中心孔确定基准轴线
注：摘自 GB/Z 18620.3—2008。

显然，对安装面相对中心孔的跳动公差必须规定很小的公差值，务必注意，中心孔接触角 60°范围内应对准成一条直线。

3. 齿轮坯精度确定

GB/Z 18620.3—2008 推荐的齿轮坯的精度如下：

（1）基准面的形状公差　基准面的精度对齿轮面的加工质量有很大影响，因此，要控制其形状和位置公差，所有基准面的形状公差都不应大于表 6.25 中所规定的数值。表中的 L 为较大的轴承跨距，D_d 为基准面直径，b 为齿宽，如图 6.52~图 6.54 所示。

表 6.25　基准面的形状公差

确定轴线的基准面	公 差 项 目		
	圆度	圆柱度	平面度
两个"短的"圆柱或圆锥形基准面	$0.04(L/b)F_\beta$ 或 $0.1F_p$ 取两者中之小值	—	—
一个"长的"圆柱或圆锥形基准面	—	$0.04(L/b)F_\beta$ 或 $0.1F_p$ 取两者中之小值	—
一个"短的"圆柱面和一个端面	$0.06F_p$	—	$0.06(D_d/b)F_\beta$

注：齿轮坯的公差应减至能经济地制造的最小值。

（2）安装面的跳动公差　当基准轴线与工作轴线不重合时，工作安装面相对于基准轴线的跳动必须在图样上予以控制，跳动公差一般不应大于表 6.26 中规定的数值。

表 6.26　安装面的跳动公差（摘自 GB/Z 18620.3—2008）

确定轴线的基准面	跳动（总的指示幅度）公差项目	
	径向	轴向
仅指圆柱或圆锥形基准面	$0.15(L/b)F_\beta$ 或 $0.3F_p$ 取两者中之大值	—
一个圆柱基准面和一个端面基准面	$0.3F_p$	$0.2(D_d/b)F_\beta$

注：齿轮坯的公差应减至能经济地制造的最小值。

（3）齿顶圆柱面的尺寸和跳动公差　如果把齿顶圆柱面作为齿轮坯安装时的找正基准或齿厚检验的测量基准，设计者应适当选择齿顶圆直径的尺寸公差以保证最小限度的设计重合度，同时还要保证具有足够的顶隙。其尺寸公差的选取见表 6.27。同时，其跳动公差不应大于表 6.26 中适当的数值。

表 6.27 齿轮孔、轴颈和齿顶圆柱面的尺寸公差

齿轮精度等级	6	7	8	9
孔	IT6	IT7	IT7	IT8
轴颈	IT5	IT6	IT6	IT7
顶圆柱面	IT8	IT8	IT8	IT9

4. 齿面的表面粗糙度

齿面的表面粗糙度对齿轮的传动精度（噪声和振动）、表面承载能力（点蚀、胶合和磨损）和弯曲强度（齿根过渡曲面状况）等都会产生很大的影响，应规定相应的表面粗糙度。

齿面的表面粗糙度推荐值见表 6.28。齿轮其他表面的表面粗糙度推荐值见表 6.29。

表 6.28　齿面的表面粗糙度（Ra）推荐值（摘自 GB/Z 18620.4—2008）

推荐值/μm　　精度等级　　模数/mm	1	2	3	4	5	6	7	8	9	10	11	12
$m<6$	—	—	—	—	0.5	0.8	1.25	2.0	3.2	5.0	10	20
$6 \leqslant m \leqslant 25$	0.04	0.08	0.16	0.32	0.63	1.00	1.6	2.5	4	6.3	12.5	25
$m>25$	—	—	—	—	0.8	1.25	2.0	3.2	5.0	8.0	16	32

注：m 为齿轮模数。

表 6.29　齿轮其他表面粗糙度（Ra）推荐值（摘自 GB/Z 18620.4—2008）

推荐值/μm　　表面　　精度等级	基准孔	基准轴颈	基准端面	顶圆柱面
6	1.25	0.63	2.5~5	5
7	1.25~2.5	1.25	2.5~5	5
8	1.25~2.5	2.5	5	5
9	5	2.5	5	5

（五）齿轮精度的标注

在图样上，在需指出齿轮精度要求时，应注明 GB/T 10095.1—2008 或 GB/T 10095.2—2008。具体地，关于齿轮精度等级的标注方法如下：

1）若齿轮所有的检验项目精度为同一等级，可以只标注精度等级和标准号。例如，齿轮检验项目同为 8 级，则可标注为

$$8 \quad \text{GB/T } 10095.1—2008$$

2）若齿轮的各个检验项目的精度不同，应在各精度等级后标出相应的检验项目。例如，当齿距累积总偏差 F_p、单个齿距偏差 f_{pt} 和齿廓总偏差 F_α 均为 8 级，而螺旋线总偏差 F_β 为 7 级时，则应标注为

$$8(F_p 、f_{pt} 、F_\alpha) 、7(F_\beta) \quad \text{GB/T } 10095.1—2008$$

应当指出，若要标注齿厚偏差，则应在齿轮工作图右上角的参数表中给出其公称值和极限偏差。

五、齿轮副的精度和齿侧间隙

1. 齿轮副精度

（1）齿轮副的中心距极限偏差　中心距偏差 f_a 是实际中心距与公称中心距之差，如图 6.56 所示。齿轮副中心距偏差大小不但会影响齿轮侧隙，也会对齿轮重合度产生影响，因此，必须加以控制。中心距允许偏差是设计者规定的中心距偏差的变化范围。公称中心距是在考虑了最小侧隙及两齿轮齿顶和与其相啮合非渐开线齿廓齿根部分的干涉后确定的。

在齿轮只单向承载且不经常反转的情况下，最大侧隙的控制不是重要因素，此时中心距允许偏差主要取决于重合度。对于既要控制运动精度又需要经常正反转的齿轮副，必须控制其最大侧隙，对其中心距的公差应仔细地考虑以下因素：①轴、箱体孔系和轴承轴线的倾斜；②由于箱体孔系的尺寸偏差和轴承的间隙导致齿轮轴线的不一致与倾斜；③安装误差；④轴承跳动；⑤温度的影响（随箱体和齿轮零件的温差，中心距和材料不同而变化）；⑥旋转件的离心伸胀；⑦其他因素，如润滑剂污染的允许程度及非金属齿轮材料的溶胀。

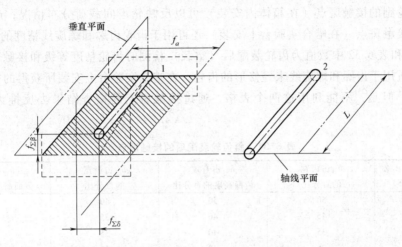

图 6.56　齿轮副轴线平行度偏差和中心距偏差（摘自 GB/Z 18620.3—2008）

GB/Z 18620.3—2008 中未提及中心距偏差的允许值，中心距极限偏差 $\pm f_a$ 见表 6.30，以供参考。

表 6.30　中心距极限偏差 $\pm f_a$

齿轮精度等级	5~6	7~8	9~10
f_a	$\frac{1}{2}$IT7	$\frac{1}{2}$IT8	$\frac{1}{2}$IT9

（2）轴线平行度偏差　由于轴线的平行度与其向量的方向有关，所以规定了轴线平面内的平行度偏差 $f_{\Sigma\delta}$ 和垂直平面上的平行度偏差 $f_{\Sigma\beta}$，如图 6.56 所示。

轴线平面内的平行度偏差 $f_{\Sigma\delta}$ 是在两轴线的公共平面上测量的，此公共平面是用两轴承跨距中较长的一个 L 和另一根轴上的一个轴承来确定的。如果两个轴承的跨距相同，则用小齿轮轴和大齿轮轴的一个轴承确定。垂直平面上的平行度偏差 $f_{\Sigma\beta}$，是在与轴线公共平面相垂直的平面上测量的。$f_{\Sigma\delta}$ 和 $f_{\Sigma\beta}$ 均在全齿宽的长度上测量。$f_{\Sigma\delta}$ 和 $f_{\Sigma\beta}$ 最大推荐值分别为

$$f_{\Sigma\beta} = \frac{L}{2b}F_{\beta}$$

$$f_{\Sigma\delta} = 2f_{\Sigma\beta}$$

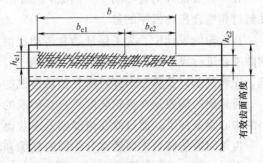

（3）接触斑点　接触斑点是指装配（在箱体内或啮合实验台上）好的齿轮副，在轻微制动下运转后齿面的接触痕迹，如图 6.57 所示。

图 6.57　接触斑点分布示意图
注：摘自 GB/Z 18620.4—2008。

接触斑点按照齿面展开图上的擦亮痕迹在齿长与齿高方向上所占的百分比来评定。接触斑点综合反映了齿轮的加工误差和安装误差，检测齿轮副所产生的接触斑点有助于对轮齿间载荷分布进行评估。接触痕迹所占的百分比越大，载荷分布越均匀。b_{c1} 为接触斑点的较大长度，b_{c2} 为接触斑点的较小长度，h_{c1} 为接触斑点的较大高度，h_{c2} 为接触斑点的较小高度。各级精度的斜齿轮和直齿轮装配后的齿轮副接触斑点的最低要求见表 6.31 和表 6.32。应当强调，表中的参数不适合于齿廓和螺旋线修形的齿面。

产品齿轮副的接触斑点（在箱体内安装）可以反映轮齿间载荷分布情况；产品齿轮与测量齿轮的接触斑点（在啮合实验台上安装）还可用于齿轮齿廓和螺旋线精度的评估。

表 6.31 和表 6.32 中数值为齿轮装配后（空载）检测时齿轮精度等级和接触斑点分布的一般关系，适用于齿廓和螺旋线未经修形的齿轮。在啮合实验台上安装所获得的检查结果应当是相似的，但是，不能利用这两个表格，通过接触斑点的检查结果去反推齿轮的精度等级。

表 6.31　斜齿轮装配后的接触斑点

精度等级（按 GB/Z 18620.4—2008)	b_{c1} 占齿宽的百分比	h_{c1} 占有效齿面高度的百分比	b_{c2} 占齿宽的百分比	h_{c2} 占有效齿面高度的百分比
4 级及更高	50	50	40	30
5 和 6 级	45	40	35	20
7 和 8 级	35	40	35	20
9 至 12 级	25	40	25	20

表 6.32　直齿轮装配后的接触斑点

精度等级（按 GB/Z 18620.4—2008)	b_{c1} 占齿宽的百分比	h_{c1} 占有效齿面高度的百分比	b_{c2} 占齿宽的百分比	h_{c2} 占有效齿面高度的百分比
4 级及更高	50	70	40	50
5 和 6 级	45	50	35	30
7 和 8 级	35	50	35	30
9 至 12 级	25	50	25	30

对重要的齿轮副，以及齿廓、螺旋线修形的齿轮，可以在图样中规定所需接触斑点的位置、形状和大小。

GB/Z 18620.4—2008《圆柱齿轮检验实施规范第 4 部分：表面结构和轮齿接触斑点的检验》中说明了获得接触斑点的方法，对检测过程的要求及应该注意的问题。

2. 齿轮副侧隙

在一对装配好的齿轮副中，侧隙 j 是指相啮合齿轮齿间的间隙，它是在分度圆上齿槽宽度超过相啮合齿轮齿厚的量。

在齿轮的设计中，为了保证啮合传动比恒定，消除反向的空程和减少冲击，都是按照无侧隙啮合进行设计的。但在实际生产过程中，为保证齿轮良好的润滑，补偿齿轮因制造误差、安装误差以及热变形等对齿轮传动造成的不良影响，必须在非工作面留有侧隙。

齿轮副的侧隙是在齿轮装配后自然形成的，侧隙的大小主要取决于齿厚和中心距。在最小的中心距条件下，通过改变齿厚偏差来获得大小不同的齿侧间隙。

齿侧间隙按测量方向通常分为圆周侧隙和法向侧隙。圆周侧隙是指当固定两啮合齿轮中的一个时，另一个齿轮所能转过的分度圆弧长的最大值。法向侧隙是指当两个齿轮的工作齿面相互接触时，其非工作面之间的最短距离。测量需在基圆切向方向，即在啮合线方向上测量。一般可以通过压铅丝方法测量，即齿轮啮合过程中在齿间放入一根铅丝，啮合后取出压扁了的铅丝测量其厚度，也可以用塞尺直接测量，如图6.58所示。

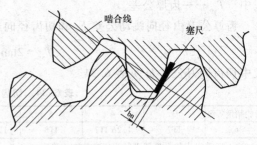

图6.58　法向侧隙

注：摘自 GB/Z 18620.2—2008。

理论上，法向侧隙与圆周侧隙之间的关系如下：

$$j_{bn} = j_{wt} \cos\alpha_{wt} \times \cos\beta_b$$

式中　α_{wt}——端面工作压力角；

β_b——基圆螺旋角。

（1）最小法向侧隙 j_{bnmin} 的确定　j_{bnmin} 是指当齿轮的轮齿以最大允许失效齿厚与一个也具有最大允许失效齿厚的相配齿轮在最小的允许中心距下啮合时，在静态下非工作齿面的最小允许侧隙。

最小侧隙用于保证储存润滑油、补偿受热、受力变形及制造安装误差等。

对于钢铁材料制造的齿轮和箱体，工作时齿轮分度圆线速度<15m/s，其箱体、轴和轴承都采用制造公差，则 j_{bnmin} 可按下式计算：

$$j_{bnmin} = \frac{2}{3}(0.06 + 0.0008a_i + 0.03m_n)$$

按上式计算得出的推荐数据见表6.33。

表6.33　大、中模数齿轮最小侧隙 j_{bnmin} 的推荐值（摘自 GB/Z 18620.2—2008）

（单位：mm）

模数 m_n	中心距 a_i					
	50	100	2000	400	800	1000
1.5	0.09	0.11	—	—	—	—
2	0.10	0.12	0.15	—	—	—
3	0.12	0.14	0.17	0.24	—	—
5	—	0.18	0.21	0.28	—	—
8	—	0.24	0.27	0.34	0.47	—
12	—	—	0.35	0.42	0.55	—
18	—	—	—	0.54	0.67	0.94

（2）齿厚偏差和公差　为了获得最小侧隙，齿厚应保证有最小的减薄量，国标规定了齿厚的上极限偏差 E_{sns}，为了保证侧隙不至于过大，规定了齿厚公差 T_{sn}，如图6.59所示。

$$j_{bnmin} = \frac{|E_{sns1} + E_{sns2}|}{\cos\alpha_n}$$

如果两齿轮的齿厚上极限偏差取得相等，此时

$$E_{sns1} = E_{sns2} = -\frac{j_{bnmin}}{2\cos\alpha_n}$$

通常，为了提高小齿轮的强度，取 $|E_{sns1}| < |E_{sns2}|$。

齿厚下极限偏差：

$$E_{sni} = E_{sns} - T_{sn}$$

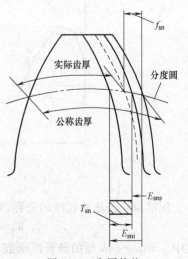

图6.59　齿厚偏差

式中 T_{sn}——齿厚公差。

齿厚公差由径向跳动公差 F_r 和切齿径向进刀公差 b_r 决定：

$$T_{sn} = 2\tan\alpha_n \sqrt{F_r^2 + b_r^2}$$

式中切齿进刀公差 b_r 见表 6.34。

表 6.34　切齿径向进刀公差 b_r

齿轮精度等级	3	4	5	6	7	8	9	10
b_r	IT7	1.26 IT7	IT8	12.6 IT8	IT9	1.26 IT9	IT10	1.26 IT10

注：IT 值以齿轮分度圆直径为主参数查表确定。

齿厚是以分度圆弧长计值，而在测量齿厚时，通常用齿厚游标卡尺测量，如图 6.60 所示。测量时，以齿顶圆作为测量基准，通过调整纵向游标卡尺来确定分度圆的弦齿高度 h；再从横向游标卡尺上读出分度圆弦齿厚的实际值 s_a。

对于标准圆柱齿轮，分度圆的弦齿高度 h 及分度圆弦齿厚的公称值 s 用下式计算：

$$h = m + \frac{zm}{2}\left[1 - \cos\left(\frac{90°}{z}\right)\right]$$

$$s = zm\sin\frac{90°}{z}$$

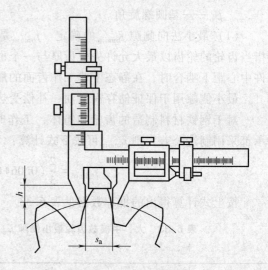

图 6.60　齿厚偏差测量

（3）公法线长度偏差　公法线长度偏差是公法线实际长度（W_a）与公法线公称长度（W）之差。对于大模数齿轮，生产中通常测量齿厚来控制侧隙，而齿轮厚度变化必然引起公法线长度的变化，如图 6.61 所示。在中、小模数齿轮的生产中，常采用测量公法线长度的方法来控制侧隙。

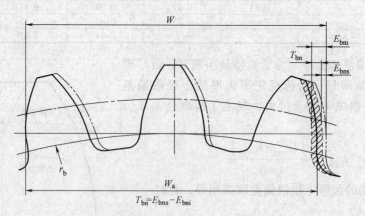

图 6.61　公法线长度偏差

标准齿轮公法线长度的公称值：

$$W_k = m_n\cos\alpha_n\left[(k-0.5)\pi + 2\text{inv}\alpha\right]$$

式中　$\text{inv}\alpha$——α 角的渐开线函数，$\text{inv}20° = 0.014904$；

　　　k——跨齿数；

$$k = \frac{z}{9} + 0.5$$

z——齿数。

公法线长度上极限偏差、下极限偏差（E_{wns}、E_{wni}）与齿厚上极限偏差、下极限偏差（E_{sns}、E_{sni}）换算关系为

$$E_{wns} = E_{sns}\cos\alpha_n - 0.72F_r\sin\alpha_n$$
$$E_{wni} = E_{sni}\cos\alpha_n + 0.72F_r\sin\alpha_n$$

六、齿轮精度设计示例

【例6.6】 某通用减速器中有一直齿轮，模数 $m = 3mm$，齿数 $z = 32$，齿形角 $\alpha = 20°$，齿宽 $b = 20mm$，传递的最大功率为 5kW，转速 $n = 1280r/min$。已知齿厚上、下极限偏差通过计算分别确定为 -0.160mm 和 -0.240mm，生产条件为小批生产。试确定其精度等级、检验项目及其允许值，并绘制齿轮工作图。

解 （1）确定精度等级。对于中等速度、中等载荷的一般齿轮通常是先根据其圆周速度确定其影响传动平稳性的偏差项目的精度等级。圆周速度为

$$v = \frac{\pi dn}{1000 \times 60} = \frac{3.14 \times 3mm \times 32 \times 1280r/min}{1000 \times 60s} = 6.43m/s$$

参阅表6.21选定影响传递运动平稳性的偏差项目的精度等级为 6~9 级。一般减速器对运动准确性的要求不高，可选这一使用要求的精度等级为 9 级。动力齿轮对齿的接触精度有一定要求，通常与影响传动平稳性的偏差项目的精度等级相同，故选这一使用要求的精度等级为 8 级。

（2）确定检测项目及其允许值。

1）确定检验项目。本齿轮为中等精度，尺寸不大且生产批量小，故确定其检验项目为：齿距累积总偏差 F_p（影响传动准确性的检测项目）、单个齿距偏差 f_{pt} 和齿廓总偏差 F_α（影响传动平稳性的检测项目）、螺旋线总偏差 F_β（影响传动载荷分布均匀性的检测项目）。

该齿轮为中等模数，控制侧隙的指标宜采用公法线长度上、下极限偏差（E_{bns}、E_{bni}），按前述关系计算 E_{bns}、E_{bni} 值。

2）确定检验项目的允许值。

齿距累积总偏差 F_p，按表6.23计算得：$F_p = 76\mu m$。

单个齿距极限偏差 f_{pt}，查 GB/T 10095.1—2008 表1得：$f_{pt} = \pm 17\mu m$

齿廓总偏差 F_α，查 GB/T 10095.1—2008 表3得：$F_\alpha = 22\mu m$。

螺旋线总偏差 F_β，查 GB/T 10095.1—2008 表4得：$F_\beta = 22\mu m$。

径向跳动偏差 F_r，查 GB/T 10095.2—2008 表 B.1得：$F_r = 61\mu m$。

公法线长度上、下极限偏差（E_{bns}、E_{bni}），按前述关系计算得到，其值为

$$E_{bns} = E_{sns}\cos\alpha - 0.27F_r\sin\alpha = -160\mu m \times \cos20° - 0.72 \times 61 \times \sin20° \approx -165\mu m$$

$$E_{bni} = E_{sni}\cos\alpha + 0.27F_r\sin\alpha = -240\mu m \times \cos20° + 0.72 \times 61 \times \sin20° \approx -211\mu m$$

（3）确定齿坯精度。

1）根据齿轮结构（图6.62），该齿轮为盘齿轮，选择内孔和一个端面作为基准。由表6.25确定内孔的圆度公差为

$$f = 0.06F_p = 0.06 \times 0.076mm \approx 0.005mm$$

基准端面的平面度公差为

$$f = 0.06(D_d/b)F_\beta = 0.06 \times (102/20) \times 0.021\,\text{mm} \approx 0.006\,\text{mm}$$

2）齿轮两端面在加工和安装时作为安装面，应提出其对基准轴线的跳动公差，参阅表 6.26，跳动公差为

$$f = 0.2(D_d/b)F_\beta = 0.2 \times (102/20) \times 0.021\,\text{mm} \approx 0.021\,\text{mm}$$

参阅相关标准或手册取经济制造精度的公差值为 0.015mm（相当于 6 级）。

3）齿顶圆作为找正、检测齿厚的基准，查表 6.27，尺寸公差若取为 IT8 级，从相关标准或手册可知 IT8 = 0.054mm，因此，齿顶尺寸公差取为 0.054mm。

4）参阅表 6.21 和表 6.28，齿面和其他表面的表面粗糙度如图 6.62 所示。

（4）其他几何公差要求如图 6.62 所示。

（5）绘制齿轮工作图如图 6.62 所示。

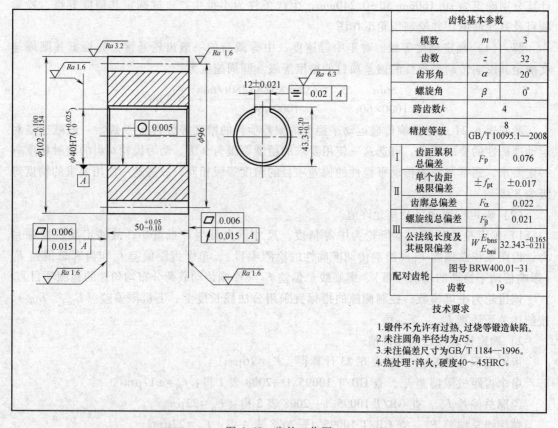

图 6.62　齿轮工作图

齿轮基本参数		
模数	m	3
齿数	z	32
齿形角	α	20°
螺旋角	β	0°
跨齿数 k		4
精度等级		8 GB/T 10095.1—2008
I	齿距累积总偏差	F_p	0.076
II	单个齿距极限偏差	$\pm f_{pt}$	±0.017
	齿廓总偏差	F_α	0.022
III	螺旋线总偏差	F_β	0.021
	公法线长度及其极限偏差	$W{E_{bns} \atop E_{bni}}$	$32.343{-0.165 \atop -0.211}$
配对齿轮	图号 BRW400.01-31	
	齿数	19

技术要求
1.锻件不允许有过热、过烧等锻造缺陷。
2.未注圆角半径均为 R5。
3.未注偏差尺寸为 GB/T 1184—1996。
4.热处理：淬火，硬度40～45HRC。

（6）齿轮工作图说明。图 6.62 所示为齿轮工作图。齿轮的有关参数在齿轮工作图的右上角位置列表。

1）图样上应注明的尺寸数据如下：

① 齿顶圆直径 D_a （d_a）、分度圆直径 D （d）、齿宽 b （图 6.62 中未注明齿宽）。

② 定位安装尺寸及公差。

③ 定位面及其要求。

④ 齿面及各处的表面粗糙度。

204

2）表格应列出的数据。

① 模数 m、齿形角 α、螺旋角 β、齿数 z。

② 齿厚 s 及公差，上、下极限偏差（图 6.62 中未注明）。

③ 精度等级及偏差。

④ 验收检查项目。

⑤ 配对齿轮的相关信息。

3）标注几何公差。

4）技术要求：材料、热处理、检验、微观组织要求等。

第四节　圆锥的公差与配合

一、概述

圆锥配合是机械设备中常用的典型结构。与圆柱配合相比，圆锥配合具有精度较高的同轴度，配合间隙或过盈量的大小可自由调整，能实现磨损补偿，延长使用寿命，并能利用摩擦力来传递转矩以及具有良好的密封性等优点。但是，圆锥配合在结构上比较复杂，影响其互换性的参数较多，加工和检测也较困难。为满足圆锥配合的使用要求，保证圆锥配合的互换性，我国发布了一系列有关标准：GB/T 157—2001《产品几何量技术规范 GPS 圆锥的锥度与锥角系列》、GB/T 11334—2005《产品几何量技术规范 GPS 圆锥公差》、GB/T 12360—2005《产品几何量技术规范 GPS 圆锥配合》、GB/T 15754—1995《技术制图　圆锥的尺寸和公差注法》等。

圆锥的公差与配合是由配合基准制、圆锥公差和圆锥配合等组成的。相配合的内、外两圆锥的公称尺寸应相同。

圆锥配合的配合基准制与圆柱配合一样，分为基孔制和基轴制，优先选用基孔制。圆锥配合的配合特征是通过相互结合的内、外圆锥规定的轴向位置来形成间隙或过盈。间隙或过盈是在垂直于圆锥表面方向起作用，但需按照垂直于圆锥轴线方向给定及测量。

（一）圆锥配合的种类

按圆锥配合性质可分为三类：间隙配合、过渡配合或紧密配合、过盈配合。

（1）间隙配合　间隙配合具有间隙，间隙大小可以调整，零件易拆开，相互配合的内外圆锥能相对运动。例如，机床顶尖、车床主轴的圆锥轴颈与圆锥轴承衬套的配合等。

（2）过渡配合或紧密配合　过渡配合是指可能具有间隙，也可能具有过盈的配合，主要用于定心或密封场合，例如，锥形旋塞、内燃机中阀门与阀门座的配合等。要求内、外圆锥紧密接触，间隙为零或稍有过盈的配合又称为紧密配合，此类配合具有良好的密封性，可以防止漏水和漏气，为了保证良好的密封性，对内、外圆锥的形状精度要求很高，通常将它们配对研磨，这类零件不具有互换性。

（3）过盈配合　它能借助于相互配合的圆锥面间的自锁产生较大的摩擦力来传递转矩，而且装卸方便。例如，机床主轴锥孔与刀具（钻头、立铣刀等）锥柄的配合。

按确定圆锥轴向位置的方法不同，圆锥配合分为：结构型圆锥配合和位移型圆锥配合两种。

（1）结构型圆锥配合　对于结构型圆锥配合推荐优先采用基孔制，内、外圆锥公差带及配合直接从 GB/T 1801—2009 中选取符合要求的公差带和配合种类。结构型圆锥配合可以分为以下两种：

1）由内、外圆锥的结构确定装配的最终位置而获得的配合。这种方式可以得到间隙配合、过渡配合和过盈配合。图 6.63a 所示是由轴肩接触得到的间隙配合。

2）由内、外圆锥基准平面之间的尺寸确定装配的最终位置而形成配合。这种方式可以得到间隙配合、过渡配合和过盈配合。图 6.63b 所示是由结构尺寸 a 得到的过盈配合。

（2）位移型圆锥配合　是指内、外圆锥在装配时作一定相对轴向位移确定的配合关系，可以是间隙配合或过盈配合。对于位移型圆锥配合的内圆锥直径公差带的基本偏差推荐选用

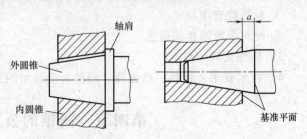

a）由轴肩接触得到间隙配合　　b）由结构尺寸 a 得到过盈配合

图 6.63　结构型圆锥配合

H 和 Js，外圆锥直径公差带的基本偏差推荐选用 h 和 js，按 GB/T 12360—2005 规定的极限间隙或极限过盈来计算。

1）由内、外圆锥实际初始位置 P_a 开始，作给定的相对轴向位移 E_a 而形成间隙配合，如图 6.64a 所示。

2）由内、外圆锥实际初始位置 P_a 开始，施加给定的装配力 F_s 产生轴向位移而形成过盈配合，如图 6.64b 所示。

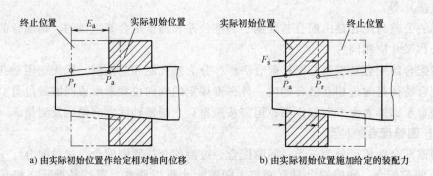

a）由实际初始位置作给定相对轴向位移　　b）由实际初始位置施加给定的装配力

图 6.64　位移型圆锥配合

（二）圆锥配合的主要参数

圆锥分内圆锥（圆锥孔）和外圆锥（圆锥轴）两种，其主要几何参数为圆锥角、圆锥直径和圆锥长度、锥度和基面距，基本术语与定义如下：

1. 圆锥表面

与轴线成一定角度且一端相交于轴线的一条线段（母线），围绕着该轴线旋转形成的表面称为圆锥表面，如图 6.65a 所示。

2. 圆锥体

由圆锥表面与一定尺寸所限定的几何体称为圆锥体。

3. 圆锥角 α

圆锥角是指在通过圆锥轴线的截面内，两条素线间的夹角，用符号 α 表示。圆锥角的

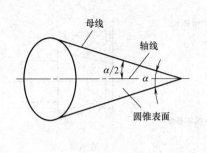
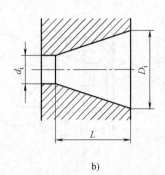
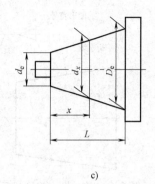

a)

b)

c)

图 6.65　圆锥表面及主要技术参数

一半（$\alpha/2$）称为斜角。

4. 圆锥长度

最大圆锥直径截面与最小圆锥直径截面之间的轴向距离称为圆锥长度，用符号 L 表示，如图 6.65b、c 所示。

5. 圆锥配合长度

它是指内、外圆锥配合面的轴向距离，用符号 H 表示。

6. 圆锥直径

与圆锥轴线垂直截面内的直径称为圆锥直径。对于内、外圆锥，分别有最大圆锥直径 D_i、D_e，最小圆锥直径 d_i、d_e 和给定截面的圆锥直径 d_x，如图 6.65b、c 所示。

7. 锥度

圆锥角的大小有时用锥度表示。锥度 C 是指两个垂直于圆锥轴线的截面上的圆锥直径之差与该两截面间的轴向距离之比。例如，最大圆锥直径 D 与最小圆锥直径 d 之差对圆锥长度 L 之比，即

$$C = \frac{D-d}{L}$$

锥度 C 与圆锥角 α 的关系为

$$C = 2\tan\frac{\alpha}{2} = 1 : \left(\frac{1}{2}\cot\frac{\alpha}{2}\right)$$

锥度一般用比例或分数表示，如 $C = 1:5$ 或 $C = 1/5$。

在零件图上，锥度用特定的图形符号和比例（或分数）来标注，如图 6.66 所示。在图样上标注了锥度，就不必标注圆锥角，两者不能重复标注。

对圆锥只要标注了最大圆锥直径 D 和最小圆锥直径 d 中的一个直径及圆锥长度 L、圆锥角 α（或锥度 C），则该圆锥就完全确定了。

8. 基面距

基面距是指相互结合的内、外圆锥基准面间的距离，用符号 b 表示。基面距决定内、外圆锥的轴间相对位置。基面距的位置依圆锥的基本直径而定：若以外圆锥最小的圆锥直径为基本直径，则基面距在圆锥的小端；若以内圆锥最大圆锥直径为基本直径，则基面距在圆锥的大端，如图 6.67 所示。

207

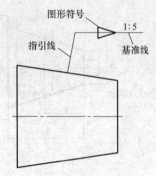

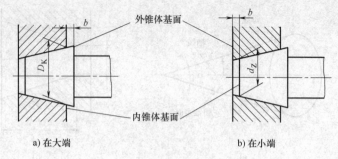

图 6.66　零件图上锥度的标准方法　　　　　　　　图 6.67　基面距

（三）圆锥配合的特点和要求

与圆柱配合比较，圆锥配合有如下特点：

（1）对中性好　圆柱间隙配合中，孔与轴的轴线不重合。圆锥配合中，内、外圆锥在轴向力的作用下能自动对中，以保证内、外圆锥体的轴线具有较高精度的同轴度，且能快速装拆。

（2）配合的间隙或过盈可以调整　圆柱配合中，间隙或过盈的大小不能调整，而圆锥配合中，可通过内、外圆锥的轴向相对移动来调整间隙或过盈的大小，且装拆方便。

（3）密封性好　内、外圆锥的表面经过配对研磨后，配合起来具有良好的自锁性和密封性。

可见圆锥配合具有诸多优点，但与圆柱配合相比，结构比较复杂，影响互换性参数比较多，加工和检测也较困难，因此应用不如圆柱配合广泛。圆锥配合有以下三点要求：

1）圆锥配合应根据使用要求有适当的间隙或过盈。间隙或过盈是在垂直于圆锥表面的方向上起作用，但按垂直于圆锥轴线方向给定并测量，对于锥度≤1：3 的圆锥，两个方向的数值差异很小，可忽略不计。

2）间隙或过盈应均匀，即保证接触均匀性。为此应控制内外锥角误差和形状误差。

3）有些圆锥配合要求将实际基面距控制在一定范围内。

二、圆锥公差与配合

（一）锥度与锥角系列

为减少制造和测量圆锥零件所用的专用工具、量具种类和规格，国家标准 GB/T 157—2001 规定了机械工程一般用途圆锥的锥度与圆锥角系列，适用于光滑圆锥。选用时优先选用系列 1，当不能满足要求时可选系列 2，见表 6.35。

表 6.35　一般用途圆锥的锥度与圆锥角

基本值		推算值				应用举例
系列 1	系列 2	圆锥角			锥度 C	
		（°）（′）（″）	（°）	rad		
120°		—	—	2.049 395 10	1：0.288 675 1	节气阀，汽车，拖拉机阀门
90°		—	—	1.570 796 33	1：0.500 000 0	重型顶尖，重型中心孔，阀的阀销锥体
	75°	—	—	1.308 996 94	1：0.651 612 7	埋头螺钉，<10 的螺锥

基本值		推算值				应用举例
系列 1	系列 2	圆锥角			锥度 C	
		(°)(′)(″)	(°)	rad		
60°		—		1.047 197 55	1:0.866 025 4	顶尖,中心孔,弹簧夹头,埋头钻
45°		—		0.785 398 16	1:1.207 106 8	埋头,埋头铆钉
30°		—		0.523 598 78	1:1.866 025 4	摩擦轴节,弹簧卡头,平衡块
1:3		18°55′28.7199″	18.924 644 42°	0.330 297 35	—	受力方向垂直于轴线易拆开的联接
	1:4	14°15′0.11797″	14.250 032 70°	0.248 709 99	—	
1:5		11°25′16.2706″	11.421 186 27°	0.199 337 30	—	受力方向垂直于轴线的联接,锥形摩擦离合器、磨床主轴
	1:6	9°31′28.2202″	9.527 283 38°	0.166 282 46	—	
	1:7	8°10′16.4408″	8.171 233 56°	0.142 614 93	—	
	1:8	7°9′9.6075″	7.152 688 75°	0.124 837 62	—	重型机床主轴
1:10		5°43′29.3176″	5.724 810 45°	0.099 916 79	—	受轴向力和扭转力的联接处
	1:12	4°16′18.7970″	4.771 888 06°	0.083 285 16	—	
	1:15	3°49′5.8975″	3.818 304 87°	0.066 641 99	—	承受轴向力的机件
1:20		2°51′51.0925″	2.864 192 37°	0.049 989 59	—	机床主轴,刀具刀杆尾部,锥形铰刀,心轴
1:30		1°54′34.8570″	1.909 682 51°	0.033 330 25	—	锥形铰刀,套式铰刀,扩孔钻的刀杆,主轴颈部
1:50		1°8′45.1586″	1.145 877 40°	0.019 999 33	—	锥销,手柄端部,锥形铰刀,量具尾部
1:100		34′22.6309″	0.572 953 02°	0.009 999 92	—	受其他静变负荷不拆开的联接件,如心轴等
1:200		17′11.3219″	0.286 478 30°	0.004 999 99	—	导轨镶条,受振动及冲击负荷不拆开的联接件
1:500		6′52.5259″	0.144 591 52°	0.002 000 00	—	

GB/T 157—2001 的附录 A 中还给出了特殊用途圆锥的锥度与锥角系列,摘录的部分内容见表 6.36。表中包括我国早已广泛使用的七种莫氏锥度,从 0~6 号,其中,0 号尺寸最小,6 号尺寸最大。只有相同号的内、外莫氏圆锥才能配合,这是因为每个莫氏号的圆锥尺寸不同,而且即使锥度都接近 1:20,圆锥尺寸也都不相同。莫氏锥度主要用于各种刀具(如钻头、铣刀)、各种刀杆以及机床主轴孔锥度等。

表 6.36　特殊用途圆锥的锥度与锥角系列

基本值	推算值				说明
	锥角 α			锥度 C	
	(°)(′)(″)	(°)	rad		
7:24	16°35′39.4443″	16.594 290 08°	0.289 625 00	1:3.428 571 4	机床主轴,工具的配合
1:19.002	3°0′52.3956″	3.014 554 34°	0.052 613 90	—	莫氏 No.5
1:19.180	2°59′11.7258″	2.986 590 50°	0.052 039 05	—	莫氏 No.6
1:19.212	2°58′53.8255″	2.981 618 20°	0.052 039 05	—	莫氏 No.0
1:19.254	2°58′30.4217″	2.975 117 13°	0.051 925 59	—	莫氏 No.4
1:19.922	2°52′31.4463″	2.875 401 76°	0.050 185 23	—	莫氏 No.3
1:20.020	2°51′40.7960″	2.861 332 23°	0.049 939 67	—	莫氏 No.2
1:20.047	2°51′26.9283″	2.857 480 08°	0.049 872 44	—	莫氏 No.1

（二）基本术语

1. 公称圆锥

设计时所给定的理想圆锥称为公称圆锥。公称圆锥可以用两种形式确定：①以一个公称圆锥直径（最大圆锥直径 D 或最小圆锥直径 d 或给定截面圆锥直径 d_x）、公称圆锥长度 L 和公称圆锥角 α（或公称锥度 C）来确定公称圆锥；②以两个公称圆锥直径（D 和 d）和公称圆锥长度 L 来确定公称圆锥。

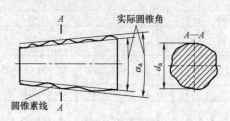

2. 实际圆锥、实际圆锥直径

如图 6.68 所示，实际存在并与周围介质分隔的圆锥称为实际圆锥，是能被测量的圆锥。实际圆锥上的任意一直径称为实际圆锥直径 d_a。

图 6.68　实际圆锥与实际圆锥直径

3. 实际圆锥角

如图 6.68 所示，实际圆锥中任意一轴向截面内，包容圆锥素线且距离为最小的两对平行直线之间的夹角称为实际圆锥角 α_a。在不同的轴向截面内的实际圆锥角不一定相同。

4. 极限圆锥

如图 6.69 所示，与公称圆锥共轴且圆锥角相等，直径分别为上极限尺寸（D_{max}、d_{max}）和下极限尺寸（D_{min}、d_{min}）的两圆锥称为极限圆锥。在垂直圆锥轴线的任意截面上，这两个圆锥的直径差相等。直径为上极限尺寸的圆锥称为上极限圆锥，直径为下极限尺寸的圆锥称为下极限圆锥。可见，极限圆锥是实际圆锥允许变动的边界，合格的实际圆锥必须在两极限圆锥限定的空间区域之内。

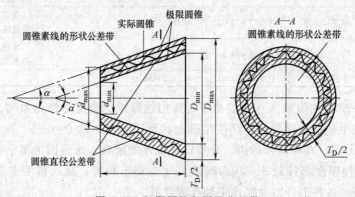

图 6.69　极限圆锥与圆锥公差带

5. 极限圆锥直径

如图 6.69 所示，极限圆锥上的任意一直径，如 D_{max} 和 D_{min}、d_{max} 和 d_{min} 都是极限圆锥直径。对任意一给定截面的圆锥直径 d_x，它均有 $d_{x\max}$ 和 $d_{x\min}$。极限圆锥直径是圆锥直径允许变动的界限值。

6. 极限圆锥角

如图 6.70 所示，实际圆锥所允许的最大或最小圆锥角称为极限圆锥角，分为上、下极限圆锥

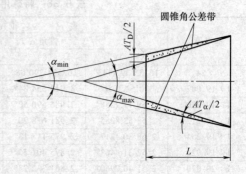

图 6.70　极限圆锥角与圆锥角公差带

角 $\alpha_{\max}$ 和 $\alpha_{\min}$。图 6.70 中，AT_D 和 AT_α 为圆锥角公差。

（三）圆锥公差与配合

圆锥公差 GB/T 11334—2005 规定了四项公差要求。

1. 圆锥公差项目

（1）圆锥直径公差 T_D　是指在圆锥全长上圆锥直径的允许变动量。如图 6.69 所示，圆锥直径公差带是在圆锥的轴向截面内，两个极限圆锥所限定的区域，即

$$T_D = D_{\max} - D_{\min} - d_{\max} - d_{\min}$$

圆锥直径公差 T_D 的公差等级和数值以及公差带的代号是按 GB/T 1801—2009《产品几何技术规范（GPS）极限与配合公差带和配合的选择》标准规定，以公称圆锥直径（一般取最大圆锥直径 D）为公称尺寸选取。

对于有配合要求的内、外圆锥，推荐采用基孔制，其直径公差带位置，按 GB/T 12360—2005《产品几何技术规范（GPS）圆锥配合》中有关规定选取。对于没有配合要求的内、外圆锥，建议选用基本偏差 JS、js 的公差带位置。

（2）给定截面圆锥直径公差 T_{DS}　是指在垂直圆锥轴线的给定截面内，圆锥直径的允许变动量，即

$$T_{DS} = d_{x\max} - d_{x\min}$$

它只适用于该给定截面的圆锥直径。其公差带是给定截面内两同心圆所限定的区域，如图 6.71 所示。T_{DS} 与 T_D 的主要区别在于后者对于整个圆锥上任意截面的直径都起作用，其公差带是空间区域，而前者只对给定的截面起作用，其公差带是平面区域。一般情况不规定给定截面圆锥直径公差，只有对圆锥零件有特殊要求时，才规定此项公差。如：阀类零件，在配合的圆锥给定截面上要求接触

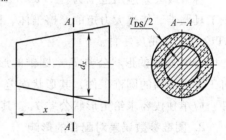

图 6.71　给定截面圆锥直径公差与公差带

良好，以保证密封性。此时规定给定截面圆锥直径公差 T_{DS}，但同时也必须规定圆锥角公差 AT。

（3）圆锥角公差 AT　圆锥角公差是指圆锥角的允许变动量，即

$$AT = \alpha_{\max} - \alpha_{\min}$$

如图 6.70 所示，圆锥角公差带是两个极限圆锥角所限定的区域。圆锥角公差可有以下两种形式：

① AT_α 以角度单位微弧度或以度、分、秒表示圆锥公差值，其中 1μrad 等于半径 1mm，弧长为 1μm 所产生的角度，$5\mu rad \approx 1''$，$300\mu rad \approx 1'$。

② AT_D 以长度单位微米表示圆锥角的公差值。在同一圆锥长度内，AT_D 值有两个，分别对应于 L 的最大值和最小值。AT_α 与 AT_D 关系如下：

$$AT_D = AT_\alpha \times L \times 10^{-3}$$

式中：AT_α 的单位为 μrad；AT_D 的单位为 μm；L 的单位为 mm。

国家标准规定，圆锥角公差 AT 共分 12 个公差等级，用 AT1、AT2～AT12 表示，其中 AT1 精度最高，依次降低，AT12 最低。如需要更高或更低等级的圆锥角公差时，按公比1.6 向两端延伸得到。更高等级用 AT0、AT01、…表示，更低等级用 AT13、AT14、…表示。不同圆锥长度下 AT4～AT9 的圆锥角公差值见表 6.37。

表 6.37　圆锥角公差值（摘自 GB/T 11334—2005）

公称圆锥长度 L/mm		圆锥角公差等级								
		AT4			AT5			AT6		
		AT_α		AT_D	AT_α		AT_D	AT_α		AT_D
大于	至	μrad	(')(")	μm	μrad	(')(")	μm	μrad	(')(")	μm
16	25	125	26"	>2.0~3.2	200	41"	>3.2~5.0	315	1'05"	>5.0~8.0
25	40	100	21"	>2.5~4.0	160	33"	>4.0~6.3	250	52"	>6.3~10.0
40	63	80	16"	>3.2~5.0	125	26"	>5.0~8.0	200	41"	>8.0~12.5
63	100	63	13"	>4.0~6.3	100	21"	>6.3~10.0	160	33"	>10.0~16.0
100	160	50	10"	>5.0~8.0	80	16"	>8.0~12.5	125	26"	>12.5~20.0

公称圆锥长度 L/mm		圆锥角公差等级								
		AT7			AT8			AT9		
		AT_α		AT_D	AT_α		AT_D	AT_α		AT_D
大于	至	μrad	(')(")	μm	μrad	(')(")	μm	μrad	(')(")	μm
16	25	500	1'43"	>8.0~12.5	800	2'45"	>12.5~20.0	1250	4'18"	>20.0~32.0
25	40	400	1'22"	>10.0~16.0	630	2'10"	>16.0~20.5	1000	3'26"	>25.0~40.0
40	63	315	1'05"	>12.5~20.0	500	1'43"	>20.0~32.0	800	2'45"	>32.0~50.0
63	100	250	52"	>16.0~25.0	400	1'22"	>25.0~40.0	630	2'10"	>40.0~63.0
100	160	200	41"	>20.0~32.0	315	1'05"	>32.0~50.0	500	1'43"	>50.0~80.0

各等级公差应用范围为：AT1~AT5 用于高精度的圆锥量规、角度样板等；AT6~AT8 用于工具圆锥、传递大力矩的摩擦锥体、锥销等；AT8~AT10 用于中等精度锥体零件；AT11~AT12 用于低精度零件。

（4）圆锥的形状公差 T_F　圆锥的形状公差包括圆锥素线直线度公差和横截面圆度公差。对于要求不高的圆锥工件，其形状误差一般也用直径公差 T_D 控制。对于要求较高的圆锥工件，应单独按要求给定形状公差 T_F，其数值按 GB/T 1184—1996 选取。

2. 圆锥参数误差对配合的影响

（1）直径误差对基面距的影响　当内、外圆锥配合时，假设基准平面为圆锥的大端平面，内、外圆锥的锥角无误差，仅有圆锥的直径误差，外圆锥直径的偏差为 ΔD_e，内圆锥直径误差为 ΔD_i，则内、外圆锥体结合后，其基面距偏差为

$$\Delta_1 = -\frac{\Delta D_e - \Delta D_i}{2\tan\alpha/2} = \frac{1}{C}(\Delta D_e - \Delta D_i)$$

1）当外圆锥直径偏差 ΔD_e 为正，内圆锥直径偏差 ΔD_i 为负时，如图 6.72a 所示，内、外圆锥将要增加其中的阴影部分，则装配后基面距将增大。

2）当外圆锥直径偏差 ΔD_e 为负，内圆锥直径偏差 ΔD_i 为正时，如图 6.72b 所示，内、外圆锥将要去除其中的阴影部分，则装配后基面距将减小。

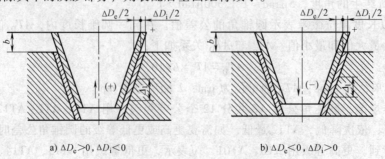

a) $\Delta D_e>0, \Delta D_i<0$　　　　b) $\Delta D_e<0, \Delta D_i>0$

图 6.72　直径偏差对基面距的影响

3）当内、外圆锥直径偏差同时为正或同时为负时，则装配后基面距的偏差值较小，基面距是增大还是减小，要看哪一个直径偏差的绝对值大，最终根据 Δ_1 的符号判断，Δ_1 为负时则减小，Δ_1 为正时则增大。若内、外圆锥直径偏差相等，则对基面距无影响。

（2）圆锥角误差对基面距的影响　当内、外圆锥角有不同的偏差时，配合表面的接触面积相对减小，导致基面距产生偏差。如图 6.73 所示，外锥角用 α_e 表示，内锥角用 α_i 表示，设内、外锥体的大端直径不变，若 $\alpha_e > \alpha_i$（图 6.73a），则内、外圆锥将在大端处接触，基面距减小，但变

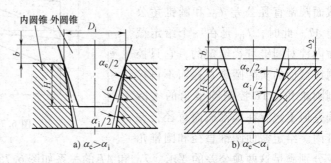

图 6.73　圆锥角误差对基面距的影响

化很小，可忽略不计。但是，由于接触面积小，故容易磨损，且可能使内、外锥面相对倾斜。若 $\alpha_e < \alpha_i$（图 6.73b），则内、外圆锥将在小端接触，并会引起较大的轴向位移，使基面距增大，增大量为

$$\Delta_2 = 0.0006 \frac{H}{C} \left(\frac{\alpha_i}{2} - \frac{\alpha_e}{2} \right)$$

式中　$\alpha_i/2$——内圆锥素线角；

$\alpha_e/2$——外圆锥素线角；

Δ_2——由圆锥角误差引起的基间距偏差；

H——内、外圆锥的结合长度。

一般情况下，直径误差和圆锥角误差同时存在，基面距的变动量为

$$\Delta b = \Delta_1 + \Delta_2$$

3. 圆锥公差的给定方法

（1）基本锥度法　给出圆锥的公称圆锥角 α（或锥度 C）和圆锥直径公差 T_D。由圆锥直径公差 T_D 确定两个极限圆锥。此时，圆锥角误差和圆锥形状误差均应在极限圆锥所限定的区域内。一般可不必单独规定圆锥角公差，而是将实际圆锥角控制在圆锥直径公差带内，此时圆锥角与圆锥直径公差带可能产生极限圆锥角。图6.74a、b 所示分别为该给定方法的标注示例和其公差带。

基本锥度法通常适用于有配合性质要求的内、外锥体。例如，圆

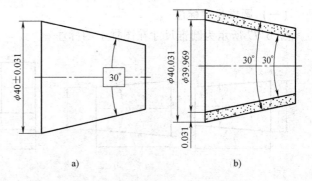

图 6.74　基本锥度法的标注示例

锥滑动轴承、钻头的锥柄等，其实质就是采用公差的包容要求。标注时应在直径公差带后加 Ⓔ，如 $\phi 50^{+0.039}_{0}$ Ⓔ。

当圆锥角公差和圆锥形状公差有更高要求时，可再给出圆锥角公差 AT 和圆锥形状公差

T_F。此时 AT 和 T_F 仅占 T_D 的一部分。

（2）公差锥度法　给出给定截面圆锥直径公差 T_{DS} 和圆锥角公差 AT。此时，T_{DS} 是在一个给定截面内针对圆锥直径给定的，它只控制该截面的实际圆锥直径而不再控制圆锥角，AT 控制圆锥角的实际偏差但不包容在圆锥截面直径公差带内。给定截面圆锥直径和圆锥角

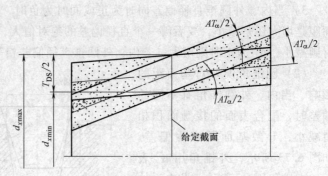

图 6.75　T_{DS} 和 AT 的关系

应分别满足这两项公差的要求。T_{DS} 和 AT 的关系如图 6.75 所示，两种公差均遵循独立原则。对圆锥形状公差有更高的要求时，可再给出圆锥的形状公差 T_F。图 6.76a、b 所示分别为该给定方法的标注示例和其公差带。

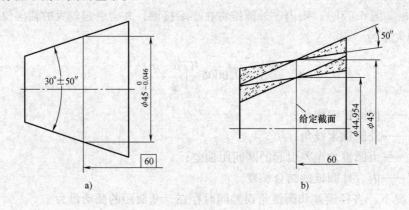

a)　　　　　　　　　　　　　　b)

图 6.76　公差锥度法的标注示例

三、圆锥标注

（一）圆锥尺寸标注

图 6.77 所示为圆锥尺寸在图样上的标注。

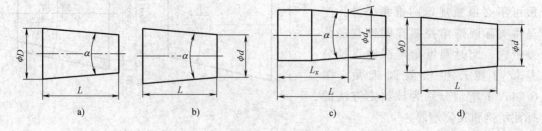

a)　　　　　b)　　　　　c)　　　　　d)

图 6.77　圆锥尺寸的标注示例

（二）圆锥锥度标注

图 6.78 所示为圆锥锥度在图样上的标注。当所标注的锥度是标准圆锥系列之一，可用标准系列号和相应的标记标注，如图 6.78d 所示。

（三）圆锥公差标注

圆锥公差标注有两种方法，根据圆锥零件的使用要求来选用标注方法。

1）只标注圆锥某一线值尺寸的公差，将锥度和其他的有关尺寸作为标准尺寸（理想尺寸标注在方框内，不注公差）。

图 6.79 所示为给定圆锥角的圆锥公差标注示例。图 6.80 所示为给定圆锥锥度的圆锥公差标注示例。图 6.81 所示为给定圆锥轴向位置的圆锥公差标注示例。图 6.82 所示为给定圆锥轴向位置公差的圆锥公差标注示例。

该标注方法的特点是在垂直于圆锥轴线的所有截面内公差值的大小均相同。如果圆锥合格，则圆锥的锥角误差、形状误差及其直径误差等都应在公差带内。

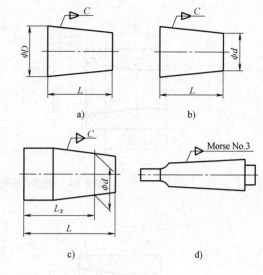

图 6.78 圆锥锥度的标注示例

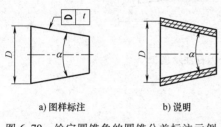

图 6.79 给定圆锥角的圆锥公差标注示例

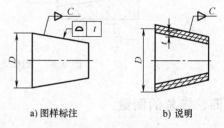

图 6.80 给定圆锥锥度的圆锥公差标注示例

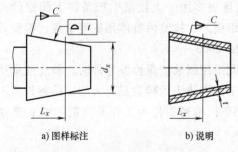

图 6.81 给定圆锥轴向位置的圆锥公差标注示例

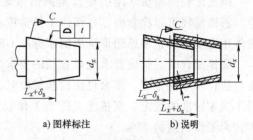

图 6.82 给定圆锥轴向位置公差的圆锥公差标注示例

2）除了标注圆锥某一尺寸（D 或 L）的公差外，还要标注圆锥锥度的公差。如图 6.83 所示，在锥度公差和某一尺寸公差组合下，形成了圆锥表面最大界限和最小界限。该标注方法的特点是在垂直于圆锥轴线的不同截面内公差值大小相同。

3）相配合的圆锥的公差标注。标注两个相配合圆锥的尺寸及公差时，应确定二者具有相同的锥度或锥角，圆锥直径的公称尺寸应一致，确定直径（图 6.84）和位置（图 6.85）的理论正确尺寸与两配合件的基准平面有关。

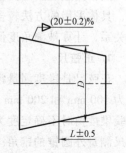

图 6.83 标注圆锥尺寸公差和锥度公差示例

215

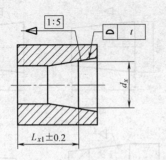 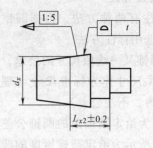

图 6.84　相配合圆锥的公差标注示例一

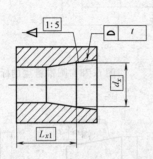 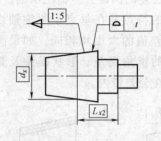

图 6.85　相配合圆锥的公差标注示例二

四、锥角的测量

（一）比较测量法

圆锥比较测量法常用的量具是圆锥量规。圆锥量规多用于大批量生产条件下圆锥的检验。圆锥量规可以检验内、外锥体工件锥度和基面距偏差。检验内锥体用锥度塞规，检验外锥体用锥度套规，参见圆锥量规国家标准 GB 11852—2003。

圆锥配合时对锥度要求比对直径的要求严，因此采用圆锥量规检验零件时，首先应采用涂色法检验零件锥度。用涂色法检验锥度时，要求工件锥体表面接触靠近大端，接触长度不低于国家标准的规定：高精度工件为工作长度的 85%；精密工件为工作长度的 80%；普通工件为工作长度的 75%。

（二）间接测量法

圆锥测量主要是测量圆锥角 α 或斜角 $\alpha/2$。一般情况下，可用间接测量法来测量圆锥角，具体采用的方法较多，它们的特点都是测量与被测圆锥角有关的线性尺寸，通过三角函数关系，计算被测角度值。常用的计量器具有正弦尺、滚球或滚柱等。

1. 正弦尺

正弦尺是锥度测量常用的计量器具，分宽型和窄型两种。每种形式又按两圆柱中心距 L 分为 100 mm 和 200 mm 两种，其主要尺寸的偏差和工作部分的形状、位置误差都很小。在检验锥度角时不确定度为 $\pm 1 \sim \pm 5\mu m$，适用于测量公称锥角 <30° 的锥度。图 6.86 所示是用正弦尺测量外圆锥的锥角。先按公式 $h = L\sin\alpha$ 计算并组合量块组，式中 α 为公称圆锥角，L 为正弦尺两圆柱中心距。然后按图 6.86 所示进行测量。如果被测的圆锥角正好等于公称值，则指示表在 A、B 两点指示值 h_A、h_B 相同，即锥角上母线平行于平板工作面；如果被测锥角

有误差，则工件的锥角偏差 $\Delta\alpha = (h_A - h_B)/l$，式中 h_A、h_B 分别为指示表在 A、B 两点的读数，l 为 A、B 两点间距离。

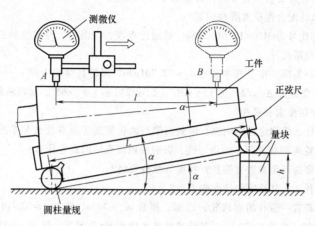

图 6.86　正弦尺测量锥角

2. 滚球或滚柱

图 6.87 所示为利用标准钢球测量内圆锥角的示意图。把两个直径分别为 D、d 的一大、一小钢球先后放入被测零件的内圆锥面，以被测零件的大头端面作为测量基准面，分别测出钢球顶点到该基准面的距离 h、H，则被测参数内圆锥斜角 $\alpha/2$ 的计算式为

$$\sin\frac{\alpha}{2} = \frac{D_0 - d_0}{2(H-h) + d_0 - D_0}$$

如图 6.88 所示，可用滚柱量块组测量外圆锥角。先将两尺寸相同的滚柱夹在圆锥的小端处，测得 m 值，再将这两个滚柱放在尺寸组合相同的量块上测得 M 值，则外圆锥角 α 可按下式算出：

$$\tan\frac{\alpha}{2} = (M-m)/2h$$

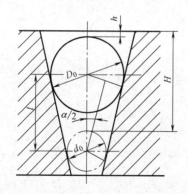

图 6.87　钢球测量内圆锥角

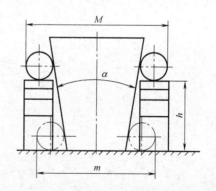

图 6.88　滚柱测量外圆锥角

习　　题

6-1　在平键联结中，键宽与键槽宽的配合采用的是哪种基准制？为什么？

6-2　平键联结为什么只对键（槽）宽规定较严的公差？

6-3 平键联结的配合有哪几种？它们分别应用于什么场合？

6-4 什么叫矩形花键的定心方式？有哪几种定心方式？国标为什么规定只采用小径定心？

6-5 矩形花键联结的配合种类有哪些？各适用于什么场合？

6-6 影响花键联结的配合性质有哪些因素？

6-7 一对螺纹配合代号为 M20×12-6H/5g6g，试通过查表，写出内、外螺纹的公称直径，大、中、小径的公差、极限偏差和极限尺寸。

6-8 有一螺栓 M24×2-6h，中径基本尺寸 $d_2 = 22.701$mm，测得其单一中径 $d_{2a} = 22.5$mm，螺距累积误差 $\Delta P = +35\mu$m，牙型半角误差 $\Delta(\alpha/2)(左) = -30'$，$\Delta(\alpha/2)(右) = +65'$，试判断其合格性。

6-9 齿轮传动的使用要求有哪些？

6-10 齿轮传动为什么要规定齿侧间隙？齿侧间隙与齿轮精度等级有什么关系？接触斑点应在什么情况下检验才能确切反映轮齿的载荷分布的均匀性，影响接触斑点的因素是什么？

6-11 圆柱齿轮精度的评定参数有哪些？精度等级分几级？

6-12 齿坯公差是什么？其精度包括哪些方面？

6-13 某通用减速器有一带孔的直齿轮，已知，模数 $m_n = 3$mm，齿数 $z = 32$，中心距 $a = 28$mm，孔径 $D = 40$mm，齿形角 $\alpha = 20°$，齿宽 $b = 20$mm，其传递的最大功率 $P = 7.5$kW，转速 $n = 1280$r/min，齿轮的材料为 45 钢，其线膨胀系数 $\alpha = 11.5×10^{-6}$ 1/℃，减速器箱体的材料为铸铁，其线膨胀系数 $\alpha_2 = 10.5×10^{-6}$ 1/℃，齿轮的工作温度 $t_1 = 60$℃，减速器箱体的工作温度 $t_2 = 40$℃，该减速器为小批生产。试确定齿轮的精度等级、有关侧隙的指标、齿坯公差和表面粗糙度。

6-14 圆锥配合与圆柱配合比较，具有哪些优点？

6-15 圆锥配合分哪几类？各用于什么场合？

6-16 试述圆锥角和锥度的定义，它们之间有什么关系？

6-17 某圆锥的锥度为 1:10，最小圆锥直径为 90mm，圆锥长度为 100mm，试求其最大圆锥直径和圆锥角。

第七章 尺 寸 链

第一节 基 本 概 念

在零件设计、加工和机器装配过程中，为了保证产品质量，必须进行必要的几何量精度计算。因此在零部件的设计和制造过程中，需要正确分析和确定零部件的尺寸关系，确定尺寸公差与几何公差，这将涉及尺寸链问题。由相互连接的尺寸所形成的封闭尺寸组即为尺寸链。在尺寸链中，任一尺寸（包括形状公差和位置公差）与其余尺寸构成函数关系，各尺寸之间相互影响、相互制约。在精度设计中，为了给各零件的几何参数规定经济合理的公差，必须进行尺寸链的分析计算。尺寸链具有如下两个特性：

1）尺寸链的封闭性。封闭性即组成尺寸链的各个尺寸按一定顺序构成一个封闭系统。也即必须由一系列相互关联的尺寸排列成为封闭环状的形式。

2）尺寸链的相关性（制约性），即任一尺寸的变化将影响其他尺寸的变化。

一、尺寸链的有关术语

1. 环

尺寸链中，每一个组成尺寸都称为环。环可分为封闭环和组成环。

2. 封闭环

封闭环是加工或装配过程中最后自然形成的那个尺寸，因为封闭环是尺寸链中其他尺寸互相结合后最后获得的尺寸，所以封闭环的实际尺寸要受到尺寸链中其他尺寸的影响和制约。封闭环一般采用大写字母加下角标"0"表示，如图 7.1 中所示的 B_0 和图 7.2 中所示的 A_0。

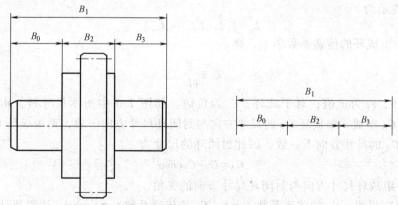

图 7.1　零件尺寸链

3. 组成环

尺寸链中除封闭环外的其他环均称为组成环，这些环中任一环的变动都会引起封闭环的变动。组成环采用大写字母加阿拉伯数字下角标表示，数字表示各组成环的序号。如图 7.2 中所示的 A_1、A_2、A_3、A_4、A_5，图 7.1 中所示的 B_1、B_2、B_3。

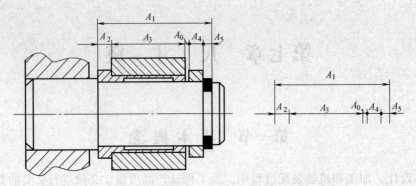

图 7.2 装配尺寸链

根据组成环对封闭环影响的不同,组成环又分为增环和减环。

4. 增环

增环是指在其他组成环不变的条件下,该环的变动会引起封闭环同向变动。同向变动是指当该组成环尺寸增大而其他组成环尺寸不变时,封闭环的尺寸随之增大;当该组成环尺寸减小而其他组成环尺寸不变时,封闭环的尺寸随之减小,如图 7.2 和图 7.4 中所示的 A_1。

5. 减环

减环是指尺寸链中的组成环在其他组成环不变的条件下,该环的变动引起封闭环反向变动。即该组成环的尺寸增大而其他组成环尺寸不变时,封闭环的尺寸随之减小;该环尺寸减小而其他组成环尺寸不变时,封闭环的尺寸随之增大,则该组成环称为减环,如图 7.1 中所示的尺寸 B_2、B_3。

6. 补偿环

在计算尺寸链中,预先选定的某一组成环,可通过改变该环的尺寸大小和位置使封闭环达到规定的要求,则预先选定的那一环称为补偿环。

7. 传递系数

各组成环对封闭环影响大小的系数称为传递系数,用 ξ 表示。尺寸链中封闭环与各组成环的关系可表示为

$$L_0 = f(L_1, L_2, \cdots, L_m) \tag{7.1}$$

设第 i 个组成环的传递系数为 ξ_i,则

$$\xi_i = \frac{\partial f}{\partial L_i} \tag{7.2}$$

对于增环,ξ_i 为正值;对于减环,ξ_i 为负值。如图 7.5 中所示尺寸链,由组成环 C_1、C_2 和封闭环 C_0 组成,组成环 C_1 的尺寸方向与封闭环尺寸方向一致,而组成环 C_2 的尺寸方向与封闭环 C_0 的尺寸方向不一致,因此封闭环的尺寸为

$$C_0 = C_1 - C_2 \cos\alpha \tag{7.3}$$

式中 α——组成环尺寸方向与封闭环尺寸方向的夹角。

式(7.3)说明,C_1 的传递系数 $\xi_1 = 1$,C_2 的传递系数 $\xi_2 = -\cos\alpha$。当需要计算的尺寸链属于直线尺寸链时,对于增环,传递系数 $\xi_i = +1$;对于减环,传递系数 $\xi_i = -1$。

二、尺寸链的分类

(一)按应用范围分

(1)零件尺寸链 全部组成环均为同一零件的设计尺寸所形成的尺寸链,如图 7.1 所

示。这种尺寸链的特点是在一个零件中就能反映出封闭环尺寸与各增环、减环之间的关系。

（2）装配尺寸链　全部组成环为不同零件设计尺寸所形成的尺寸链。这类尺寸链的特点是尺寸链中的各尺寸均来自各个零件，能表示出零件与零件之间的相互尺寸关系，如图7.2所示。

装配尺寸链与零件尺寸链统称为设计尺寸链。

（3）工艺尺寸链　全部组成环为同一零件工艺尺寸时所形成的尺寸链，如图7.3所示。设计尺寸是指零件图上标注的尺寸，工艺尺寸是指工序尺寸、定位尺寸和测量尺寸等。

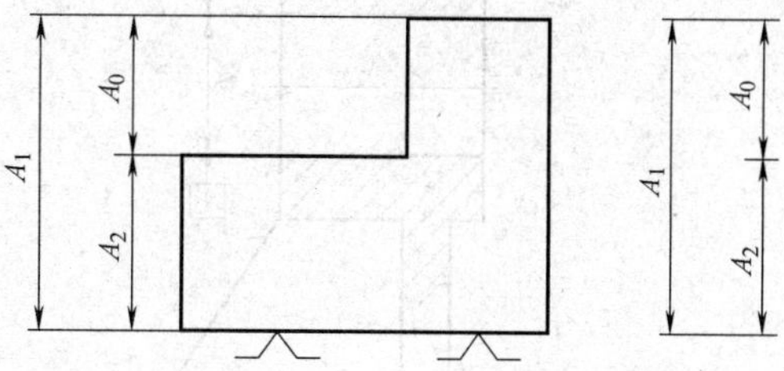

图 7.3　工艺尺寸链

（二）按各环所在空间位置分

（1）直线尺寸链　全部组成环平行于封闭环的尺寸链，如图7.4所示。

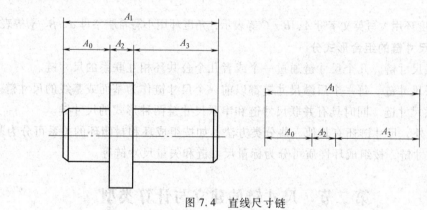

图 7.4　直线尺寸链

（2）平面尺寸链　全部组成环位于一个或几个平行平面内，但某些组成环不平行于封闭环的尺寸链，如图7.5所示。

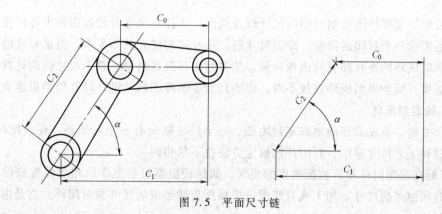

图 7.5　平面尺寸链

（3）空间尺寸链　组成环位于几个不平行平面内的尺寸链。

（三）按几何特征分

（1）长度尺寸链　全部环均为长度尺寸的尺寸链，如图7.4所示。

（2）角度尺寸链 全部环均为角度尺寸的尺寸链，如图7.6所示。角度尺寸链常用于分析和计算机械结构中有关零件要素的位置精度，如平行度、垂直度和同轴度等。

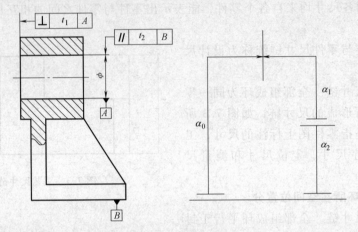

图 7.6 角度尺寸链

注意：长度环用大写英文字母 A、B、C 等表示，角度环用小写希腊字母 α、β、γ 等表示。

（四） 按尺寸链的组合形式分

（1） 并联尺寸链 几个尺寸链通过一个或者几个公共环相互联系的尺寸链。

（2） 串联尺寸链 每一个后继尺寸链都以前一个尺寸链作为基面或基线的尺寸链。

（3） 混联尺寸链 同时具有并联尺寸链和串联尺寸链两种形式的尺寸链。

除上述以外，尺寸链还有其他一些分类方法，如按组成环和封闭环的关系可分为基本尺寸链和派生尺寸链，按组成环性质可分为标量尺寸链和矢量尺寸链等。

第二节 尺寸链的建立与计算类型

一、尺寸链的建立

根据装配图或零件图绘制封闭的尺寸线连接图，从任一尺寸开始逐次画出各尺寸线的连接图，最后形成一个封闭的图形，即为尺寸链。尺寸链的建立并不复杂，但是尺寸链中封闭环的判定和组成环的查找却容易出现问题。如果封闭环判定错误，整个尺寸链的计算也将会得到错误结果。而如果组成环查找不对，得不到最少链环的尺寸链，计算的结果也会错误。

（一） 确定封闭环

建立尺寸链，首先要正确地确定封闭环。一个尺寸链只有一个封闭环，在装配尺寸链、零件尺寸链和工艺尺寸链中，封闭环的确定方法也不尽相同。

1） 机器在装配时往往有装配精度的要求，如保证机器可靠工作的相对位置或保证零件相对运动的间隙等的尺寸。加工或者装配完成后所自然形成的尺寸为封闭环，它是由其他尺寸间接得到的。

2） 零件尺寸链的封闭环应为公差等级要求最低的环，一般在零件图样上不需标注，以免引起加工中的混乱。

3） 工艺尺寸链的封闭环是在加工中自然形成的，一般为被加工零件要求达到的设计尺寸或工艺过程中需要的尺寸。由于加工顺序的不同，封闭环也会不同。所以工艺尺寸链的封闭环必须在加工顺序确定之后才能判断。

（二）查找组成环

组成环是对封闭环有直接影响的那些尺寸，一个尺寸链的组成环数应尽量少。

当确定某一尺寸为封闭环后，参与其组成的各尺寸是一定的，即各组成环都是唯一的。查找尺寸链的组成环时，先从封闭环的任意一端开始，找与封闭环相邻的第一个尺寸，然后再找与第一个尺寸相邻的第二个尺寸，这样一环接一环，直到与封闭环的另一端连接为止，从而形成封闭环的尺寸组。

在组成环中，可能只有增环没有减环，但不能只有减环没有增环。

在对封闭环有较高技术要求或几何误差较大的情况下，建立尺寸链时，还要考虑几何误差对封闭环的影响。

（三）判断增环、减环

对于直线尺寸链，按照以上规则绘制尺寸链图后，有以下几种判别增环、减环的方法：

1）按增减环的定义判断。根据增减环的定义，逐一分析各组成环尺寸的变化对封闭环的影响，与封闭环同向变化者为增环，与封闭环反向变化者为减环。

2）对于直线尺寸链，增环与减环的判别方法除了上述的同向变化或反向变化的定义法外，还可以通过回路法判别。即首先对尺寸链中的封闭环或组成环标一个箭头，方向可顺着尺寸线任意定，沿各条边线画出一组首尾相连的一组带箭头环线，如图 7.7b 所示。判别方法：凡与封闭环处所画箭头方向相同的组成环都是减环，方向相反的都是增环。封闭环 A_0 处箭头方向向左，组成环 A_1、A_2、A_4 处的箭头方向向右，与封闭环 A_0 处箭头反向，则组成环 A_1、A_2、A_4 为增环；组成环 A_3、A_5、A_6 处的箭头方向向左，与封闭环 A_0 处箭头方向同向，则组成环 A_3、A_5、A_6 为减环。

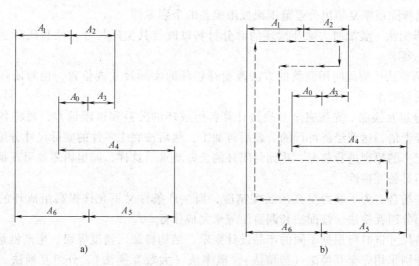

图 7.7　回路法判别增减环

二、尺寸链计算的类型和方法

（一）尺寸链计算的类型

分析和计算尺寸链是为了正确合理地确定尺寸链中各环的尺寸公差和极限偏差。根据不同的结构或工艺要求，尺寸链计算主要有以下三种类型：

（1）正计算　已知各组成环的公称尺寸和极限偏差，求封闭环的公称尺寸和极限偏差。其常用于验算设计的正确性，故又称为校核计算。

（2）反计算　已知封闭环的公称尺寸、极限偏差及各组成环的公称尺寸，求各组成环的极限偏差。它常用于设计机器或零件时，合理地确定各部件或零件上各有关尺寸的极限偏差，即根据设计的精度要求，进行公差分配，也称为设计计算。

（3）中间计算　已知封闭环和其他组成环的公称尺寸和极限偏差，只求某一组成环的公称尺寸和极限偏差。它常用于工艺设计，如基准的换算和工序尺寸的确定。中间计算属于设计计算中的一种特殊情况。

（二）尺寸链计算的方法

（1）完全互换法　又称为极值法，此计算方法是以极限尺寸为基础的。从尺寸链各环的最大与最小尺寸出发进行尺寸链计算，不考虑各环实际尺寸的分布情况。按此方法计算出来的尺寸加工各组成环，装配时各组成环不需挑选或辅助加工，装配后即能满足封闭环的公差要求，实现完全互换。

采用完全互换法计算尺寸链是基于两个极值进行的：

1）所有的增环尺寸均为上极限尺寸，而所有的减环尺寸均为下极限尺寸，此时封闭环的尺寸为上极限尺寸。

2）所有的增环尺寸均为下极限尺寸，而所有的减环尺寸均为上极限尺寸，此时封闭环的尺寸为下极限尺寸。

（2）概率法（大数互换法）　按此方法计算、加工的绝大部分零件，装配时各组成环不需挑选或改变其大小或位置，装配后即能满足封闭环的公差要求。按大数互换法计算，在相同的封闭环公差条件下，可使各组成环公差扩大，从而获得良好的技术经济效益，也较科学、合理。当然，此时封闭环超出技术要求的情况是存在的，其概率很小，但应有适当的工艺措施，以排除或恢复超出公差范围或极限偏差的个别零件。

（3）修配法　装配时去除补偿环的部分材料以改变其实际尺寸，使封闭环达到其公差或极限偏差要求。

（4）调整法　装配时用调整的方法改变补偿环的实际尺寸或位置，使封闭环达到其公差或极限偏差要求。

（5）分组互换法　先按完全互换法计算各组成环的公差和极限偏差，再将各组成环的公差扩大若干倍，达到经济可行的公差后再加工，然后按完工零件的实际尺寸分组，根据大配大、小配小的原则进行装配，达到封闭环的公差要求。这样，同组内零件可互换，而不同组的零件不具备互换性。

在某些场合，为了获得更高的装配精度，而生产条件又不允许提高组成环的制造精度时，可采用分组互换法、修配法和调整法等来完成任务。

在求解尺寸链时可根据不同的产品设计要求、结构特征、精度等级、生产批量和互换性的要求而分别采用完全互换法（极值法）、概率法（大数互换法）、分组互换法、修配法和调整法等。

第三节　直线尺寸链的计算

直线尺寸链的计算包括完全互换法（也称为极值法）、概率法和其他计算法。

一、完全互换法

按完全互换法计算出来的尺寸进行加工，所得到的零件具有完全互换性，这种零件无需进行挑选或修配，就能顺利地装到机器上，并能达到所需要的精度要求。完全互换法是尺寸链计算中最基本的方法。

（一）基本公式

设尺寸链的组成环数为 m，其中 n 个增环，$m-n$ 个减环，A_0 为封闭环的公称尺寸，则对于直线尺寸链有如下公式：

1. 封闭环的公称尺寸

$$A_0 = \sum_{i=1}^{n} A_{zi} - \sum_{i=n+1}^{m} A_{ji} \tag{7.4}$$

式中　m——组成环环数；

　　　A_{zi}——第 i 个增环的公称尺寸；

　　　A_{ji}——第 i 个减环的公称尺寸。

即封闭环的公称尺寸等于所有增环的公称尺寸之和减去所有减环的公称尺寸之和。式（7.4）也可以写成

$$A_0 = \sum_{i=1}^{m} \xi_i A_i \tag{7.5}$$

式中　A_i——第 i 个环的公称尺寸；

　　　ξ_i——第 i 个环的传递系数，增环为正，减环为负。

2. 封闭环的极限尺寸

极限尺寸的基本公式可有下列两种极限情况：

1）所有增环皆为上极限尺寸，而所有减环皆为下极限尺寸。

2）所有增环皆为下极限尺寸，而所有减环皆为上极限尺寸。

在第一种情况下，将得到封闭环的上极限尺寸，而在第二种情况下，会得到封闭环的下极限尺寸，用公式可表示为

$$A_{0max} = \sum_{i=1}^{n} A_{zimax} - \sum_{i=n+1}^{m} A_{jimin} \tag{7.6}$$

$$A_{0min} = \sum_{i=1}^{n} A_{zimin} - \sum_{i=n+1}^{m} A_{jimax} \tag{7.7}$$

式中　A_{0max}——封闭环的上极限尺寸；

　　　A_{0min}——封闭环的下极限尺寸；

　　　A_{zimax}——增环的上极限尺寸；

　　　A_{jimin}——减环的下极限尺寸；

　　　A_{zimin}——增环的下极限尺寸；

　　　A_{jimax}——减环的上极限尺寸。

即封闭环的最大值等于所有增环的最大值之和减去所有减环的最小值之和，封闭环的最小值等于所有增环的最小值之和减去所有减环的最大值之和。

3. 封闭环的公差

用式（7.6）减去式（7.7），得

$$T_0 = \sum_{i=1}^{n} T_{zi} + \sum_{i=n+1}^{m} T_{ji} = \sum_{i=1}^{m} T_i \qquad (7.8)$$

即封闭环的公差等于所有组成环（增环和减环）的公差之和。

如果不是线性尺寸链，则式（7.8）应考虑传递系数 ξ_i，则

$$T_0 = \sum_{i=1}^{m} \xi T_i \qquad (7.9)$$

由式（7.8）知，封闭环的公差比任何一个组成环的公差都大。因此，在零件尺寸链中，一般选最不重要的环作为封闭环。为了提高封闭环的精度，即减小封闭环的公差，一般采用两种方式：一是缩小组成环公差 T_i；二是应使组成环的数目 m 尽可能地减少，即遵循最短尺寸链原则。

4. 封闭环极限偏差的计算

由式（7.6）减式（7.4）得封闭环的上极限偏差为

$$ES_0 = \sum_{i=1}^{n} ES_{zi} - \sum_{i=n+1}^{m} EI_{ji} \qquad (7.10)$$

由式（7.7）减式（7.4）得封闭环的下极限偏差为

$$EI_0 = \sum_{i=1}^{n} EI_{zi} - \sum_{i=n+1}^{m} ES_{ji} \qquad (7.11)$$

式中 ES_0 ——封闭环的上极限偏差；

       EI_0 ——封闭环的下极限偏差；

       ES_{zi} ——增环的上极限偏差；

       EI_{zi} ——增环的下极限偏差；

       ES_{ji} ——减环的上极限偏差；

       EI_{ji} ——减环的下极限偏差。

由上可知，封闭环的上极限偏差等于所有增环的上极限偏差之和减去所有减环的下极限偏差之和；封闭环的下极限偏差等于所有增环的下极限偏差之和减去所有减环的上极限偏差之和。

5. 封闭环中间偏差的计算

中间偏差是指尺寸公差带中点的偏差值，它是上、下极限偏差的平均值。对于组成环，其中间偏差为

$$\Delta_i = \frac{ES_i + EI_i}{2} \qquad (7.12)$$

对于封闭环，其中间偏差为

$$\Delta_0 = \frac{ES_0 + EI_0}{2} = \sum_{i=1}^{n} \Delta_{zi} - \sum_{i=n+1}^{m} \Delta_{ji} \qquad (7.13)$$

式中 Δ_{zi} ——增环的中间偏差；

       Δ_{ji} ——减环的中间偏差。

若已知 Δ_0 和 T_0，封闭环极限偏差的另一计算公式为

$$ES_0 = \Delta_0 + \frac{T_0}{2} \qquad (7.14)$$

$$EI_0 = \Delta_0 - \frac{T_0}{2} \tag{7.15}$$

（二）正计算

正计算也即校核计算，已知各组成环公称尺寸和其极限偏差，求封闭环的公称尺寸与其极限偏差。校核计算可以按以下步骤进行：

1）根据装配要求确定封闭环。

2）寻找组成环。

3）画尺寸链线状图。

4）判别增环和减环。

5）由各组成环的公称尺寸和极限偏差验算封闭环的公称尺寸和极限偏差。

【例 7.1】 如图 7.2 所示的装配关系，轴是固定的，齿轮在轴上回转。已知零件的尺寸为：$A_1 = 43^{+0.18}_{+0.02}$ mm，$A_2 = A_4 = 5^{0}_{-0.075}$ mm，$A_3 = 30^{0}_{-0.13}$ mm，$A_5 = 3^{0}_{-0.04}$ mm，设计要求间隙 $A_0 = 0.1 \sim 0.45$ mm，试做校核计算。

解 （1）确定封闭环。

封闭环为间隙 A_0，寻找组成环并画尺寸链线图，判断 A_1 为增环，A_2、A_3、A_4 和 A_5 为减环。

（2）计算封闭环的公称尺寸。

$$A_0 = A_1 - (A_2 + A_3 + A_4 + A_5) = 43\text{mm} - (5 + 30 + 5 + 3)\text{mm} = 0\text{mm}$$

即所要求的封闭环的尺寸为 $0^{+0.45}_{+0.10}$ mm。

（3）计算封闭环的极限偏差。

$$ES_0 = \sum_{i=1}^{n} ES_{zi} - \sum_{i=n+1}^{m} EI_{ji} = ES_1 - (EI_2 + EI_3 + EI_4 + EI_5)$$

$$= +0.18\text{mm} - (-0.075 - 0.13 - 0.075 - 0.04)\text{mm} = +0.50\text{mm} > 0.45\text{mm}$$

所以，封闭环的上极限偏差超出设计要求 $0.1 \sim 0.45$ mm 的范围。

$$EI_0 = \sum_{i=1}^{n} EI_{zi} - \sum_{i=n+1}^{m} ES_{ji} = EI_1 - (ES_2 + ES_3 + ES_4 + ES_5)$$

$$= +0.02\text{mm} - (0 + 0 + 0 + 0)\text{mm} = 0.02\text{mm}$$

所以，封闭环的下极限偏差超出设计要求 $0.1 \sim 0.45$ mm 的范围。

（4）计算封闭环的公差。

$$T_0 = T_1 + T_2 + T_3 + T_4 + T_5$$

$$= 0.16\text{mm} + 0.075\text{mm} + 0.13\text{mm} + 0.075\text{mm} + 0.04\text{mm} = 0.48\text{mm}$$

由 A_0 的设计要求间隙为尺寸 $0^{+0.45}_{+0.10}$ mm 知，封闭环设计要求公差为

$$T'_0 = +0.45\text{mm} - (+0.10)\text{mm} = 0.35\text{mm}$$

$$T_0 > T'_0$$

校核结果表明，封闭环的上、下极限偏差及公差均已超过规定范围，必须调整组成环的极限偏差。

【例 7.2】 如图 7.8 所示部件，轴套固定在固定支座上，齿轮随轴转动。要求齿轮能自由转动，而又不能有过大间隙造成轴向窜动，所以要求齿轮端面与轴套之间的间隙应控制在 $0.1 \sim 0.82$ mm 之间。若已知零件的尺寸和极限偏差分别为：$A_1 = 16^{-0.32}_{-0.48}$ mm，$A_2 = 4^{0}_{-0.16}$ mm，

$A_3 = 24_{-0.18}^{0}$mm，$A_4 = 4_{-0.16}^{0}$mm，且均为正态分布，试校核该结构能否保证要求的间隙。

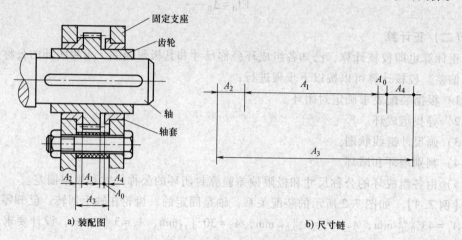

a) 装配图   b) 尺寸链

图 7.8　尺寸链正计算示例图

解　（1）由装配图 7.8a 绘制尺寸链图 7.8b 及确定增环和减环，由图中可知，A_3 环为增环，A_1、A_2、A_4 环为减环。

（2）确定传递系数。由于是线性尺寸链，其各环的传递系数分别为：$\xi_3 = +1$，$\xi_2 = -1$，$\xi_1 = -1$，$\xi_4 = -1$。

（3）计算封闭环中间偏差。因各环尺寸偏差的分布是对称的，则

$$\Delta_1 = \frac{1}{2} \times (-0.32 - 0.48)\,\text{mm} = -0.40\,\text{mm}$$

$$\Delta_2 = \frac{1}{2} \times (0 - 0.16)\,\text{mm} = -0.08\,\text{mm}$$

$$\Delta_3 = \frac{1}{2} \times (0 - 0.18)\,\text{mm} = -0.09\,\text{mm}$$

$$\Delta_4 = \frac{1}{2} \times (0 - 0.16)\,\text{mm} = -0.08\,\text{mm}$$

封闭环的中间偏差为

$$\Delta_0 = \sum_{i=1}^{n-1} \xi_i \Delta_i = -0.09\,\text{mm} - (-0.40 - 0.08 - 0.08)\,\text{mm} = +0.47\,\text{mm}$$

（4）计算封闭环公差

$$T'_0 = \sum_{i=1}^{n-1} |\xi_i| T_i = 0.16\,\text{mm} + 0.16\,\text{mm} + 0.18\,\text{mm} + 0.16\,\text{mm} = 0.66\,\text{mm}$$

（5）计算封闭环上、下极限偏差

$$\text{ES}'_0 = \Delta_0 + \frac{1}{2} T'_0 = 0.47\,\text{mm} + \frac{1}{2} \times 0.66\,\text{mm} = 0.80\,\text{mm}$$

$$\text{EI}'_0 = \Delta_0 - \frac{1}{2} T'_0 = 0.47\,\text{mm} - \frac{1}{2} \times 0.66\,\text{mm} = 0.14\,\text{mm}$$

将计算值与技术条件给定的值进行比较：

$$\text{ES}'_0 = 0.80\,\text{mm} < 0.82\,\text{mm} = \text{ES}_0$$

$$\text{EI}'_0 = 0.14\,\text{mm} > 0.10\,\text{mm} = \text{EI}_0$$

由上可知，给定的组成环极限偏差正确，它们能保证装配后的间隙要求。

（三）反计算

反计算即公差分配计算或设计计算，通过求解尺寸链，将封闭环的公差合理地分配到组成环上去。亦即已知封闭环的公差和极限偏差，计算各组成环的公差和极限偏差。公差的分配方法有三种：等公差法、等精度法以及经验法。

1. 等公差法

首先设定各组成环的公差相等，也就是将封闭环的公差按照算术平均的方式均匀分配给各个组成环。计算各组成环的平均公差 T_{av}。由式（7.9）知

$$T_0 = \sum_{i=1}^{m} |\xi_i| T_i$$

所以，平均公差为

$$T_{av} = \frac{T_0}{\sum_{i=1}^{m} |\xi_i|} \tag{7.16}$$

对于线性尺寸链来说，$|\xi_i| = 1$，则有

$$T_{av} = \frac{T_0}{m} \tag{7.17}$$

用此法计算出的各组成环的公差值都相等。但此法未考虑相关零件的尺寸大小和实际加工方法，所以不够合理，常用在各组成环公称尺寸相差不是太大而加工精度较为接近的场合。

2. 等精度法

等精度法又称为等公差等级法，其特点是所有组成环采用同一级别的公差等级，即各组成环的公差等级系数相同，各环公差的大小取决于其公称尺寸的大小。

由前面所学内容可知，当公称尺寸小于 500mm 时，且公差等级在 IT5~IT18 时，公差按下式计算：

$$T = ai = a(0.45\sqrt[3]{D_i} + 0.001D) \tag{7.18}$$

式中 a——公差等级系数。

封闭环尺寸公差为

$$T_0 = \sum_{i=1}^{m} |\xi_i| T_i = \sum_{i=1}^{m} |\xi_i| a(0.45\sqrt[3]{D_i} + 0.001D) \tag{7.19}$$

对于线性尺寸链来说，$|\xi_i| = 1$，则有

$$a_{av} = \frac{T_0}{\sum_{i=1}^{m} (0.45\sqrt[3]{D_i} + 0.001D)} \tag{7.20}$$

公差等级系数 a 值与对应公差等级见表 7.1，可方便使用。由式（7.20）算出平均公差等级系数 a 以后，查表 7.1 选取相近的一个公差等级后再由第三章标准公差数值表查出相应各组成环的尺寸公差值 T_i。

表 7.1 公差等级系数与对应公差等级

公差等级	IT5	IT6	IT7	IT8	IT9	IT10	IT11	IT12	IT13	IT14	IT15	IT16	IT17	IT18
公差等级系数 a	7	10	16	25	40	64	100	160	250	400	640	1000	1600	2500

此法考虑了组成环尺寸的大小，但是未考虑组成环各尺寸的加工难易程度。为了使各组成环公差分配更合理，在上述等公差法或等精度法求得各组成环公差值 T_i 的基础上，可根据组成环尺寸大小、结构工艺特点及加工难易程度，对各组成环的公差值进行适当的调整，最后决定各环的公差值 T_i。

3. 经验法

先根据等公差法计算出各组成环的公差值，再根据尺寸的大小、加工的难易程度以及工作经验选择组成环的公差，其中一个组成环需选作补偿环。确定其他组成环的偏差有两种方法：一是按偏差向体内原则，也称为入体原则；二是采用对称分布的方法。

1）按入体原则确定组成环上、下极限偏差。"入体"即入材料体，指标注工件尺寸公差时应向材料实体方向单向标注。当组成环为包容面（如孔、键槽宽）时，即相当于孔，其加工尺寸越来越大，因此其下极限偏差为零，上极限偏差为正；当组成环为被包容面（如轴、键宽等）时，相当于轴，其尺寸越加工越小，因此其上极限偏差为零，下极限偏差为负。

2）当组成环的尺寸为调整尺寸时，如对刀、划线等，采用对称分布。例如，在镗床、数控机床、自动机床上加工时采用对称分布。

一般来说，采用对称分布较为合理。从统计观点来看，在封闭环上可以获得较小的公差。采用入体原则是相对于所采用的加工方法（如试切法等）而言的。对熟练工人或数控机床来说，其加工的零件尺寸是按正态分布的。从这个观点来看，对称分布最为合理。从尺寸链的原理来看，由于尺寸的离散程度较小，采用对称分布，可用概率法计算封闭环，因而在封闭环上可以获得较小的公差。

【例 7.3】 如图 7.9 所示的部件，锁紧螺母应保证卡环与轴套之间的间隙为 0.1～0.3mm，$A_1 = 36$mm，$A_2 = 40$mm，$A_3 = 76$mm，要求确定有关零件尺寸的极限偏差。设各环尺寸按正态分布。

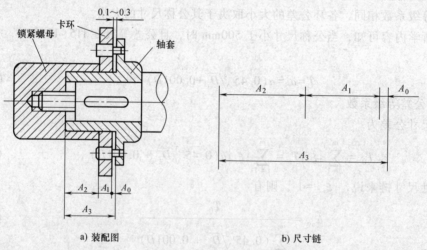

a) 装配图　　　　　　　　　b) 尺寸链

图 7.9　尺寸链反计算示例图

解　（1）绘制尺寸链图及确定增环和减环。尺寸链图如图 7.9b 所示。增环为 A_3，减环为 A_1、A_2。

（2）计算封闭环的公称尺寸。

$$A_0 = \sum_{i=1}^{n-1} \xi_i A_i = A_3 - A_1 - A_2 = 76\text{mm} - 40\text{mm} - 36\text{mm} = 0\text{mm}$$

式中，$\xi_1 = -1$，$\xi_2 = -1$，$\xi_3 = +1$。

（3）计算各组成环平均等级系数。因 $T_0 = \sum\limits_{i=1}^{n-1} |\xi_i| a(0.45\sqrt[3]{D_i} + 0.001D_i)$，$|\xi_i| = 1$，故

$$a_{av} = \frac{T_0}{\sum\limits_{i=1}^{n-1} |\xi_i| a(0.45\sqrt[3]{D_i} + 0.001D_i)} = \frac{300\mu m - 100\mu m}{1.56\mu m + 1.56\mu m + 1.86\mu m} \approx 40$$

查表 7.1，当 $a_{av} = 40$，对应的公差等级为 IT9 级。

（4）确定各组成环的标准公差值。由标准公差数值表查得各组成环尺寸公差值：$T_{A1} = 0.062mm$，$T_{A2} = 0.062mm$，$T_{A3} = 0.074mm$，则

$$T'_0 = 0.062mm + 0.062mm + 0.074mm = 0.198mm < 0.2mm = T_0$$

计算结果说明所有组成环按 IT9 级选定的公差值能满足技术条件的要求。

（5）确定各组成环的极限偏差。为了保证各组成环的极限偏差能满足封闭环的要求，可预先选定一个组成环作为补偿环，而其余各环公差按入体原则确定。

若选定 A_1 环作为补偿环，组成环 A_2 和 A_3 是阶梯尺寸，其公差带应对称于零线布置，即组成环 A_2、A_3 的中间偏差 $\Delta_2 = \Delta_3 = 0$。根据技术要求可知，封闭环的中间偏差 $\Delta_0 = 0.2mm$，则可求得补偿环 A_1 的中间偏差。

因
$$\Delta_0 = \sum\limits_{i=1}^{n-1} \xi_i \Delta_i = \Delta_3 - \Delta_1 - \Delta_2$$

则
$$\Delta_1 = \Delta_3 - \Delta_2 - \Delta_0 = 0mm - 0mm - 0.2mm = -0.2mm$$

补偿环 A_1 的上极限偏差

$$ES_1 = \Delta_1 + \frac{1}{2}T_1 = -0.2mm + \frac{1}{2} \times 0.062mm = -0.169mm$$

补偿环 A_1 的下极限偏差

$$EI_1 = \Delta_1 - \frac{1}{2}T_1 = -0.2mm - \frac{1}{2} \times 0.062mm = -0.231mm$$

将补偿环 A_1 的极限偏差的计算值按接近的标准基本偏差圆整为 36b9 $\binom{-0.170}{-0.232}$，此时其中间偏差 $\Delta_1 = -0.2mm$。计算结果见表 7.2。

表 7.2 例 7.3 计算结果　　　　　　　　　　（单位：mm）

尺寸链代号	公差	尺寸与极限偏差
A_0	0.2	0$\binom{+0.30}{+0.10}$
A_1	0.062	36b9$\binom{-0.170}{-0.232}$
A_2	0.062	40js9（±0.031）
A_3	0.074	76js9（±0.037）

【例 7.4】 图 7.10 所示为对开式齿轮箱的一部分，根据使用要求，间隙 A_0 应在 1 ~ 1.75mm 范围内。已知各零件的公称尺寸为：$A_1 = 101mm$，$A_2 = 50mm$，$A_3 = A_5 = 5mm$，$A_4 = 140mm$，试用等公差法求各尺寸的极限偏差。

解 （1）绘制尺寸链图及确定增环和减环。尺寸链图如图 7.10b 所示。增环为 A_1、A_2，减环为 A_3、A_4、A_5。

（2）计算封闭环的公称尺寸、极限偏差与公差

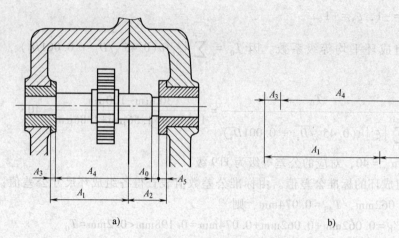

a)

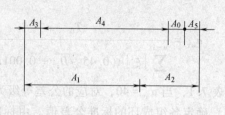

b)

图 7.10　齿轮箱尺寸链反计算

$$A_0 = \sum_{i=1}^{n-1} \xi_i A_i = (A_1 + A_2) - (A_3 + A_4 + A_5) = (101 + 50)\,\text{mm} - (5 + 140 + 5)\,\text{mm} = 1\,\text{mm}$$

式中，$\xi_1 = +1$，$\xi_2 = +1$，$\xi_3 = -1$，$\xi_4 = -1$，$\xi_5 = -1$。

$$ES_0 = A_{0\max} - A_0 = +0.75\,\text{mm}$$

$$EI_0 = A_{0\min} - A_0 = 0\,\text{mm}$$

$$T_0 = ES_0 - EI_0 = 0.75\,\text{mm}$$

（3）用等公差法确定各组成环公差

$$T_{av} = \frac{T_0}{n-1} = \frac{0.75\,\text{mm}}{6-1} = 0.15\,\text{mm}$$

考虑尺寸大小、加工难易程度，调整公差

$$T_1 = 0.35\,\text{mm}，T_2 = 0.25\,\text{mm}，T_3 = T_5 = 0.048\,\text{mm}$$

选定 A_4 作为补偿环，则

$$T_4 = T_0 - (T_1 + T_2 + T_3 + T_5) = 0.054\,\text{mm}$$

由此可得，各组成环的尺寸分别为

$$A_1 = 101^{+0.35}_{0}\,\text{mm}，A_2 = 50^{+0.25}_{0}\,\text{mm}，A_3 = A_5 = 5^{0}_{-0.048}\,\text{mm}，A_4 = 140^{0}_{-0.054}\,\text{mm}$$

（4）验算结果。由已知条件间隙 A_0 应在 1～1.75mm 范围内，可知

$$T_0 = A_{0\max} - A_{0\min} = 0.75\,\text{mm}$$

由计算结果可得

$$T_0 = T_1 + T_2 + T_3 + T_4 + T_5 = 0.75\,\text{mm}$$

结果符合要求。

（四）中间计算

【例 7.5】　加工如图 7.11 所示的轴套，先加工外圆柱面，再加工内孔，要求保证轴套的壁厚尺寸（10±0.05）mm，外圆对内孔的同轴度公差为 $\phi 0.012$mm，求外圆尺寸 A_1 及其极限偏差。

解　（1）由题意知，封闭环为轴套的壁厚尺寸，为了便于建立尺寸间的联系，以半径尺寸建立尺寸链，画出尺寸链图，其中 A_1 为外圆直径，同轴度应以公称尺寸为零，上、下极限偏差绝对值相等纳入尺寸链中，即 $A_2 =（0 \pm 0.012/2）$mm $=（0 \pm 0.006）$mm，A_3 为内圆孔尺寸的一半，$A_3 = \phi 24^{+0.052}_{0}/2$mm $= \phi 12^{+0.026}_{0}$mm，A_0 为轴套的壁厚，$A_0 =（10 \pm$

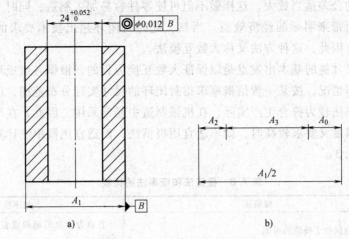

图 7.11　尺寸链中间计算示例图

0.05）mm，如图 7.11b 所示。

（2）判断增减环。用回路法判断可知：A_1 为增环，A_2、A_3 为减环。

（3）计算增环 A_1 的公称尺寸与极限偏差

$$10\text{mm} = \frac{A_1}{2} - \left(0 + \frac{24}{2}\right)\text{mm}$$

$$A_1 = 44\text{mm}$$

$$ES_0 = \sum_{i=1}^{n} ES_i - \sum_{i=n+1}^{m} EI_i$$

$$= ES_1 - (EI_2 + EI_3)$$

$$ES_1 = (EI_2 + EI_3) + ES_0$$

$$= (-0.006 + 0)\text{mm} + 0.05\text{mm}$$

$$= +0.044\text{mm}$$

$$EI_0 = \sum_{i=1}^{n} EI_i - \sum_{i=n+1}^{m} ES_i$$

$$= EI_1 - (ES_2 + ES_3)$$

$$EI_1 = (ES_2 + ES_3) + EI_0$$

$$= (+0.006 + 0.026)\text{mm} + (-0.05)\text{mm}$$

$$= -0.018\text{mm}$$

所以，外圆的尺寸为 $A_1 = \phi\, 44^{+0.044}_{-0.018}\text{mm}$。

二、概率法

从尺寸链分布的实际可能性出发进行尺寸链计算的方法，称为概率法。

当组成环环数较多时，不宜采用极值法。极值法一般应用于 3~4 环的尺寸链，或环数虽多，但精度不高的场合。在大批量生产中，零件实际尺寸的分布是随机的，多数情况下服从正态分布或偏态分布。也即当加工过程中的工艺调整中心接近公差带中心时，大多数零件的尺寸分布都会在公差带的中心附近，零件加工尺寸获得极限尺寸的可能性极小，而在装配时，各零部件的误差同时为极大、极小的组合，其可能性更小。根据这一规律，大批量生产

233

中，可将组成环的公差适当放大，这样做不但可使零件容易加工制造，同时又能满足封闭环的技术要求，从而带来明显的经济效益。当然，此时封闭环超出技术要求的情况也是存在的，但概率极小，因此，这种方法又称大数互换法。

用概率法解尺寸链的基本出发点是以保证大数互换为目的，根据各组成环的实际尺寸在其公差带内的分布情况，按某一置信概率求得封闭环的尺寸实际分布范围，由此决定封闭环公差。显然，概率法较为符合生产实际，在机械制造中经常采用。因此，在尺寸链组成环环数较多，封闭环精度又要求较高时，就不适宜用极值法，而适宜用概率法计算。极值法和概率法的比较见表 7.3。

表 7.3 极值法和概率法的比较

项目	极值法	概率法
出发点	各值有同处于极值的可能	各值为独立的随机变量，按照一定的规律分布
优点	保险可靠	宽裕
缺点	要求苛刻	不合格率不等于零，要求系统较为稳定
适用场合	组成环环数少（≤4），或环数虽多，但精度低，在设计中常用此法，以保证机构正常	组成环环数多，精度较高，常用于生产加工中

概率法基于以下假设：

1）各组成环为一系列独立的随机变量。

2）各组成环的尺寸都按正态分布，则封闭环也按正态分布。

3）各组成环分布中心与公差带中心重合。

1. 封闭环的公称尺寸

封闭环的公称尺寸仍按式（7.4）计算。

2. 封闭环的公差

（1）传递系数 若以 ξ_i 表示第 i 个组成环的传递系数，则对于增环，ξ_i 为正值；对于减环，ξ_i 为负值。当需要计算的尺寸链属于直线尺寸链时，对于增环，传递系数 $\xi_i = +1$；对于减环，传递系数 $\xi_i = -1$。

（2）封闭环的公差 在大批量的生产中，当各组成环的尺寸在极限范围内是相互独立的随机变量，且服从正态分布时，则封闭环的尺寸也符合正态分布。根据概率统计原理，得

$$T_0 = \sqrt{\sum_{i=1}^{m} \xi_i^2 T_i^2} \qquad (7.21)$$

3. 封闭环的中间偏差

各环的中间偏差等于其上极限偏差与下极限偏差的平均值，并且封闭环的中间偏差 Δ_0 还等于所有增环的中间偏差 Δ_z 之和减去所有减环的中间偏差 Δ_j 之和，即

$$\left.\begin{array}{l} \Delta_i = \dfrac{1}{2}(\mathrm{ES}_i + \mathrm{EI}_i) \\[2mm] \Delta_0 = \dfrac{1}{2}(\mathrm{ES}_0 + \mathrm{EI}_0) \\[2mm] \Delta_0 = \displaystyle\sum_{i=1}^{n} \Delta_{zi} - \sum_{i=n+1}^{m} \Delta_{ji} \end{array}\right\} \qquad (7.22)$$

式（7.22）适用于各组成环为对称分布的情况，如正态分布、三角分布等。当各组成环为偏态分布或其他不对称分布时，要引入不对称系数 e（对称分布时 $e=0$）。

4. 封闭环的极限偏差

各环的上极限偏差等于其中间偏差加上该环公差之半，各环的下极限偏差等于其中间偏差减去该环公差之半，即

$$\left. \begin{array}{l} ES_0 = \Delta_0 + \dfrac{T_0}{2}, \ EI_0 = \Delta_0 - \dfrac{T_0}{2} \\[3mm] ES_i = \Delta_i + \dfrac{T_i}{2}, \ EI_i = \Delta_i - \dfrac{T_i}{2} \end{array} \right\} \tag{7.23}$$

【例 7.6】 加工如图 7.12 所示的一阶梯轴套，已知尺寸 $A_1 = 16^{+0.2}_{0}$ mm，$A_2 = 10^{0}_{-0.1}$ mm，用概率法（大数互换法）求图中尺寸 A_0 及其极限偏差。

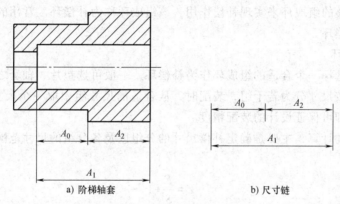

a) 阶梯轴套   b) 尺寸链

图 7.12 概率法计算示例图

解 （1）画出尺寸链，属于直线尺寸链，如图 7.12b 所示。

（2）确定封闭环，按加工或装配顺序确定 A_0 为封闭环。

（3）确定增环、减环，用回路法可判断 A_1 为增环，A_2 为减环。

（4）封闭环的公称尺寸

$$A_0 = A_1 - A_2 = 16\text{mm} - 10\text{mm} = 6\text{mm}$$

（5）封闭环的公差。由公式 $T_0 = \sqrt{\sum\limits_{i=1}^{m} \xi_i^2 T_i^2}$，得封闭环 A_0 的公差为

$$\begin{aligned} T_0 &= \sqrt{\sum_{i=1}^{m} \xi_i^2 T_i^2} = \sqrt{\xi_1^2 T_1^2 + \xi_2^2 T_2^2} \\ &= \sqrt{(+1)^2 \times 0.2^2 + (-1)^2 \times 0.1^2} \text{ mm} = 0.22\text{mm} \end{aligned}$$

（6）增环和减环的中间偏差

增环
$$\Delta_1 = \frac{1}{2}(ES_1 + EI_1) = \frac{1}{2} \times (0.2 + 0)\text{mm} = +0.1\text{mm}$$

减环
$$\Delta_2 = \frac{1}{2}(ES_2 + EI_2) = \frac{1}{2} \times [0 + (-0.1)]\text{mm} = -0.05\text{mm}$$

（7）封闭环的中间偏差

$$\Delta_0 = \sum_{i=1}^{n} \Delta_{zi} - \sum_{i=n+1}^{m} \Delta_{ji} = \Delta_1 - \Delta_2$$

$$= 0.1\text{mm} - (-0.05)\text{mm} = +0.15\text{mm}$$

（8）封闭环的极限偏差

$$ES_0 = \Delta_0 + \frac{T_0}{2} = 0.15\text{mm} + \frac{0.22}{2}\text{mm} = +0.26\text{mm}$$

$$EI_0 = \Delta_0 - \frac{T_0}{2} = 0.15\text{mm} - \frac{0.22}{2}\text{mm} = +0.04\text{mm}$$

因此，得出 $A_0 = 6^{+0.26}_{+0.04}\text{mm}$。

三、其他解法

（一）调整法

调整法是将尺寸链各组成环按经济精度制造，这就导致了 $\sum T_i > T_0$。为了保证装配精度，选择一个用以调整的组成环来实现补偿作用，该组成环称为补偿环。常用的补偿环分为固定补偿环和可动补偿环。

1. 固定补偿环

在尺寸链中选择一个合适的组成环作为补偿环，一般可选垫片、轴套之类的零件。并把补偿环根据需要按尺寸分为若干组，装配时，从合适的尺寸组中取一个尺寸固定的补偿件，装入预定位置，即可保证设计的装配精度。

固定补偿环的计算，主要是确定补偿尺寸的分组以及各分组的尺寸范围。设补偿环的分组数为 Z，则

$$Z = \frac{F}{S} + 1$$

$$F = T_{0Lk} - T_0$$

式中　　T_{0Lk}——各组成环公差扩大后的封闭环公差；

　　　　F——补偿量。组成环公差放大后的封闭环公差（T_{0Lk}）与原始封闭环公差（T_0）的差值。反映装配精度可能的超差程度，也是应给予补偿的总量；

　　　　S——补偿尺寸分组之间的尺寸差。按尺寸均分为若干组，相邻组对应尺寸之差，如最大尺寸之差、最小尺寸之差等，也称为级差，可由 $S = T_0 - T_B$ 求出 T_B 为补偿环的公差。

2. 可动补偿环

设定某一组成环为位置可调的补偿环，装配时，通过调整其位置满足封闭环的设计精度要求。可动补偿环的补偿方式在机械设计中应用非常广泛，它有多种形式，如锥套、调节螺旋副等。

调整法求解尺寸链的优点如下：

1）放宽组成环公差，提高制造经济性。

2）通过补偿环可以达到很高的装配精度。

3）使用中精度发生改变的部件，通过补偿环的更换和补偿环位置的调整，恢复其原有的精度。

4）装配时不必修配，易于实现流水线生产。

（二）修配法

修配法是将尺寸链组成环的公称尺寸按经济加工的要求给定公差值，如果按经济精度放

宽各组成环公差，将导致 $\sum T_i > T_0$，为了保证封闭环所要求的装配精度，因此需要在尺寸链中选取某一组成环作为修配环，通过机械加工的方法改变其尺寸，或通过重新配作该修配环，从而使封闭环达到要求的精度。在选择修配环时，应该注意使该环在拆装和修配时比较容易，以提高生产效率，获得更大的经济效益。应该注意的是，尺寸链中的公共环不宜选作修配环，这是因为按一个尺寸链的要求修配该环时，该环的尺寸变化会影响其他尺寸链。

修配过程实质上是减小零件尺寸的过程，如修配环是增环，在修配过程中封闭环的尺寸将变小；如修配环是减环，修配过程中封闭环的尺寸将变大。被选取的修配环的尺寸最大修配量 F 是封闭环实际尺寸变动量 T_{0L} 减去封闭环允许尺寸变动量（即封闭环原公差 T_0）

$$F = T_{0L} - T_0$$

其中，T_{0L} 为放宽各组成环公差后实际封闭环的尺寸变动量

$$T_{0L} = \sum T_i$$

修配法有扩大组成环公差，提高经济性等优点，但要增加修配工作量和修配费用，而且修配后，其他组成环失去互换性，所以修配法适用于单件或成批生产中装配精度要求高、尺寸链环数多的部件。

习　　题

7-1　什么是尺寸链？它有何特性？

7-2　尺寸链有哪些分类？各自包含哪些内容？

7-3　如何判别尺寸链的封闭环？如何判别增环和减环？

7-4　尺寸链的两个基本特征是什么？

7-5　完全互换法、概率法（大数互换法）各有何特点？适用于什么场合？

7-6　判断下列说法是否正确，为什么？

　　（1）零件尺寸链中，一般选择最重要的尺寸作为封闭环，以保证其加工精度；

　　（2）封闭环的公差值一定大于任一组成环的公差值；

　　（3）在大批量生产中，采用完全互换法更经济合理；

　　（4）当组成尺寸链的尺寸较多时，一条尺寸链中封闭环可以有两个或两个以上；

　　（5）在装配尺寸链中，封闭环是在装配过程中形成的一环；

　　（6）在装配尺寸链中，每个独立尺寸的偏差都将影响装配精度。

7-7　尺寸链计算的目的主要是进行_____计算和_____计算。

7-8　尺寸链减环的含义是_____。

7-9　当所有的增环都是上极限尺寸而所有的减环都是下极限尺寸时，封闭环必为____。

7-10　尺寸链中，所有增环的下极限偏差之和减去所有减环的上极限偏差之和，即为封闭环的____。

7-11　如图 7.13 所示，一阶梯轴，已知尺寸 $L_1 = 16^{+0.2}_{0}$ mm，$L_2 = 5^{0}_{-0.1}$ mm。求图中公称尺寸 L_0 及其极限偏差，画出尺寸链，用回路法判断增与减环。

7-12　如图 7.14 所示的尺寸链中 A_0 为封闭环，试用回路法分析其余各组成环中，哪些是增环，哪些是减环。

7-13　如图 7.15 所示曲轴、连杆和衬套等零件装配图，装配后要求间隙为 $N = 0.1 \sim 0.2$ mm，而图样设计时 $A_1 = 150^{+0.016}_{0}$ mm，$A_2 = A_3 = 75^{-0.02}_{-0.06}$ mm，试验算设计图样给定零件的极限尺寸是否合理。

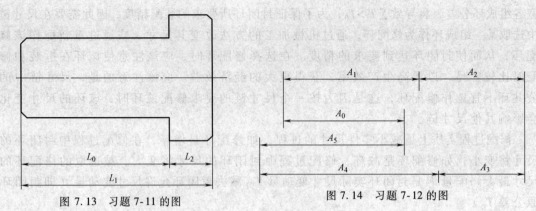

图 7.13 习题 7-11 的图

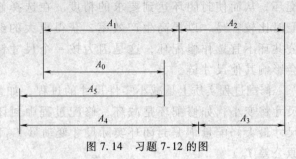

图 7.14 习题 7-12 的图

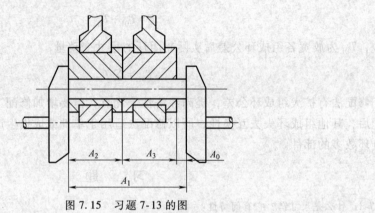

图 7.15 习题 7-13 的图

第八章 实验指导

第一节 光滑工件尺寸测量

比较仪有机械、光学、电动和气动比较仪等几类,主要用于线性尺寸比较测量。用比较测量仪测量时,先用量块(或标准器)将量仪指针或刻度尺调到零位,被测尺寸对量块尺寸的偏差从刻度尺上读得。本实验采用立式光学计。

立式光学计又称立式光学比较仪,它是一种精度较高、结构较简单的常用光学仪器。数显立式光学计和投影立式光学计除具有一般立式光学计的优点外,还具有操作简单、读数方便的优点,是一种工作效率较高的测量仪器,它利用将标准量块与被测零件相比较的方法来测量零件外形的微差尺寸。它可以检定五等(或三级)量块及高精度的圆形塞规,且对圆柱形、球形等工件的直径或样板工件的厚度以及外螺纹的大径等均能做比较测量。

一、目的与要求

1)掌握外径比较测量的原理。
2)了解立式光学计的结构、原理和调整方法。

二、测量原理和量仪说明

1. 测量原理

用立式光学比较仪测量外径,一般是按比较测量的方法进行的,即先将量块组放在仪器的测头与工作台面之间,以量块尺寸 L 调整仪器的指示表到达零位,再将工件放在测头与工作台面之间,从指示表上读出指针对零位的偏移量,即工件外径对量块尺寸的差值 ΔL,则被测工件的外径为 $x = L + \Delta L$。

2. 量仪说明

立式光学比较仪有目镜式、数字式和投影式之分,它们的主要差别在读数方式上。虽然其外形有差别,但原理是相同的,相比较而言数字式的使用方便和精度高些。本实验以目镜式光学比较仪为例介绍其结构和使用方法,其外形如图 8.1 所示。其主要组成部分为光管,整个光学系统都安装在光管内。

目镜式光学比较仪由底座、横臂、立柱、直角光管和工作台等部分组成。

直角光管是主要部件,它是由自准直光管和正切杠杆机构组合而成的,其光学系统如图 8.2 所示。光从外面经反射镜射入光管内的棱镜,再反射照亮圆分划板上的刻度尺。圆分划板的里面半边有刻度尺、外面半边是一条空白长框(作为成像面),框外涂黑,框内刻有一条横的断续线(作为指示线)。圆分划板位于物镜的焦平面上,也在目镜的焦平面上。

当刻度尺被照亮后,从刻度尺发出的光束经过直角棱镜和物镜,成平行光束投射到平面反射镜上,光线从平面反射镜上反射回来后,刻度尺被物镜成像在与它对称位置的成像面上,刻度尺的像可通过目镜进行观察。

平面反射镜由三个直径相同的钢球作支承，其中两个作为反射镜的转动支承，而另一个钢球则固定在测杆的顶端。平面反射镜的下面用两个小弹簧钩住，以保证平面反射镜与钢球接触，并使测头产生一定的测量力。测量工作工开始前先用量块调整光管上下位置，使刻度尺的像达到零位。此时平面反射镜的镜面与直角光管（图 8.1）的光轴相垂直。

当测杆因工件尺寸变化而上下移动一个距离 s 时，如图 8.2 所示，平面反射镜随之绕支点转动一个角度 α，它们的关系为

$$s = b\tan\alpha$$

式中　b——测杆到支点的距离。

当平面反射镜随之绕支点转动一个角度 α 时，则反射光相对入射光偏转了 2α 角度，从而使刻度尺的像产生位移量 t。由于 α 很小，因此，直角光管的放大倍数为

$$K = \frac{t}{s} = \frac{F\tan 2\alpha}{b\tan\alpha} \approx \frac{2F}{b}$$

式中　F——物镜的焦距；

　　　α——平面反射镜偏转角度。

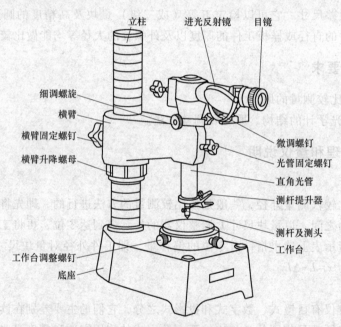

图 8.1　目镜式光学比较仪

光管中物镜的焦距 $f = 200\text{mm}$，臂长 $b = 5\text{mm}$，且通过物镜放大 12 倍，因此量仪的总放大倍数 $K = 80 \times 12 = 960$ 倍。为了测出像点移动的距离，可将物点用一个刻度尺代替，其刻度间距为 0.08mm，从目镜中看到的刻度尺的影像的刻度间距为 0.08mm×12 = 0.96mm，因此量仪的分度值 $i = 0.96/960\text{mm} = 0.001\text{mm} = 1\mu\text{m}$。刻度尺上刻有 ±100 格等距刻线，故示值范围为 ±0.1mm。

三、实验步骤

1）根据被测表面的几何形状选择测头。测头与被测表面的接触应为点接触或线接触。一般，测量平面和圆柱面工件时应选择球形测头，测量<10mm 圆柱形工件选择刃口形测头，测量球面工件应选择平面形测头。选好测头后，把它安装到测杆上。

2）根据被测光滑工件的公称尺寸或极限尺寸选取量块，把它们研合成量块组。

3）将量块组置于仪器工作台的中心，并使测头对准量块组的上测量面的中心。调节零位，步骤如下：

① 粗调节。松开横臂上的横臂固定螺钉，转动调节横臂升降螺母，使横臂缓慢下降，直到测头与量块的测量面接触，而在视场中能看见刻度尺的像时，则将横臂紧固螺钉拧紧。

② 细调节。松开光管固定螺钉，转动细调螺旋，使在目镜中看到的像与指示线接近（图8.3a），然后拧紧光管固定螺钉。

③ 微调节。转动微调螺旋，使刻度尺的零刻线的影像与A指示线重合（图8.3b），然后按下测杆提升器数次，使零位稳定。

④ 检查零位。按下测杆提升器，抬起测头，推出量块组，再推进量块组，放下测头，再转动微调螺钉，使零线影像与指示线再次重合。

⑤ 检查示值。按动拨叉三次，若零线影像变动不超过1/10格，则表示光学比较仪的示值稳定可用。

4）抬起测杆提升器，使测头抬起，取下量块组，换上被测光滑工件，工件

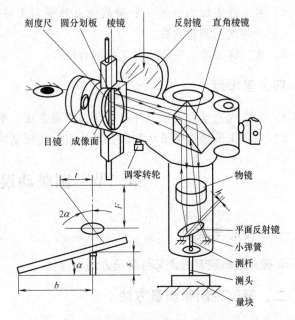

图 8.2　目镜式光学比较仪的光学系统

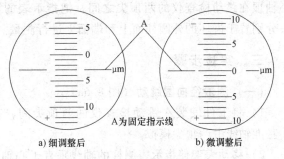

a) 细调整后　　　b) 微调整后
A为固定指示线

图 8.3　目镜观测视场

应和工作台均匀接触，然后在测头下慢慢滚动，读出刻度尺偏离指示线的最大值。应在光滑工件的两个或三个横截面上，相隔90°的径向位置处测量，如图8.4所示。读数时注意示值的正、负号，示值即为被测塞规尺寸对量块组尺寸的实际偏差。

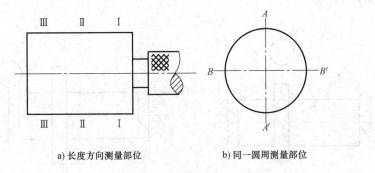

a) 长度方向测量部位　　　b) 同一圆周测量部位

图 8.4　测量部位

241

5）在工件表面均布的三个横截面上分别对工件进行测量 8~15 次（每个截面测 3~5 次）。记录每次的测量读数。

6）按图样要求，判断光滑工件的合格性。

四、思考题

1）用立式光学计测量工件属于什么测量方法？绝对测量与相对测量各有何特点？

2）怎样正确地选用量块和研合量块组？使用量块应注意哪些问题？

第二节　圆跳动误差测量

一、目的与要求

掌握圆跳动误差的含义与测量方法。

二、量仪说明和测量方法

本实验采用跳动检查仪来测量径向和端面圆跳动，其外形如图 8.5 所示。测量时被测工件安装在心轴上，用心轴轴线模拟体现基准轴线。然后，把心轴顶在跳动检查仪的两顶尖之间，把指示表的测头分别置于齿坯的外圆柱面上和端面上进行测量。

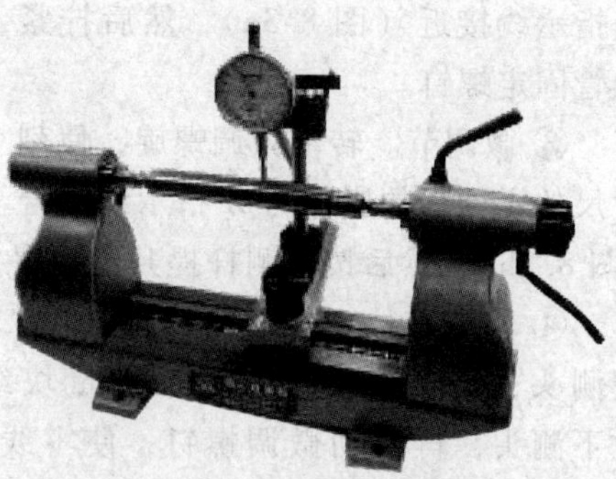

三、实验步骤

图 8.5　跳动检查仪

（一）测量径向圆跳动（图 8.6a）

1）将工件安装在跳动检查仪的两顶尖间，公共基准轴线由两顶尖模拟。

2）移动表架使指示表测杆的轴线垂直于心轴轴线，且测头与齿坯的外圆柱面接触。将指示表压缩 2~3 圈。

3）转动指示表的表盘使指针对准零刻线。然后轻轻转动被测工件回转一周，从指示表读取最大与最小示值之差，此值即为径向圆跳动值。

4）按上述方法测若干个截面，取各截面跳动量的最大值作为径向圆跳动误差。填写圆跳动实验记录表（图 8.7）

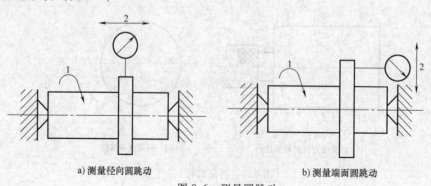

a)测量径向圆跳动　　　　　b)测量端面圆跳动

图 8.6　测量圆跳动

（二）测量端面圆跳动（图 8.6b）

1）将工件安装在跳动检查仪的两顶尖间，公共基准轴线由两顶尖模拟。

2）移动表架使指示表测杆的轴线平行于心轴轴线，且测头与被测工件的端面接触。将指示表压缩 2~3 圈。

3）转动指示表的表盘使指针对准零刻线。然后轻轻转动被测工件回转一周，从指示表读取最大与最小示值之差，此值即为端面圆跳动值。

4）按上述方法测若干个端面，取各端面跳动量的最大值作为端面圆跳动误差。填写圆跳动实验记录表（图 8.7）

径向圆跳动、端面圆跳动实验记录

测量 数据 实验 项目 测量 次数	径向圆跳动	端面圆跳动
1		
2		
3		
4		
最大值		

图 8.7　圆跳动实验记录表

四、思考题

1）测量径向圆跳动能否代替测量圆度误差？

2）可否把安装着齿坯的心轴放在两个 V 形块上测量圆跳动？

第三节　用光切显微镜测量表面粗糙度

一、目的与要求

1）学习光切显微镜测量表面粗糙度的原理和方法。

2）了解微观不平度十点高度测量与计算方法。

二、测量原理

光切显微镜是利用光切法来测量表面粗糙度的，其原理如图 8.8a 所示。由光源发出的光穿过狭缝形成带状光束。光束再经物镜 A 以 45°角射向工件，在凹凸不平的表面上呈现出曲折光带，再以 45°角反射，经物镜 B 到达分划板上。从目镜看到的曲折亮带，有两个边界，光带影像边界的曲折程度表示影像的峰谷高度 h'。h' 与表面凸起的实际高度 h 之间的关系为

$$h' = \frac{hM}{\cos 45°} = \sqrt{2}\, M$$

式中，M 为物镜 B 的放大倍数。

在目镜视场里，高度 h' 是沿 45°方向测量的，若在目镜测微器的读数值为 H，则 h' 与 H 的关系为 $h' = H\cos 45°$，将前后两式代入可得

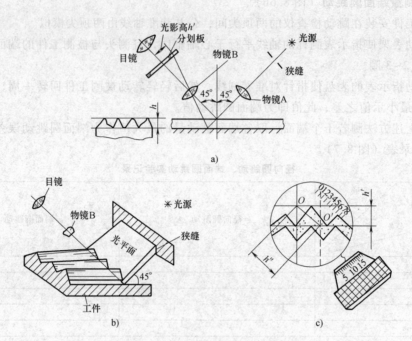

图 8.8　光切法测量表面粗糙度原理图

$$h = \frac{H\cos 45°}{\sqrt{2}\,M} = \frac{H}{2M}$$

令 $1/2M = E$ ，则 $h = EH$ 。

系数 E 为目镜测微器装在光切显微镜上使用时的分度值。E 值与物镜的放大倍数 M 有关，一般它已由仪器说明书给定，可用标准刻度尺校对。

三、测量步骤

光切显微镜外观如图 8.9 所示。

1）按工件表面粗糙度的估计值，选择适当放大倍数的物镜并装在仪器上。

2）将被测工件表面置于工作台上。

3）通过变压器接通电源。

4）调整仪器，其步骤如下：

① 松开横臂锁紧螺钉，转动横臂及升降螺母，使镜头对准工件被测量表面上方，然后锁紧横臂锁紧螺钉。

② 调节微调手轮，上下移动镜头架，使目镜视场中出现切削痕纹。

③ 转动工作台，使加工痕纹与投射在工件表面上的光带垂直，然后调整微调手轮，直到获得最清晰光带为止。

④ 松开测微目镜锁紧螺钉，转动测微目镜，使测微目镜中的十字线的水平线与光带大致平行。

5）转动测微目镜，使十字线的水平线分别与光带上边缘的五个峰顶和五个谷底相切。

从测微目镜上分别读取各峰、谷的读数 h_1、h_2、$\cdots$、h_{10}，如图 8.10 所示。按下式算出微观不平度十点高度 Rz ，即

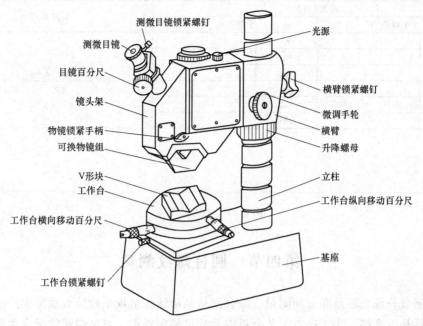

图 8.9 光切显微镜

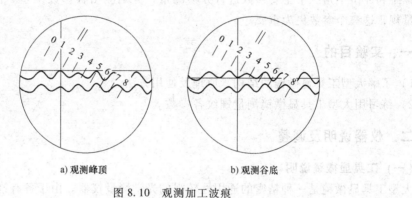

a) 观测峰顶　　　　　　　b) 观测谷底

图 8.10　观测加工波痕

$$Rz = E\frac{(h_1 + h_3 + h_5 + h_7 + h_9) - (h_2 + h_4 + h_6 + h_8 + h_{10})}{5}$$

式中，h_i 的单位为格数。

6）由于零件各部分的表面粗糙度不一定均匀一致，为了充分反映表面粗糙度的特性，必须在一定长度范围内的不同部位进行测量并取其平均值。

7）按图样技术要求或按表面粗糙度国家标准，确定工件表面粗糙度是否符合要求。

8）按图 8.11 所示形式填写实验结果。

光切显微镜测量表面粗糙度

仪器型号及规格：

仪器测量范围：

被测零件要求表面粗糙度：$Rz = $ ＿＿＿＿＿＿＿＿＿＿＿＿＿＿＿＿。

所选用的物镜放大倍数：$M = $ ＿＿＿＿＿＿＿＿＿＿＿；$E = $ ＿＿＿＿＿＿＿＿＿＿＿。

测量结果

245

读数（格）				实测 $Rz/\mu m$
5 个峰点		5 个谷点		
h_1		h_2		
h_3		h_4		
h_5		h_6		$Rz = E \dfrac{\sum h_{峰} - \sum h_{谷}}{5} = $ _____
h_7		h_8		
h_9		h_{10}		
$\sum h_{峰}$		$\sum h_{谷}$		

实验结论：

图 8.11　实验记录表

第四节　圆柱螺纹测量

螺纹测量分综合测量和分项测量。综合测量是用螺纹量规来检验成批量生产的螺纹，以便确定工件是否合格。为了进行工艺分析以及满足使用要求，对影响螺纹配合性质的螺纹中径、螺距和牙型半角三个主要参数进行分项测量，分别测出各参数误差。特别对螺纹刀具、螺纹量规，这三个参数更为重要。

一、实验目的

1) 了解大型工具显微镜的结构、原理及使用方法。
2) 练习用大型工具显微镜测量螺纹各参数。

二、仪器说明及调整

（一）工具显微镜说明

大型工具显微镜是一种精密的通用性较强的光学测量仪器。由于备有许多附件，除用来测量长度、角度外，还常用于测量形状比较复杂的工件，如螺纹、样板、冲模等。该仪器的主要技术指标见表 8.1。

表 8.1　技术指标

测量范围	长度	纵向 0~150 mm	横向 0~50 mm	角度　0°~360°
分度值	长度：0.01mm		角度：1′	
物镜放大倍数	1×,3×,5×		目镜放大倍数	10×

1. 仪器外观

大型工具显微镜的外观如图 8.12 所示。

2. 仪器的光学系统

仪器在工作时利用光的透射或反射，照亮被测工件的外形轮廓，并经显微镜的物镜放大后聚集成像于目镜米字线分划板上，借助百分尺和角度目镜读数可测得工件的尺寸。因此，工具显微镜测量属于非接触式测量。仪器光学系统如图 8.13 所示。

3. 测角目镜

如图 8.14 所示，通过主光源和物镜，把工件外形轮廓像投影到分划板上，其上刻有五

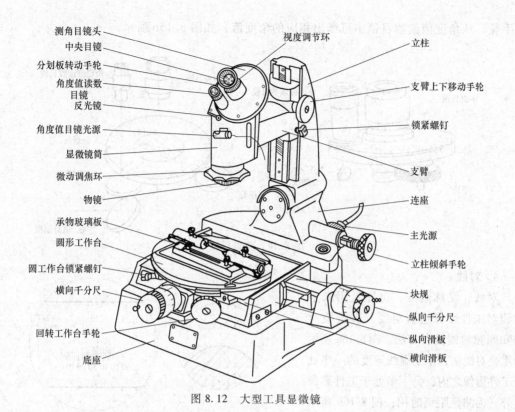

图 8.12　大型工具显微镜

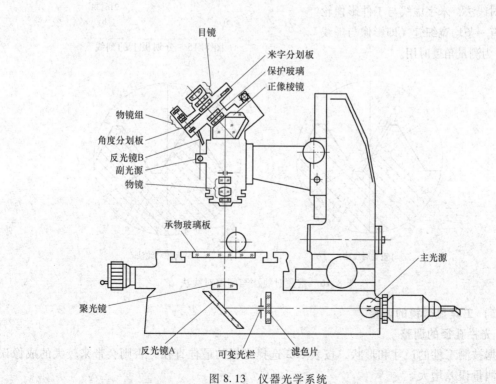

图 8.13　仪器光学系统

条垂直虚线、一条水平虚线和两条交叉为 60°的细实线，如图 8.15a 所示。在分划板周围分布 360 条等距刻线，分度值为 1°；在"分"值分划板上刻有 61 条等距线，分度值为 1′。转动手轮，从角度值读数目镜中可读出相应的角度值，如图 8.15b 所示。

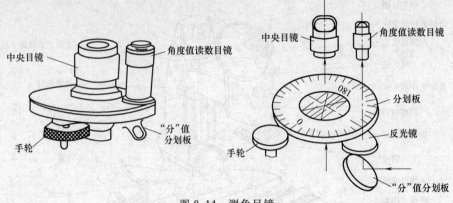

图 8.14　测角目镜

4. 对线

对线，又称瞄准，也即是用米字虚线对工件影像进行对线。有重叠对线和间隙对线两种方法。图 8.16a 所示为重叠对线法，米字虚线宽度的一半处于工件影像之内，另一半处于工件影像之外，为测量距离时用；图 8.16b 所示为间隙对线法，米字虚线与工件影像轮廓间留有一条均宽细缝（即影像与虚线平行），为测量角度时用。

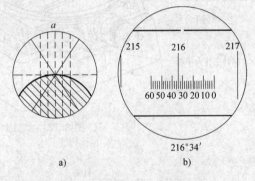

图 8.15　分划板上的刻线

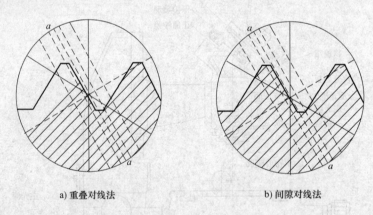

a) 重叠对线法　　　　　b) 间隙对线法

图 8.16　重叠对线法与间隙对线法

（二）工具显微镜的调整

1. 光栏孔径的调整

根据被测工件的尺寸和形状，按表 8.2 选择光栏的最佳直径，否则会带来较大的成像误差，即测量误差增大。

2. 调焦

转动中央目镜（图 8.12）上的视度调节环，使视场中米字刻线最清晰。将定焦棒置于顶尖架上，如图 8.17 所示，用支臂上下移动手轮移动支臂，转动微动调焦环，对定焦棒中

248

央圆孔内的刀口像进行观察，直到出现最清晰刀口像为止（此刀口正确地位于定焦棒两顶尖孔的公共轴线上）。

表 8.2　光栏直径选用表

螺纹中径或圆柱体直径/mm	光栏直径/mm			
	螺纹角 30°	螺纹角 55°	螺纹角 60°	圆柱体
0.5	20.9	25.1	26.0	32.8
1	16.6	20.1	20.7	26.0
2	13.2	16.0	16.4	20.7
3	11.5	14.0	14.3	18.1
4	10.5	12.7	13	16.4
5	9.7	11.8	12.1	15.2
6	9.1	11.1	11.4	14.3
8	8.3	10.1	10.3	13.0
10	7.7	9.3	9.6	12.1
12	7.3	8.8	9.0	11.4
14	6.9	8.4	8.6	10.8
16	6.6	7.9	8.2	10.3
18	6.3	7.7	7.9	9.9
20	6.1	7.4	7.6	9.6
25	5.7	6.9	7.1	8.9
30	5.3	6.5	6.7	8.4
40	4.9	5.9	6	7.6
50	4.5	5.5	5.6	7.1
60	4.2	5.1	5.3	6.7
80	3.9	4.7	4.8	6.0
100	3.6	4.3	4.5	5.6
120	2.8	3.4	3.5	4.5

3. 立柱倾斜角的调整

用影像法测量螺纹参数时，因螺旋面的影响，当光线垂直于被测螺纹轴线射入物镜时，螺纹牙廓影像某一侧会模糊。为改善成像质量，使显微镜中影像为螺纹轴心截面上的轮廓，须把立柱向左或向右根据螺纹旋向倾斜一个螺旋升角 φ，从而得到清晰的影像，如图 8.18 所示。计算螺旋升角 φ 的公式为

薄刀片

定焦棒

图 8.17　调焦

$$\varphi = 18.25 \frac{p}{d_2} \text{ 或 } \tan\varphi = \frac{p}{\pi d_2}$$

式中　p——螺距；

　　　d_2——螺纹中径。

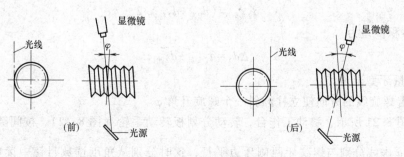

图 8.18　立柱倾斜原理

转动立柱倾斜手轮（图 8.12），倾斜角的大小由手轮上分度值读出。当图 8.14 中的角度值读数目镜从螺纹轴线一侧换到轴线另一侧时，须将立柱向相反的方向转动，如图 8.18 所示（分度值为 0.50°）。

三、测量步骤

1）接通电源，按表 8.2 调整光栏直径。

2）在顶尖架上安装好定焦棒进行调焦。

3）测量螺距。

① 将被测工件装在顶尖架上。

② 顺着螺旋线的方向使立柱倾斜一个螺旋升角 φ，如图 8.18 所示。

③ 移动工作台，转动分划板转动手轮（图 8.12），用重叠对线法使米字虚线 a—a 线与螺纹牙一侧重合，米字线中心尽量压在螺纹牙边中点上，记下纵向千分尺读数，如图 8.19 所示。

④ 工作台横向固定不动，工件严禁转动，纵向移动工作台，使 a—a 刻线与另一同侧螺纹牙边重合，如图 8.19 所示，在纵向千分尺上记下第二次读数，两数之差即为被测工件的实际螺距。为了消除螺纹轴线与测量轴线不一致而引起的安装误

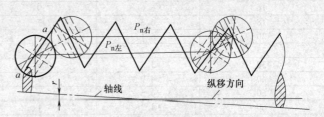

图 8.19　测量螺距

差，应按图 8.19 所示，分别测出 $P_{n左}$ 和 $P_{n右}$，则实际尺寸 $P_{n实际} = （P_{n左} + P_{n右}）/2$，螺距累积误差为

$$\Delta P_{\Sigma} = P_{n实际} - P_{n理论}$$

4）测量中径

① 顺着螺旋线方向使立柱倾斜一个螺旋升角 φ。

② 移动工作台，调节分划板转动手轮按重叠对线法使米字虚线 a—a 线与螺纹牙边重合，米字线中心尽量压在螺纹牙边中点上，记下横向千分尺读数，如图 8.20 所示。

③ 转动立柱倾斜手轮（图 8.12），将立柱向相反方向倾斜一个螺旋升角 φ（图 8.18）。

④ 工作台纵向固定不动，工件不转动，再横移工作台，使 a—a 刻线与中径上对应螺纹牙边重合（注意：米字线也不转动），如图 8.20 所示，在横向千分尺上记下第二次读数，两次读数之差即为中径。同理，为了消除测量误差，应测出 $d_{2左}$ 和 $d_{2右}$，取平均值作为测量结果，所得中径实际尺寸为

$$d_{2实际} = （d_{2左} + d_{2右}）/2$$

中径累积误差为

$$\Delta d_2 = d_{2实际} - d_{2理论}$$

5）测量牙型半角。

① 顺着螺旋线的方向使立柱倾斜一个螺旋升角 φ。

② 如图 8.21 所示，移动工作台，转动分划板转动手轮（图 8.12），按间隙对线法，使米字线 a—a 虚线分别与螺纹牙两侧牙边平行，这时分别从角度读数目镜中读数 $\frac{\alpha}{2}$（Ⅰ）、

$\frac{\alpha}{2}$（Ⅱ）。

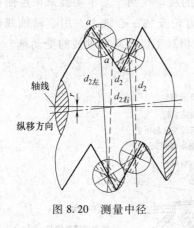

图 8.20　测量中径

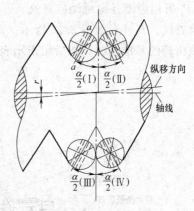

图 8.21　测量牙型半角

③ 移动工作台，同时将立柱向相反方向倾斜一个 φ 角，用间隙对线法，使米字虚线 a—a 刻线在中径上与螺纹牙两侧牙边分别平行（间隙尽量小些），记下读数 $\frac{\alpha}{2}$（Ⅲ）、$\frac{\alpha}{2}$（Ⅳ），将四次读数进行处理，按测量顺序填入实验报告。

④ 如图 8.21 所示，$\frac{\alpha}{2}$（Ⅰ）、$\frac{\alpha}{2}$（Ⅲ）为左螺纹牙面半角，$\frac{\alpha}{2}$（Ⅱ）、$\frac{\alpha}{2}$（Ⅳ）为右螺纹牙面半角，因此

$$\frac{\alpha}{2}(左) = \frac{\frac{\alpha}{2}(Ⅰ)+\frac{\alpha}{2}(Ⅲ)}{2} \qquad \frac{\alpha}{2}(右) = \frac{\frac{\alpha}{2}(Ⅱ)+\frac{\alpha}{2}(Ⅳ)}{2}$$

与公称螺纹牙 $\frac{\alpha}{2}$ 比较，则半角误差

$$\Delta\frac{\alpha}{2}(左) = \left| \frac{\alpha}{2}(左) - \frac{\alpha}{2} \right| \qquad \Delta\frac{\alpha}{2}(右) = \left| \frac{\alpha}{2}(右) - \frac{\alpha}{2} \right|$$

所以

$$\Delta\frac{\alpha}{2} = \frac{\Delta\frac{\alpha}{2}(左)+\Delta\frac{\alpha}{2}(右)}{2}$$

第五节　圆柱齿轮测量

一、目的与要求

1）掌握用齿轮跳动检查仪测量齿圈径向跳动误差的方法。

2）理解齿圈径向跳动误差的实际含义。

二、量仪说明和测量方法

齿圈径向跳动 ΔF_r，是指在齿轮转一周范围内，测头在齿槽内于齿高中部双面接触，测

251

头相对于齿轮轴线的最大变动量。测头的形式有球形、锥形等，不论使用何种形式的测头，其大小应与被测齿轮的模数相协调，以保证测头在齿高中部与齿轮双面接触。

ΔF_r 可用齿圈径向跳动检查仪、万能测齿仪或普通的跳动仪测量。本实验采用齿圈径向跳动检查仪，其外形如图 8.22 所示。测量时，把被测齿轮安装在心轴上，用心轴轴线模拟体现该齿轮的基准轴线，然后用指示表逐齿测量其测头相对于齿轮基准轴线的变动量。

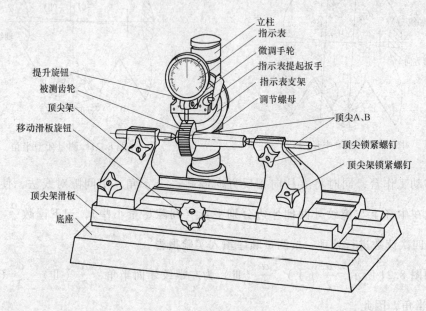

图 8.22　齿轮跳动检查仪

根据被测齿轮模数大小，选择相应直径的指示表测头，为使测头在齿轮分度圆处接触，测头直径按式 $d = 1.68m$ 确定，其中 m 为齿轮模数。

三、实验步骤

1）根据被测齿轮的模数，选择尺寸合适的测头。把被测齿轮安装在指示表的测杆上。把安装着被测齿轮的心轴顶在两个顶尖 A、B 之间。注意调整两个顶尖之间的距离，使心轴无轴向窜动，且转动自如。

2）放松顶尖架锁紧螺钉，转动移动滑板旋钮使顶尖架移动。从而使测头大约位于齿宽中间，然后再将顶尖架锁紧螺钉锁紧。

3）调整量仪零位：放下指示表提起扳手，旋松立柱后的锁紧螺钉，转动调节螺母，使测头随指示表支架下降到与齿轮双面接触，把指示表的指针压缩 1~2 圈。锁紧立柱后的锁紧螺钉，旋转微调手轮，将零刻线对准指示表的指针。

4）测量：提起指示表提起扳手，把被测齿轮转过一个齿，然后放下指示表提起扳手，使测头进入齿槽内，记下指示表的示值。最后当指示表测头回到调零齿间时，表上读数应为零。若偏差超过一个格的值时应检查原因，并重新测量。

这样逐齿测量所有的轮齿，从各次示值中找出最大示值和最小示值，它们的差值即为齿圈径向跳动 ΔF_r。ΔF_r 应不大于齿圈径向跳动公差 F_r。

5）填写测量实验报告。实验报告的形式如图 8.23 所示。

齿轮齿圈径向跳动测量实验报告

仪器	名　　称			分度值/μm	测量范围/mm
测量齿轮	模数 m	齿数 z	齿形角 α	齿轮精度等级	齿轮径向跳动公差 F_r/μm
测量记录	1			10	
	2			11	
	3			12	
	4			13	
	5			14	
	6			15	
	7			16	
	8			17	
	9				
计算结果	齿圈径向跳动			结　论	理　　由
	$F_r =$　　　　　μm				

图 8.23　齿轮齿圈径向跳动测量实验报告

四、思考题

齿圈径向跳动 ΔF_r 是由什么加工因素产生的？测量 ΔF_r 的目的是什么？可以用什么评定指标代替 ΔF_r？

附　录

附录 A　互换性基础标准主要目录

1	GB/T 1800.1—2009	产品几何技术规范(GPS)　极限与配合　第1部分:公差、偏差和配合的基础
2	GB/T 1800.2—2009	产品几何技术规范(GPS)　极限与配合　第2部分:标准公差等级和孔、轴极限偏差表
3	GB/T 275—2015	滚动轴承与轴和外壳的配合
4	GB/T 1801—2009	产品几何技术规范(GPS)　极限与配合　公差带和配合的选择
5	GB/T 1803—2003	极限与配合　尺寸至18mm孔、轴公差带
6	GB/T 1804—2000	一般公差　未注公差的线性和角度尺寸的公差
7	GB/T 4458.5—2003	机械制图　尺寸公差与配合注法
8	GB/T 5371—2004	极限与配合　过盈配合的计算和选用
9	GB/T 5847—2004	尺寸链　计算方法
10	GB/T 6414—1999	铸件　尺寸公差与机械加工余量
11	GB/T 12362—2003	钢质模锻件　公差及机械加工余量
12	GB/T 13914—2013	冲压件尺寸公差
13	GB/T 15055—2007	冲压件未注公差尺寸极限偏差
14	GB/T 21469—2008	锤上钢质自由锻件机械加工余量与公差一般要求
15	GB/T 21470—2008	锤上钢质自由锻件机械加工余量与公差　盘、柱、环、筒类
16	GB/T 21471—2008	锤上钢质自由锻件机械加工余量与公差　轴类
17	GB/T 18776—2002	公差尺寸　英寸和毫米的互换算
18	GB/T 18780.1—2002	产品几何量技术规范(GPS)　几何要素　第1部分:基本术语和定义
19	GB/T 18780.2—2003	产品几何量技术规范(GPS)　几何要素　第2部分:圆柱面和圆锥面的提取中心线、平行平面的提取中心面、提取要素的局部尺寸
20	GB/T 1957—2006	光滑极限量规　技术条件
21	GB/T 3177—2009	产品几何技术规范(GPS)　光滑工件尺寸的检验
22	GB/T 6093—2001	几何量技术规范(GPS)　长度标准　量块
23	GB/T 10920—2008	螺纹量规和光滑极限量规　型式与尺寸
24	GB/T 18779.1—2002	产品几何量技术规范(GPS)　工件与测量设备的测量检验　第1部分:按规范检验合格或不合格的判定规则
25	GB/T 18779.2—2004	产品几何量技术规范(GPS)　工件与测量设备的测量检验　第2部分:测量设备校准和产品检验中GPS测量的不确定度评定指南
26	JB/T 9184—1999	统计尺寸公差(中文)
27	GB/T 1182—2008	产品几何技术规范(GPS)　几何公差　形状、方向、位置和跳动公差标注
28	GB/T 1184—1996	形状和位置公差　未注公差值
29	GB/T 4249—2009	产品几何技术规范(GPS)　公差原则
30	GB/T 13319—2003	产品几何量技术规范(GPS)　几何公差　位置度公差注法
31	GB/T 16671—2009	产品几何技术规范(GPS)　几何公差　最大实体要求、最小实体要求和可逆要求
32	GB/T 17773—1999	形状和位置公差　延伸公差带及其表示法
33	GB/T 17851—2010	产品几何技术规范(GPS)　几何公差　基准和基准体系
34	GB/T 17852—1999	形状和位置公差　轮廓的尺寸和公差注法
35	GB/T 1958—2004	产品几何量技术规范(GPS)　形状和位置公差　检测规定
36	GB/T 7234—2004	产品几何量技术规范(GPS)　圆度测量　术语、定义及参数
37	GB/T 7235—2004	产品几何量技术规范(GPS)　评定圆度误差的方法　半径变化量测量
38	GB/T 11336—2004	直线度误差检测

39	GB/T 11337—2004	平面度误差检测
40	JB/T 7557—1994	同轴度误差检测
41	JB/T 5996—1992	圆度测量 三测点法及其仪器的精度评定
42	GB/T 131—2006	产品几何技术规范（GPS） 技术产品文件中表面结构的表示法
43	GB/T 1031—2009	产品几何技术规范（GPS） 表面结构 轮廓法 表面粗糙度参数及其数值
44	GB/T 3505—2009	产品几何技术规范（GPS） 表面结构 轮廓法 术语、定义及表面结构参数
45	GB/T 7220—2004	产品几何量技术规范（GPS） 表面结构 轮廓法 表面粗糙度 术语 参数测量
46	GB/T 10610—2009	产品几何技术规范（GPS） 表面结构 轮廓法 评定表面结构的规则和方法
47	GB/T 12472—2003	产品几何量技术规范（GPS） 表面结构 轮廓法 木制件表面粗糙度参数及其数值
48	GB/T 15757—2002	产品几何量技术规范（GPS） 表面缺陷 术语、定义及参数
49	GB/T 16747—2009	产品几何技术规范（GPS） 表面结构 轮廓法 表面波纹度词汇
50	GB/T 18618—2009	产品几何技术规范（GPS） 表面结构 轮廓法 图形参数
51	GB/T 6060.1—1997	表面粗糙度比较样块 铸造表面
52	GB/T 6060.2—2006	表面粗糙度比较样块 磨、车、镗、铣、插及刨加工表面
53	GB/T 6060.3—2008	表面粗糙度比较样块 第3部分：电火花、抛（喷）丸、喷砂、研磨、锉、抛光加工表面
54	GB/T 6062—2009	产品几何技术规范（GPS） 表面结构 轮廓法 接触（触针）式仪器的标称特性
55	GB/T 12767—1991	粉末冶金制品 表面粗糙度 参数及其数值
56	GB/T 13841—1992	电子陶瓷件表面粗糙度
57	GB/T 14234—1993	塑料件表面粗糙度
58	GB/T 14495—2009	产品几何技术规范（GPS） 表面结构 轮廓法 木制件表面粗糙度比较样块
59	GB/T 15056—1994	铸造表面粗糙度 评定方法
60	GB/T 18777—2009	产品几何技术规范（GPS） 表面结构 轮廓法 相位修正滤波器的计量特性
61	GB/T 18778.1—2002	产品几何量技术规范（GPS） 表面结构 轮廓法 具有复合加工特征的表面 第1部分：滤波和一般测量条件
62	GB/T 18778.2—2003	产品几何量技术规范（GPS） 表面结构 轮廓法 具有复合加工特征的表面 第2部分：用线性化的支承率曲线表征高度特性
63	GB/T 19067.1—2003	产品几何量技术规范（GPS） 表面结构 轮廓法 测量标准 第1部分：实物测量标准
64	GB/T 19067.2—2004	产品几何量技术规范（GPS） 表面结构 轮廓法测量标准 第2部分：软件测量标准
65	JB/T 9924—2014	磨削表面波纹度
66	JB/T 7976—2010	轮廓法测量表面粗糙度的仪器 术语
67	GB/Z 18620.1—2008	圆柱齿轮 检验实施规范 第1部分：轮齿同侧齿面的检验
68	GB/Z 18620.2—2008	圆柱齿轮 检验实施规范 第2部分：径向综合偏差、径向跳动、齿厚和侧隙的检验
69	GB/Z 18620.3—2008	圆柱齿轮 检验实施规范 第3部分：齿轮坯、轴中心距和轴线平行度的检验
70	GB/Z 18620.4—2008	圆柱齿轮 检验实施规范 第4部分：表面结构和轮齿接触斑点的检验

附录 B 常用词汇中英文对照

零件图	detail drawing, working drawing
尺寸标注	size marking
技术要求	technical requirements
精度等级	precision class
金属切削	metal cutting
误差	error
几何形状	geometrical
精度	accuracy
精确控制	accuracy control

测量精度	accuracy of measurement
定位精度	accuracy of positioning
轴承配件	Bearing fittings
下极限尺寸	minimum limit of size
偏差	deviation
上极限偏差	upper deviation
下极限偏差	lower deviation
公差	tolerance
零线	Zero line
基本偏差	fundamental deviation
公差带	tolerance zone
标准公差	standard tolerance
公差等级	tolerance grade
配合	fit
间隙	clearance
过盈	interference
间隙配合	clearance fit
过盈配合	interference fit
过渡配合	transition fit
基孔制	hole-basic system of fits
基轴制	shaft-basic system of fits
装配图	assembly drawing
配合尺寸	fit dimension
组件	subassembly
未注公差	undeclared tolerance
基准	datum
基准线	datum line
基准面	datum plane
形状公差	tolerance in form, form tolerance
直线度	straightness
平面度	flatness
圆度	roundness
圆柱度	cylindricity
线轮廓度	profile of any line
面轮廓度	profile of any plane
位置公差	tolerance in position, position tolerance
平行度	parallelism
垂直度	perpendicularity
倾斜度	angularity

同轴度	concentricity
对称度	symmetry
位置度	true position
跳动	run-out
圆跳动	cycle run-out
全跳动	total run-out
表面粗糙度	surface finishroughness
加工	machining
齿轮	gear
中心孔	central hole
模数	modulus
齿形角	tooth profile angle
齿圈径向跳动	geared ring radial run-out
跨齿数	spanned tooth count
量规	block gauge
卡规	caliper gauge
游标卡尺	slide caliper
千分尺	micrometer calipers
公法线长度	base tangent length
键	key
花键	spline
平键	flat key
螺纹	thread
螺距	pitch of thread
公称直径	nominal diameter
螺纹大径	major diameter
螺纹小径	minor diameter
螺纹中径	pitch diameter
螺距偏差	deviation in pitch
螺距累积误差	cumulative error in pitch

参 考 文 献

[1] 吴石林，张玘. 误差分析与数据处理 [M]. 北京：清华大学出版社，2010.

[2] 费业泰. 误差理论与数据处理 [M]. 5版. 北京：机械工业出版社，2010.

[3] 李金海. 误差理论与测量不确定度评定 [M]. 北京：中国计量出版社，2003.

[4] 平鹏. 机械工程测试与数据处理技术 [M]. 北京：冶金工业出版社，2001.

[5] 刘美华，张秀娟，吴林峰，等. 互换性与测量技术 [M]. 武汉：华中科技大学出版社，2013.

[6] 赵燕. 互换性与技术测量 [M]. 武汉：华中科技大学出版社，2013.

[7] 任桂华，胡凤兰. 互换性与技术测量实验指导书 [M]. 武汉：华中科技大学出版社，2013.

[8] 王益祥，陈安明，王雅. 互换性与测量技术 [M]. 北京：清华大学出版社，2012.

[9] 靳岚，王虹，高双，等. 互换性与测量技术 [M]. 上海：复旦大学出版社，2012.

[10] 楼应侯，孙树礼，卢桂萍，等. 互换性与技术测量 [M]. 武汉：华中科技大学出版社，2012.

[11] 周哲波，姜志明，戴雪晴，等. 互换性与技术测量 [M]. 北京：北京大学出版社，2012.

[12] 李蓓智. 互换性与技术测量 [M]. 武汉：华中科技大学出版社，2011.

[13] 石岚，孟亚峰，张志伟. 互换性与测量技术 [M]. 上海：复旦大学出版社，2011.

[14] 陈红杰. 互换性与测量技术 [M]. 北京：北京大学出版社，2010.

[15] 王长春，孙步功，陆述田，等. 互换性与测量技术基础 [M]. 北京：北京大学出版社，2010.

[16] 杨练根，曹丽娟，宫爱红. 互换性与测量技术 [M]. 武汉：华中科技大学出版社，2010.

[17] 边兵兵，陶丹丹，黄颖辉，等. 互换性与测量技术 [M]. 西安：西北工业大学出版社，2009.

[18] 徐学丽. 互换性与测量技术基础 [M]. 2版. 长沙：湖南大学出版社，2009.

[19] 涂序斌，伍春仁. 互换性与测量技术 [M]. 哈尔滨：哈尔滨工程大学出版社，2009.

[20] 黄镇昌. 互换性测量技术 [M]. 广州：华南理工大学出版社，2009.

[21] 徐学丽. 互换性与测量技术基础 [M]. 长沙：湖南大学出版社，2009.

[22] 朱地维. 极限配合与技术测量 [M]. 天津：天津科学技术出版社，2009.

[23] 周玉凤，杜向阳. 互换性与技术测量 [M]. 北京：清华大学出版社，2008.

[24] 上官同英. 互换性与测量技术 [M]. 郑州：郑州大学出版社，2008.

[25] 范国敏. 互换性与技术测量 [M]. 北京：煤炭工业出版社，2008.

[26] 廖念钊，古莹菴，莫雨松，等. 互换性与技术测量 [M]. 6版. 北京：中国质检出版社，2012.

[27] 李军，吴晓光，姜永军，等. 互换性与测量技术基础 [M]. 武汉：华中科技大学出版社，2007.

[28] 庞学慧，武文革，成云平. 互换性与测量技术基础 [M]. 北京：国防工业出版社，2007.

[29] 赵瑾. 互换性与测量技术基础 [M]. 武汉：华中科技大学出版社，2006.

[30] 宫波，董庆波，李蕾，等. 互换性与测量技术 [M]. 哈尔滨：哈尔滨地图出版社，2005.

[31] 徐学林，李亚非，李鹏南，等. 互换性与测量技术基础 [M]. 长沙：湖南大学出版社，2009.

[32] 韩进宏. 互换性与技术测量 [M]. 北京：机械工业出版社，2004.

[33] 林景凡，王世刚. 互换性与质量控制基础 [M]. 哈尔滨：哈尔滨工程大学出版社，2004.

[34] 马丽霞. 极限配合与技术测量 [M]. 北京：机械工业出版社，2004.

[35] 庞学慧，武文革. 互换性与测量技术基础 [M]. 北京：兵器工业出版社，2003.

[36] 景旭文，张庆奎，潘宝俊. 互换性与测量技术基础 [M]. 北京：中国标准出版社，2002.

[37] 刘品，刘丽华. 互换性与测量技术基础 [M]. 哈尔滨：哈尔滨工业大学出版社，2001.

[38] 王伯平. 互换性与测量技术基础 [M]. 北京：机械工业出版社，2013.

[39] 何贡. 互换性与测量技术 [M]. 北京：中国计量出版社，2000.

[40] 郑凤琴. 互换性及测量技术 [M]. 南京：东南大学出版社，2000.

[41] 谢铁邦，李柱，席宏卓. 互换性与技术测量 [M]. 3版. 武汉：华中理工大学出版社，1998.

[42] 田敏茹. 互换性与测量技术基础 [M]. 哈尔滨：哈尔滨工程大学出版社，1998.

[43] 修树东，赵清华. 互换性与测量技术基础［M］. 哈尔滨：哈尔滨工程大学出版社，1998.

[44] 魏东波. 互换性和测量技术基础［M］. 北京：北京航空航天大学出版社，1996.

[45] 田克华. 互换性与测量技术基础［M］. 哈尔滨：哈尔滨工业大学出版社，1996.

[46] 赵卓贤，董树信. 互换性与测量技术基础［M］. 西安：西安交通大学出版社，1993.

[47] 高延新. 互换性与测量技术基础（修订本）［M］. 哈尔滨：哈尔滨工业大学出版社，1992.

[48] 刘水华. 互换性与测量技术基础［M］. 长沙：中南工业大学出版社，1991.

[49] 鄂峻嵘. 互换性与测量［M］. 沈阳：辽宁科学技术出版社，1990.

[50] 包艳青，李福元. 极限配合与技术测量［M］. 北京：北京邮电大学出版社，2006.

[51] 张雪梅. 极限配合与技术测量应用［M］. 北京：高等教育出版社，2005.

[52] 马丽霞. 极限配合与技术测量［M］. 北京：机械工业出版社，2004.

[53] 沈学勤，李世维. 极限配合与技术测量［M］. 北京：高等教育出版社，2002.

[54] 钱云峰，殷锐. 互换性与技术测量［M］. 北京：电子工业出版社，2011.

[55] 李柱，徐振高，蒋向前. 互换性与测量技术（几何产品技术规范与认证 GPS）［M］. 北京：高等教育出版社，2004.

[56] 周兆元，李翔英. 互换性与测量技术基础［M］. 3 版. 北京：机械工业出版社，2011.

[57] 于雪梅. 互换性与技术测量［M］. 北京：机械工业出版社，2013.

[58] 张铁，李旻. 互换性与测量技术［M］. 北京：清华大学出版社，2010.

[59] 刘宁，陈云，周杰. 互换性与技术测量基础［M］. 北京：国防工业出版，2013.

[60] 邵晓荣. 互换性测量技术基础［M］. 2 版. 北京：中国标准出版社，2011.

[61] 万秀莲，连黎明. 互换性与测量技术基础［M］. 北京：电子工业出版社，2011.

[62] 朱定见，葛为民. 互换性与测量技术［M］. 大连：大连理工大学出版社，2010.

[63] 毛平淮. 互换性与测量技术基础［M］. 北京：机械工业出版社，2011.

[64] 邢闽芳，房强汉，兰利洁. 互换性与技术测量［M］. 北京：清华大学出版社，2011.

[65] 陈于萍，周兆元. 互换性与测量技术基础［M］. 2 版. 北京：机械工业出版社，2006.

[66] 张秀娟. 互换性与测量技术基础［M］. 北京：清华大学出版社，2013.

[67] 胡凤兰，任桂华. 互换性与技术测量［M］. 武汉：华中科技大学出版社，2013.

[68] 高丽. 互换性与测量技术基础［M］. 北京：国防工业出版社，2012.

[69] 同长虹. 互换性与测量技术基础［M］. 北京：机械工业出版社，2009.

[70] 柴畅. 互换性与测量技术基础［M］. 合肥：中国科学技术大学出版社，2014.

[71] 李倍智. 互换性与技术测量［M］. 武汉：华中科技大学出版社，2011.

[72] 魏斯亮，李时骏. 互换性与技术测量［M］. 北京：北京理工大学出版社，2014.

[73] 周文玲. 互换性与测量技术［M］. 北京：机械工业出版社，2011.

[74] 余兴波. 互换性与技术测量［M］. 武汉：华中科技大学出版社，2014.

[75] 于慧，高淑杰. 互换性与技术测量基础［M］. 北京：化学工业出版社，2014.

[76] 何卫东. 互换性与测量技术基础［M］. 北京：北京理工大学出版社，2014.

[77] 杨玉璋，张端平. 互换性与测量技术［M］. 北京：电子工业出版社，2014.

[78] 马保振，张玉芝. 互换性与测量技术［M］. 2 版. 北京：清华大学出版社，2014.

[79] 屈波. 互换性与技术测量［M］. 北京：机械工业出版社，2014.

[80] 孔庆玲. 互换性与测量［M］. 2 版. 北京：北京交通大学出版社，2013.

[81] 胡立志. 互换性与技术测量［M］. 北京：清华大学出版社，2013.

[82] 全国产品尺寸和几何技术规范标准化技术委员会. GB/T 321—2005　优先数和优先数系［S］. 北京：中国标准出版社，2005.

[83] 全国产品尺寸和几何技术规范标准化技术委员会. GB/T 19763—2005　优先数和优先数系的应用指南［S］. 北京：中国标准出版社，2005.

[84] 全国产品尺寸和几何技术规范标准化技术委员会. GB/T 19764—2005 优先数和优先数化整值系列的选用指南 [S]. 北京：中国标准出版社，2005.

[85] 刘品，张也晗. 机械精度设计与检测基础 [M]. 8 版. 哈尔滨：哈尔滨工业大学出版社，2013.

[86] 薛岩，刘永田，等. 互换性与测量技术基础 [M]. 北京：化学工业出版社，2011.

[87] 赵树忠. 互换性与测量技术 [M]. 北京：科学出版社，2013.

[88] 柳晖，孙昌佑. 互换性与技术测量基础 [M]. 上海：华东理工大学出版社，2006.

[89] 王丽. 公差配合与技术测量实训 [M]. 北京：北京工业大学出版社，2010.

[90] 史文龙，宋邦艳，朱小娟. 公差配合与技术测量 [M]. 武汉：中国地质大学出版社，2009.

[91] 董燕. 公差配合与测量技术 [M]. 武汉：武汉理工大学出版社，2008.

[92] 赵则祥，李学新，邓大立. 公差配合与质量控制 [M]. 开封：河南大学出版社，1999.

[93] 孙京平，魏伟. 互换性与测量技术基础 [M]. 北京：中国电力出版社，2008.

[94] 孔庆华，母福生，刘传绍. 极限配合与测量技术基础 [M]. 上海：同济大学出版社，2008.

[95] 杨斌久，陈军. 互换性与测量技术基础 [M]. 北京：化学工业出版社，2009.

[96] 李伟，肖华. 互换性与技术测量 [M]. 北京：中国水利水电出版社，2012.

[97] 卢志珍，尹玉珍. 互换性与测量技术学习指导及习题集 [M]. 成都：电子科技大学出版社，2008.

[98] 河贡. 互换性与测量技术 [M]. 北京：中国计量出版社，2005.

[99] 王国顺，毛美娇，翁晓红，等. 互换性与测量技术基础 [M]. 武汉：武汉大学出版社，2011.

[100] 刘忠伟. 公差配合与测量技术实训 [M]. 北京：国防工业出版社，2007.

[101] 刘丽鸿. 公差配合与技术测量 [M]. 北京：石油工业出版社，2008.

[102] 付风岚，丁国平，刘宁. 公差与检测技术实践教程 [M]. 北京：科学出版社，2006.